本书获得国家社会科学基金一般项目"生活方式绿色化促进获得感提升的机制及公共政策创新研究"（项目编号：18BGL215）的出版支持。

数字时代企业转型升级和绿色管理丛书

生活方式绿色化促进获得感提升的机制及公共政策创新研究

高 键◎著

经济管理出版社

ECONOMY & MANAGEMENT PUBLISHING HOUSE

图书在版编目（CIP）数据

生活方式绿色化促进获得感提升的机制及公共政策创新研究/高键著 . —北京：经济管理
出版社，2023.5

ISBN 978-7-5096-9036-9

Ⅰ.①生… Ⅱ.①高… Ⅲ.①节能—生活方式—研究 ②节能政策—研究—中国 Ⅳ.①TK01
②F426.2-012

中国国家版本馆 CIP 数据核字（2023）第 093963 号

组稿编辑：丁慧敏
责任编辑：吴 倩 杜奕彤
责任印制：许 艳
责任校对：陈 颖

出版发行：经济管理出版社
　　　　　（北京市海淀区北蜂窝 8 号中雅大厦 A 座 11 层　100038）
网　　址：www. E-mp. com. cn
电　　话：（010）51915602
印　　刷：北京晨旭印刷厂
经　　销：新华书店
开　　本：720mm×1000mm/16
印　　张：14.25
字　　数：240 千字
版　　次：2023 年 5 月第 1 版　　2023 年 5 月第 1 次印刷
书　　号：ISBN 978-7-5096-9036-9
定　　价：98.00 元

前　言

　　生活方式绿色化和人民群众获得感的提升是目前我国在环境治理和民生改善领域的两大核心问题。党的十九大报告多次强调这两方面问题，进一步凸显了人民群众生活方式绿色化和获得感提升对我国环境治理与民生改善的重要性和紧迫性。本书认为人民群众获得感的提升必须在绿色、低碳的生活方式视域下理解，而生活方式绿色化只有以获得感提升为目标，方能体现其时代性和对人民群众的吸引力。因此，本书以我国城镇家庭及个人为研究对象，以绿色消费行为为切入点，探讨如何通过公共政策创新驱动消费者的生活方式绿色化，进而提升消费者的获得感。

　　人民群众生活方式绿色化和获得感的提升是关系到我国环境治理和民生改善目标能否顺利实现的关键问题，两者息息相关，故应纳入统一的政策实现路径中思考，以公共政策创新促进生活方式绿色化，以生活方式绿色化促进获得感的提升，这构成了本书主要的研究基础。评价公共政策的效果，应立足于生活方式绿色化进程中消费者短期行为的转变、中期行为的维持和长期行为的创新，以及由此带来的消费者获得感的提升。公共政策创新的重点不是转变具体的政策形式，而是转变政策的目标导向，即以提升人民群众获得感为最终目标，以生活方式绿色化为实现路径和次级目标，以公共政策为推进手段。所以，应积极探索公共政策促进消费者生活方式绿色化、生活方式绿色化促进获得感提升的双重嵌入机制，在政策层面和实践层面实现两者的耦合和联动，这构成了本书的主要思考路径。基于此，本书尝试在如下三方面进行探索创新：

　　第一，生活方式绿色化的内机制研究。围绕价值探讨生活方式绿色化的内在机制，分析影响消费者生活方式绿色化的内在心理因素及消费生活方式绿色转变的路径，为后续构建生活方式绿色化促进消费者获得感提升的机制模型提供前导式逻辑参考。第二，构建生活方式绿色化促进获得感提升的机制模型。通过质性研究方法，分析生活方式绿色化促进获得感提升的机制。探讨在不同绿色水平的生活方式下，消费者在获得感诉求上的差异，以及在这种差异之下，消费者不同的心理行为路径，并对其进行实证检验，以明确不同的心理行为路径对生活方式绿色化的影响。第三，探讨不同的公共干预政策对消费者生活方式绿色化的影响，并探求不同的公共干预政策作用的边界条件。

本书是国家哲学社会科学基金一般项目"生活方式绿色化促进获得感提升的机制及公共政策创新研究"（18BGL215）的结项成果。在本书的写作过程中，我的硕士研究生张瑞、孙贤达参与了本书部分章节的编撰，我指导的本科毕业生蒋黎明、罗云双和商曦月参与了本书的定性调研，在此对他们的帮助表示感谢。由于本人学术造诣尚显浅薄，纰漏之处在所难免，欢迎各位专家、学者批评指正，不吝赐教。

目　录

第一章　导论

人与自然和谐共生既是环境保护的最终目标，同时也是民生发展的内在诉求。在我国经济社会进入全方位、深层次、高质量发展的当下，平衡好人与自然的关系是重中之重。以人为本，就是考虑人的生活方式和"客观获得"问题；以自然为本，就是考虑环境优化和发展可持续问题。两者相辅相成，不可或缺，这是完成我国到 2035 年基本实现社会主义现代化远景目标的客观需要，同时也是国际社会的广泛共识。本章首先从人与自然结合的角度，探讨单纯的消费者生活方式绿色化和单纯强调获得感所具有的缺失问题，以及两者结合探讨所具有的优势，并基于此提出本书的研究对象和核心概念。

第一节　生活方式绿色化推进亟待破解
"目标缺失"难题

一、生活方式绿色化是从源头缓解我国环境污染问题的重要抓手

水污染、空气污染、噪声污染等环境污染问题已经成为阻碍我国经济高质量发展和人民群众追求幸福生活的重要掣肘，缓解当前我国严峻环境问题的关键，是平衡人类的生产生活和自然环境之间的关系。200 年的工业化进程，使生产关系从传统的人与自然的关系，逐步变为人与机器之间的关系，人类在极大化地获得物质财富的同时，与自然的关系也逐渐失衡，人类开始遭受环境污染的困扰。以我国为例，生态环境部 2021 年 5 月 26 日公布的《2020 中国生态环境状况公

报》显示：在大气方面，2020 年全国 337 个地级及以上城市，仅 202 个城市环境空气质量达标，135 个城市环境空气质量超标，占比达到 40.1%；46.6 万平方千米的国土面积（约占总国土面积的 4.8%）受到酸雨的侵袭。在水源方面，全国地表水监测的 1937 个水质断面中，劣 V 类占 0.6%；开展水质监测的 112 个重点湖泊中，劣 V 类占 5.4%；在全国 902 个地级及以上城市在用集中式生活饮用水水源断面（点位）中，仍有 5.5% 超标；在 304 个地下水水源监测点中，有 36 个未达标；在自然资源部门 10171 个地下水质监测点中，V 类水质监测点占 17.6%；水利部门 10242 个浅层地下水水质监测中，V 类水质监测点占 43.6%。在土地资源方面，截至 2019 年全国水土流失面积达到 271.08 万平方千米，第五次全国荒漠化和沙化监测结果显示全国荒漠化土地面积为 261.16 万平方千米，沙化土地面积为 172.12 万平方千米。在自然生态方面，全国生态质量优和良的县域面积仅占国土面积的 46.6%。从这些数字中可以看出，环境保护问题对于当代中国任重道远。习近平总书记强调，必须清醒认识保护生态环境、治理环境污染的紧迫性和艰巨性，清醒认识加强生态文明建设的重要性和必要性。

无论是生产活动、消费活动，还是环境保护活动，人都是其中唯一具有能动性的因素。人类的物质财富来自生产所得，而生产所得是为了更好地满足人类自身的生活（韩孟，1988）。因此，消费者的生活方式在环境治理过程中具有举足轻重的地位（盛光华、高键，2016）。一方面，消费者的生活方式决定了企业的生产行为，消费者对产品功能和属性的诉求直接或间接地决定了企业选择什么样的生产方式，这也就意味着对消费者进行绿色的引领，能够牵一发而动全身，企业居民绿色生活方式和企业绿色生产方式之间有机互动，为从消费者的绿色生活方式视角驱动企业进行结构性调整，使之在生产的各个环节符合绿色环保的各项要求、提供绿色产品埋下伏笔（盛光华、高键，2016）；另一方面，随着消费者与环境相关的知识的增多、环境意识的不断增强，消费者迫切希望能够在满足自身物质和精神需求的同时与自然和谐相处（劳可夫，2013），使自然和人类成为真正的生命共同体。这为消费者践行生活方式绿色化、促进生态环境改善提供了更加深刻的客观需求和底层逻辑。综上所述，关注和探究消费者生活方式的绿色化是推进生产方式绿色化变革，驱动新旧发展动能转换，从源头解决我国环境污染问题的重要抓手。

二、推行生活方式绿色化成为生态文明建设的焦点

绿色发展理念目前已经成为我国经济发展和产业结构调整的指导性理念，贯

穿我国经济发展与生态治理的方方面面。生活方式绿色化是可持续发展的内在要求，故而成为提高绿色治理效力、经济发展水平和质量，促进产业结构向低碳、高效、集约等方向发展的重要政策着力点。习近平总书记指出："推动形成绿色发展方式和生活方式，是发展观的一场深刻革命。这就要坚持和贯彻新发展理论，正确处理经济发展和生态环境保护的关系，像保护眼睛一样保护生态环境，像对待生命一样对待生态环境，坚决摒弃损害甚至破坏生态环境的发展模式，坚决摒弃以牺牲生态环境换取一时一地经济增长的做法，让良好生态环境成为人民生活的增长点、成为经济社会持续健康发展的支撑点、成为展现我国良好形象的发力点，让中华大地天更蓝、山更绿、水更清、环境更优美。"在习近平生态文明思想的引领下，推行生活方式绿色化成为生态文明建设的焦点，其主要聚焦于如下几个方面：

（一）培育绿色低碳生活理念

培育绿色低碳的生活理念是帮助居民从内而外倡行绿色生活方式的重点，因此党和国家在推进生活方式绿色化时将培育绿色低碳生活理念作为一个重要的突破口。从相关政策上来看，我国所倡导的绿色低碳生活理念，可以概括为三个方面：一是个人自律、拒绝非绿色生活，从小事做起；二是倡导绿色消费，绿色理念贯穿生活方方面面，用绿色生活方式倒逼绿色生产方式；三是增加激励，树立典型，扩大范围，为社会正能量的形成发挥积极作用。在 2020 年习近平同志宣布中国将力争 2030 年前实现碳达峰、2060 年前实现碳中和的大背景下，绿色低碳生活理念又增加了第四个方面的内容，即碳排放达峰后稳中有降、生态环境根本好转、美丽中国建设目标基本实现。这四个方面相互联系，蕴含着较为深刻的政策内涵，其中个人自律是要求，绿色消费是方法，增加激励是保障，而碳达峰、碳中和及美丽中国建设则是远景。这使我国的绿色低碳生活理念成为一个完整和立体的政策管理体系，引领全社会更加深入地践行绿色生活方式。

（二）规划绿色低碳生活路径

在提出生活方式绿色化这一新理念以来，大家都认为它的实现路径是产生与之对应的绿色消费行为（盛光华、高键，2016），因此推进绿色消费行为成为生活方式绿色化的重要抓手。2015 年中共中央、国务院发布《关于加快推进生态文明建设的意见》，明确指出绿色生活的行为主要是在衣、食、住、行、游五个消费者日常最为重要的消费领域；同年年末环境保护部颁布的《关于加快推动生活方式绿色化的实施意见》，在前述五个方面的基础上，将生活方式绿色化进一步拓展到绿色生产（包装）、绿色流通（采购）和绿色回收等领域。2016年，国家发展和改革委员会等十部门联合下发《关于促进绿色消费的指导意见》，确认了绿色消费对于形成绿色生活方式和生产方式的作用，提出绿色生活方式的形成依赖消费者日常行为的节制和节俭，在日常生活中寻求高碳行为向低碳行为的转变，这一阶段也可以称为绿色低碳生活路径规划的第一阶段——绿色消费阶段。随着绿色消费行为获得消费者的广泛认可，绿色低碳生活的路径规划逐渐进入第二阶段，即绿色场景化，2019年国家发展和改革委员会印发的《绿色生活创建行动总体方案》明确了绿色生活方式创建的七个重要的场景，即节约型机关、绿色家庭、绿色学校、绿色社区、绿色出行、绿色商场和绿色建筑。2021年以后，在我国提出绿色生产方式与绿色生活方式的大背景下，绿色低碳生活的路径规划进入第三阶段，即价值化阶段，从生产领域提升绿色产品的价值属性，成为刺激绿色生活行为的有效路径。

（三）限定非绿高碳生活边界

推进绿色生活方式不仅要考虑通过什么方式促使消费者产生绿色行为来增强绿色低碳的效果，同时也要在行为方面提出具体的政策指引，强化界限意识，帮助消费者识别和构建非绿高碳的生活边界。2015年《中共中央　国务院关于加快推进生态文明建设的意见》中明确强调要坚决抵制和反对各种形式的奢侈浪费、不合理消费，减少一次性用品的使用，严格限制发展高耗能、高耗水服务业；2016年《关于促进绿色消费的指导意见》中同样强调在日常生活中，要合理控制室内空调温度，抵制珍稀动物皮毛制品，减少无效照明，减少电气设备待机能耗等。这些政策文件从不同层面对绿色低碳生活行为进行了规范和引导，2021年以后，随着绿色低碳生活的思想不断深入人心，国家界定了非绿高碳生活的边界，使绿色生活方式在行为上有法可依、有规可循。

（四）柔性与刚性政策推进相辅相成

如果说建立与绿色生活方式有关的规章制度，规范居民的日常绿色消费行为是刚性的干预政策，那么加强对于绿色生活方式的宣导和教育则是从柔性干预政策的角度来提升消费者对绿色生活方式的认识的重要措施。自2015年以来，国家一直重视对居民生活方式绿色化的宣传与教育，特别是2019年中共中央办公厅、国务院办公厅印发的《国家生态文明试验区（海南）实施方案》提出将生态文明教育摆在中小学素质教育的突出位置，将对绿色生活方式的教育和引导提到了一个新的高度。柔性和刚性这一套政策实践的组合拳的本质目的是在形成广泛的绿色生活意识的基础上，从内在和外在两个方面构建共享共治绿色生活的社会氛围（见表1-1）。

表1-1 2015年以来我国有关生活方式绿色化的政策

政策名称	发布时间	发布机构	主要内容
《中共中央 国务院关于加快推进生态文明建设的意见》	2015年	中共中央、国务院	培育绿色生活方式：倡导勤俭节约的消费观。广泛开展绿色生活行动，推动全民在衣、食、住、行、游等方面加快向勤俭节约、绿色低碳、文明健康的方式转变，坚决抵制和反对各种形式的奢侈浪费、不合理消费。积极引导消费者购买节能与新能源汽车、高能效家电、节水型器具等节能环保低碳产品，减少一次性用品的使用，限制过度包装。大力推广绿色低碳出行，倡导绿色生活和休闲模式，严格限制发展高耗能、高耗水服务业。在餐饮企业、单位食堂、家庭全方位开展反食品浪费行动。党政机关、国有企业要带头厉行勤俭节约
《国家新型城镇化规划（2014-2020年）》	2014年	中共中央、国务院	绿色生产、绿色消费成为城市经济生活的主流，节能节水产品、再生利用产品和绿色建筑比例大幅提高
《环境保护部关于加快推动生活方式绿色化的实施意见》	2015年	环境保护部	提出了生活方式绿色化的四大基本原则、主要目标。从强化生活方式绿色化理念、制定推动生活方式绿色化的政策措施和引领生活方式向绿色化转变三个方面提出了生活方式绿色化的实施意见
《关于促进绿色消费的指导意见》	2016年	国家发展和改革委员会等十部门	倡导绿色生活方式：合理控制室内空调温度，推行夏季公务活动着便装。开展旧衣"零抛弃"活动，完善居民社区再生资源回收体系，有序推进二手服装再利用。抵制珍稀动物皮毛制品。推广绿色居住，减少无效照明，减少电气设备待机能耗，提倡家庭节约用水用电。鼓励步行、自行车和公共交通等低碳出行。鼓励消费者旅行自带洗漱用品，提倡重拎布袋子、重提菜篮子、重复使用环保购物袋，减少使用一次性日用品。制定发布绿色旅游消费公约和消费指南。支持发展共享经济，鼓励个人闲置资源有效利用，有序发展网络预约拼车、自有车辆租赁、民宿出租、旧物交换利用等，创新监管方式，完善信用体系。在中小学校试点校服、课本循环利用

续表

政策名称	发布时间	发布机构	主要内容
《国家生态文明试验区（海南）实施方案》	2019年	中共中央办公厅、国务院办公厅	加快推行生活垃圾强制分类制度，选取海口市等具备条件的城市先行实施。出台海南省生活垃圾分类管理条例和海南省垃圾分类收集处理标准体系。在教育、职业培训等领域探索共享经济发展新模式。提倡绿色出行，优先发展公共交通，提高公共交通机动化出行分担率，促进小微型客车租赁和自行车互联网租赁规范健康发展。将生态文明教育纳入国民教育、农村夜校、干部培训和企业培训体系，融入社区规范、村规民约、景区守则。将生态文明教育摆在中小学素质教育的突出位置，完善课程体系，丰富教育实践。挖掘海南本土生态文化资源，创作一批生态文艺精品，创建若干生态文明教育基地。积极创建节约型机关、绿色家庭、绿色学校、绿色社区、绿色出行、绿色商场、绿色建筑等。2019年全面推行绿色产品政府采购制度，优先或强制采购绿色产品。支持引导社会组织、志愿者在生态环境监管、环保政策制定、监督企业履行环保责任等方面发挥积极作用，健全举报、听证、舆论监督等公众参与机制，构建全民参与的社会行动体系
《绿色生活创建行动总体方案》	2019年	国家发展和改革委员会	从节约型机关、绿色家庭、绿色学校、绿色社区、绿色出行、绿色商场和绿色建筑七个方面，提出绿色生活的具体创建办法
《中共中央关于制定国民经济和社会发展第十四个五年规划和二〇三五年远景目标的建议》	2020年	中共中央	提出我国二〇三五年在绿色领域上的远景目标是"广泛形成绿色生产生活方式，碳排放达峰后稳中有降，生态环境根本好转，美丽中国建设目标基本实现"
《国务院关于加快建立健全绿色低碳循环发展经济体系的指导意见》	2021年	国务院	倡导绿色低碳生活方式：厉行节约，坚决制止餐饮浪费行为。因地制宜推进生活垃圾分类和减量化、资源化，开展宣传、培训和成效评估。扎实推进塑料污染全链条治理。推进过度包装治理，推动生产经营者遵守限制商品过度包装的强制性标准。提升交通系统智能化水平，积极引导绿色出行。深入开展爱国卫生运动，整治环境脏乱差，打造宜居生活环境。开展绿色生活创建活动
《关于建立健全生态产品价值实现机制的意见》	2021年	中共中央办公厅、国务院办公厅	到2035年，完善的生态产品价值实现机制全面建立，具有中国特色的生态文明建设新模式全面形成，广泛形成绿色生产生活方式，为基本实现美丽中国建设目标提供有力支撑

三、消费者在生活方式绿色化的践行上存在"知易行难"问题

虽然整个社会已经意识到了生活方式绿色化在我国生态文明建设和产业转型过程中的重要地位，同时各级政府也都在不遗余力地对绿色生活方式进行宣导，并颁布相关的法律法规来推动生活方式绿色化，然而在具体的生活中，消费者仍存在"知易行难"的问题。生活方式绿色化的根本目标是使个体产生亲环境行为（Barr & Gilg，2006；陈转青等，2014；张三元，2017），但单纯的环境目标很难驱动个体在生活方式上实现绿色化转变（Verplanken & Roy，2016），从理论和现实角度分析，主要有如下几个方面的原因：

（一）环境价值在个人行为价值排序中靠后

相比现实效益，环境目标更为远期和抽象，在个人行为价值排序中往往较为靠后，因此很难转化为个人持续的绿色生活方式（Scannell & Gifford，2013；Spence et al.，2012）。现有理论从多个视角对这一问题进行探讨，如感知价值理论认为消费者在选择绿色产品时，首先会对绿色产品的绿色价值进行权衡（Gershoff & Frels，2015）；自我决定理论认为生活方式绿色化不仅依赖外在的环境诉求，还取决于个体内在的利益诉求（Groot & Steg，2010；Hedlund-de Witt et al.，2014）；价值导向理论认为个人的利己价值导向与生活方式绿色化的态度和行为负相关（Stern，2000），说明利己的消费者可能是真正的环境关心者，但不会以牺牲自己的经济福利为代价践行绿色生活方式（Axon，2017）。

（二）态度与行为之间的缺口依然存在

消费者在环境态度与绿色消费行为之间的缺口可以理解为消费者对绿色产品的态度强度和实际消费行为强度的不一致（王建国等，2017）。在绿色生活方式转化过程中，态度和行为上的缺口依然存在。理论研究认为，态度与行为之间的缺口主要源于两种不同类型的态度与行为强度的组合，一种是强态度和弱行为，即具有较强环境态度，但是在行为上较弱；另一种则是弱态度和强行为，即较弱的环境态度，但是却产生较强的绿色消费行为。前者导致绿色消费行为难以产生，而后者则导致绿色消费行为难以持续。对于强态度和弱行为的原因，王建国等（2017）归纳为个体能力困境（经济能力约束、环境知识匮乏）、产品质量缺陷（低质量、低便捷性与高价格之间的矛盾）和结构性条件限制（由于企业漂绿行为导致消费者怀疑自身的行为）。对于弱态度和强行为的原因，王建国等（2017）则认为存在心理性补偿和情感类补偿两个原因，心理性补偿主要是为了

展示自我和获取面子，而非真正出于绿色本意；情感类补偿则是从改善自身的负向情绪角度出发，提升自我，获取愉悦体验。

综上所述，无论是从个人行为价值排序角度出发，还是从态度转化为行为视角出发，单纯的环境目标对消费者行为改变的影响都十分有限，生活方式绿色化需要以客观的获得感为目标，进而提升对普通消费者的吸引力。

第二节　获得感的实现要遵循"生态秩序"边界

一、提升人民群众的获得感是未来一段时期的工作重点

我国改革开放 40 多年的成就举世瞩目，将改革开放的辉煌成果惠及全体人民是当代中国政府执政能力的重要体现。2015 年 2 月 27 日，习近平总书记在中央全面深化改革领导小组第十次会议上指出，要科学统筹各项改革任务，推出一批能叫得响、立得住、群众认可的硬招实招，把改革方案的含金量充分展示出来，让人民群众有更多获得感。之后，获得感这一概念迅速成为"新时代国家治理的良政基准与善治标尺"（王浦劬、季程远，2018），获得感的提升也成为提升人民群众安全感和幸福感的基础（马振清、刘隆，2017）。

如何提升人民群众的获得感是我国未来一段时期的工作重点。习近平总书记指出，获得的方法是实实在在的感受和体验。围绕这一论述，国内学者从不同视角对提升人民群众获得感的路径进行了分析和总结。首先，获得感的提升是要切实提升人民群众的生活质量。郭学静和陈海玉（2017）认为可以通过健全公共服务体系、深化法律规制将人民群众获得感纳入考核体系中来提升人民群众的获得感，使人民群众感受到自身对美好生活的期望和追求是受到认可和保护的，是社会治理的根本要求。此论述虽然探讨了提高人民群众获得感的政策体系，但却缺乏对人民群众提高自身获得感的主动性的讨论。其次，获得感的提升要切实提升人民群众在社会生活中的参与度。刘旭涛和王姣（2020）从基层治理的角度认为让人民群众参与基层治理活动，能够打通基层治理的"最后一公里"，确保人民群众的知情权和监督权，畅通群众利益表达的渠道并使表达规范化，从而有效回应人民群众的合理诉求。此论述虽然提到了人民群众的主动性问题，强调创造一

种环境提升人民群众实现获得感的自驱力，但仍是从较为宏观的角度进行探索，对于人民群众获得感提升的微观路径缺乏研究。由此可见，提升人民群众获得感的路径探索无论是对理论界还是实践界仍任重道远，仍需要进一步探索和总结。

二、获得感的提升需要在生活方式绿色化的框架内实现

虽然许多研究已经对如何提升人民群众的获得感在理论和实践上进行了探索，但是需要指出的是，获得感的提升需要在生活方式绿色化的框架内实现。这是因为：

（一）生态红线既是环境底线，又是生存底线

人民群众获得感的提升，必然来自经济社会的发展，而传统以化石能源为基础的发展方式必然会对环境造成破坏，废水、废气等污染物让人类赖以生存的土地和水源受到威胁。这也证明人类如果一味地追求对自然的索取，而忽视对环境的保护，必然会遭受自然环境的报复，从而危害人类自身的发展。因此，人民群众获得感提升的一个基本前提就是不能逾越生态红线，实现对自然环境的破坏最小。我国自 2014 年开始在全国范围内展开生态保护红线划定工作，并明确一旦划定就不可以逾越，由此来看人民群众获得感的提升必须考虑生态保护红线，这既是环境底线，同时也是生存底线。在理论上，新生态范式（New Ecological Paradigm，NEP）认为所有的人类行为都应该处于生态环境的约束下，因而对于危害生态环境的行为应该严格限制。在实践中，德国社会福利开支占到其 GDP 总量的 27.6%，但同时对居民消费一次性产品进行征税，促使国民生活方式向更加绿色的方向转变，类似的政府财政税收行为在美国、日本也比较常见。

（二）先发展、后治理的路子在中国证明走不通

西方国家的经济发展，大都经历过过度消耗自然资源，导致环境污染严重的阶段，英国伦敦的"雾都劫难"就是由于煤烟排放导致的污染问题。传统西方国家走的是一条先发展、后治理的路子，即通过自然资源获取物质财富，当物质财富积累到一定程度后才进行环境治理，最终通过产业结构调整和产品更新换代提升整体社会的亲环境程度。这需要几十年，甚至是近百年的时间跨度。但是就我国的经济和社会发展而言，正如景天魁（2013）所言，中国正处于一个"时空压缩"的社会情境之下，即中国要在短短几十年里走过传统西方国家将近 200 年的发展历程，这也就意味着在当今历史时代，中国既没有时间和空间来复制西方经济发展的路子，也与当今国际形势对中国的要求，人民群众对美好、健康幸

福生活的诉求不相适宜。这再次证明了先发展、后治理的传统西方经济社会发展经验在中国是行不通的，我们必须边发展、边治理，走中国特色的可持续发展之路。而就经济社会的微观主体——家庭或个人而言，其个体的目标决定了社会总体的发展方向。如果家庭和个人追求自身的利益获得，而忽视对环境的影响，那么最终形成的社会的合力给环境带来的危害是难以估量的。

第三节　生活方式绿色化与获得感之间的联系"密不可分"

一、良好的生态环境本身就能使人民群众获得一种更深层次的获得感

人民群众的获得感与生态环境之间其实存在一种辩证关系，优质的生态环境本身就能使人民群众获得一种更深层次的获得感。杨伟荣和张方玉（2016）认为居民物质获得感的提升不应仅关注收入与福利的增长，环境治理和环境改善是目前我国群众最为迫切的渴望。2005 年时任浙江省委书记的习近平同志在湖州安吉视察时，提出了"绿水青山就是金山银山"的科学论断，在更高的思想层面上使经济发展和生态环境建设互相交融、共同成长，人民群众在生态发展过程中可同时享受经济发展所带来的实际利益。生态环境给人民群众带来的获得感主要体现在如下三个方面：首先，良好的生存环境。良好的生存环境需要公共基础设施的有效支撑，以及对水生态、大气生态、土地生态等多元的生态体系进行有效的管理，使人民群众赖以生存的环境健康发展。其次，良好的生活生产环境。良好的生活生产环境需要公共治理在保证生态可持续的基础上，实现与自然生态在经济价值和社会价值上的循环让渡，实现人与自然在生存发展上的和谐共生。最后，良好的生态环境。人与自然紧密联系，生态自然是人类赖以生存的家园，人民群众提升获得感的诉求及由此产生的一切行为活动都必须处于生态环境的约束下，生活方式绿色化是获得感持续提升的重要保证。

由此可见，人民群众对优质生态环境的美好期许和追求同样也是提升获得感的重要方面，生活方式绿色化与人民群众获得感的提升并行不悖、密不可分。

二、生活方式绿色化和人民群众获得感的提升应该放在同一视角下审视

生活方式绿色化和人民群众获得感的提升应该放在同一视角下审视，这是因为人民群众获得感的提升必须在绿色、低碳的生活方式视域下加以理解，而居民生活方式绿色化必须以获得感提升为目标，方能体现其时代性和对人民群众的吸引力。人民群众对于优质生态环境的追求在经济快速发展和人民生活水平不断提升的背景下不断凸显，虽然环境保护意识整体上有了很大的提升，但是在行为上往往欠缺"临门一脚"。这归根结底在于消费者在绿色环保行为过程中的实际获得不够明晰，绿色产品的价值实现往往具有跨期的特点，这种跨期不仅显现在时间上，同时也显现在空间上。例如，消费者购买了一款绿色产品，其消费和使用，该产品产生的生态环境效果和获得的利益并不是即时的，而是有一个漫长的显现过程。同时，很多产品的使用效果并不会显现在消费者身边，而可能是在与消费者具有较远距离的其他地方产生对应的效应，受时间和空间的影响，消费者对绿色产品所具有的效益往往很难或者完全不可能感知到，这就造成了他们期望通过购买绿色产品而获得某种收益的诉求不够明晰，或难以在短期内得到应有的保障。这些问题无形之中就造成了消费者生活方式绿色化行为的难以推广。另外，由于受到产品体量和技术条件的限制，绿色产品的效果往往需要全体社会广泛且长期的积累方能产生效益，就单个消费者或单个家庭而言，无法对其产生显著的感知。以上这些问题都导致了在生活方式绿色化过程中，消费者缺乏清晰的目标，产生知易行难的现象。因此，推行生活方式绿色化必须给消费者设置非常清晰的目标，让消费者在此过程中获得实际的客观利得，这样才能激活人民群众进行生活方式绿色化的内在动机。故而，生活方式绿色化与人民群众获得感的提升必须放在同一视角下进行审视，方能促使两者形成合力，共同发展。

三、生活方式绿色化促进获得感提升的机制仍需进一步深化

生活方式绿色化促进获得感提升的机制可以分为纵向和横向两个不同的层次。

在横向上，按照从宏观到微观的顺序可以分为三个层面。一是在产业层面，生活方式绿色化能够从需求侧倒逼生产方式改革，实现绿色发展方式的供给侧结构性调整，为人民群众收入提升奠定基础（盛光华、高键，2016）。二是在社会

福利层面，生活方式绿色化能够降低个人、家庭的能源和物质消耗占社会总消耗的比重，从根本上提高社会福利结余总量和分配效率（Roy & Pal，2009；Schipper et al.，1989）。三是在消费者行为层面，生活方式绿色化的根本目的是实现个人行为向亲环境方向转变（Barr & Gilg，2006），生态环境的改善既是群众获得感的重要内容，又是群众获得感提升的重要途径。横向上对生活方式绿色化促进获得感提升机制的研究虽然涵盖了从宏观到微观的整个社会体系，具有较广的覆盖面，同时也取得了一些广泛的研究共识，然而这种探索仅是从理念和意识上进行分析，对于内在机制的探索还存在较为明显的不足，尚无法深刻探寻生活方式绿色化和获得感之间的内生机制和外在情境机制，研究结论较为简单，实际可操作性不强。

在纵向上，公共政策影响消费者的社会心理，进而实现生活方式的绿色转变和获得感的提升被认为是一条完整的行为链条。其中，公共政策根据时间可以分为前置政策和后继政策两类（Abrahamse et al.，2005）。前置政策立足于影响个体的态度、偏好、动机、愿望、兴趣等心理因素推动消费者行为转变，进而实现生活方式绿色化，分为目标设置、诱发承诺、提供信息与树立榜样等（Abrahamse et al.，2007）。后继政策立足于行为结果评估与强化，通过改变经济和非经济的成本收益从而实现生活方式绿色化（Abrahamse et al.，2007），分为激励、约束与反馈等（Brandon & Lewis，1999）。在社会心理因素上，消费者创新性、中庸价值观等因素能够正向影响消费者生活方式的绿色转变（盛光华等，2017），环境态度、主观规范与感知行为控制等变量起到重要的中介作用（盛光华、高键，2016），群体氛围、工作关系等变量起到重要的调节作用（Muster & Schrader，2011）。纵向上对生活方式绿色化促进获得感提升机制的研究更多地探讨不同政策变量对消费者社会心理因素的影响，能够非常清晰地描述消费者生活方式绿色化和获得感提升之间的逻辑链条，对消费者绿色生活方式的产生和持续进行了较为深入的探讨，然而该部分的研究大都聚焦于消费者的个体行为，研究视角过于狭窄，当考虑到群体现象时，相关的研究结论缺乏必要的理论解释力。

虽然许多学者对生活方式绿色化促进获得感提升的机制已经进行了较为深入的研究，但是由于生活方式绿色化和人民群众获得感这两个变量本身具有动态性、跨期性等特点，导致从纵向和横向上都难以得出较为合理的理论结果，因此生活方式绿色化与获得感提升的机制研究仍需进一步深化。

第四节 问题提出、研究价值和创新点

一、问题提出与研究对象

虽然生活方式绿色化促进获得感提升的机制已经获得了学术界的广泛重视，但本书认为相关研究仍存在如下不足：其一，对生活方式绿色化的内机制和其促进获得感提升的外机制尚缺乏深入的探讨，相关研究尚需融合和深入。其二，虽然前置政策和后继政策被证明对实现消费者生活方式绿色化进而提升获得感有效，但是相关研究的持续性不足。

本书认为，人民群众生活方式绿色化和获得感的提升是关系到我国环境治理和民生改善目标能否顺利实现的关键问题，两者息息相关，故应纳入统一的政策实现路径中思考，以公共政策创新促进生活方式绿色化，以生活方式绿色化促进人民群众获得感的提升，这构成了本书的主要研究基础。评价公共政策的效果，应立足于生活方式绿色化进程中消费者短期行为的转变、中期行为的维持和长期行为的创新（Axon，2017），以及由此带来的获得感的提升。公共政策创新的重点不是改变具体的政策形式，而是转变政策的目标导向，即以提升人民群众获得感为最终目标，以生活方式绿色化为实现路径和次级目标，以公共政策为推进手段。所以，应积极探索公共政策对生活方式绿色化、生活方式绿色化促进获得感提升的双重嵌入机制，在政策层面和实践层面实现两者之间的耦合和联动，这构成了本书的主要思考路径。基于此，本书尝试在如下三方面进行探索创新：

第一，生活方式绿色化的内在机制研究。围绕价值探讨生活方式绿色化的内在机制，分析影响消费者生活方式绿色化的内在心理因素及消费者生活方式绿色转变的路径，为后续构建生活方式绿色化促进消费者获得感提升的机制模型提供前导式逻辑参考。

第二，构建生活方式绿色化促进获得感提升的机制模型。通过质性研究方法，分析生活方式绿色化促进获得感提升的机制。探讨在不同绿色水平的生活方式下，消费者在获得感诉求上的差异，以及在这种差异之下，消费者不同的心理行为路径，并对其进行实证检验，以明确不同的心理行为路径对生活方式绿色化的影响。

第三，探讨不同的公共干预政策对消费者生活方式绿色化的影响，并探求不同的公共干预政策作用的边界条件。

本书的研究对象是我国城镇家庭及其个人，该部分群体在生活方式绿色转变上更具优势，生活方式趋同。

二、研究价值

（一）从人民群众的角度为生活方式绿色化的推进设定具有吸引力的目标

本书以消费者的获得感提升为目标，采用质性研究和量性研究相结合的方法，使生活方式绿色化和获得感提升的逻辑更紧密、机制更清晰，从而有效地比较和分析同结果路径下最优的行为路径，为相关政策和理论研究提供完整和可信的研究结论。设定更具吸引力的目标，能进一步推动生活方式绿色化的迭代创新，从而为我国实现生态文明和环境可持续发展提供政策着力点。

（二）对生活方式绿色化促进获得感提升的机制进行深入分析

先前对生活方式绿色化的研究大都只从一个时间节点切入，探讨消费者生活方式绿色化的实现机制，忽略了消费者生活方式绿色化是一个具有较强时间跨度和延展性的行为过程链。本书通过质性研究方法将消费者生活方式绿色化进程中的短期行为转变、中期行为维持、长期行为创新三个阶段的目标与消费者对应的获得感诉求相联结，并对其作用机理进行分析，弥补了以往研究的不足，提升了相关研究的理论意义和价值。

（三）为生活方式绿色化和获得感的提升提供有效的公共政策

通过设计合理、有效且人民群众乐于接受的政策标靶，能促进生活方式绿色化和获得感提升的顺利实现，本书对我国推进消费者生活方式绿色化和获得感提升的管理策略的探讨，可为具体的实践提供更有针对性的理论指引和实证依据。

三、创新点

（一）理论视角创新

本书将生活方式绿色化与获得感提升纳入统一的研究体系中进行研究，为生活方式绿色化和获得感提升的研究开辟了新的视角。不仅为生活方式绿色化寻找到了合适的目标，避免了由于缺少目标，生活方式绿色化难以持续的问题，而且为获得感的提升找到了生态行为的价值边界，可使消费者更加理性地认识获得感。

（二）学术观点创新

本书提出生活方式绿色化应以获得感提升为目标，获得感的提升应在生活方式绿色化的框架内实现，而不是将其作为单独的研究变量考虑。本书整合了以往较为独立的研究内容，将生活方式绿色化和获得感提升放在同一视阈下进行考虑，增强了学术研究的整体性和相关性。

（三）研究方法创新

本书融合面对面访谈、结构方程模型、问卷调查及现场政策实验等方法，形成了支撑研究的方法体系。

第五节 研究内容与技术路线

一、研究内容

本书一共分为六章：

第一章是导论。本章对本书的研究背景、研究价值以及创新点等一系列问题进行了说明。

第二章是理论基础。本章对生活方式绿色化和获得感进行理论化分析，进而构建本书的理论基础。在结构设置上，首先对生活方式绿色化的理论内涵、维度特征和相关研究进行描述和分析；其次对获得感这个构念的理论内涵和提升路径进行总结；最后归纳本书研究所涉及的理论。

第三章是生活方式绿色化促进获得感提升的机制模型研究。本章首先采用质性研究的方式对生活方式绿色化促进获得感提升的机制进行探索性研究，其次对质性结果进行解读，并构建生活方式绿色化促进获得感提升的机制模型，从而为后续研究奠定基础。

第四章是基于消费者环境心理的生活方式绿色化的机制模型研究。本章首先从感知价值视角出发分析消费者生活方式绿色化的静态机制，通过讨论绿色感知价值的形成机制、绿色感知价值与生活方式绿色转化之间的逻辑联系以及生活方式绿色化的边界条件分析消费者生活方式绿色化是如何实现的；其次在明晰如上问题的基础上，进一步从消费者生活方式绿色化的动态机制上入手，通过引入量化自我过程这一情景变量，讨论消费者动态的生活方式绿色转化机制，最终形成静动结合的消费者生活方式绿色化的内机制模型。

第五章是基于公共干预政策的消费者生活方式绿色化机制模型研究。本书中公共政策创新的基本思路是从柔性公共政策角度设计公共策略驱动消费者生活方式绿色化，进而提升消费者的获得感。首先，采用广告信息策略进行研究，分析广告信息框架和消费者的环境态度、知识之间的交互能否影响消费者对于绿色广告、产品的偏好和购买行为；其次，基于公众获知策略，并结合消费者自我建构的差异化特点，以及时间距离与绿色消费行为的关系，讨论消费者绿色产品价格敏感度的变化；最后，从环境焦虑策略出发，讨论在不同情境的刺激下，消费者购买绿色产品行为意向的差异。

第六章是研究总结与政策建议。

二、技术路线

本书的技术路线如图 1-1 所示。

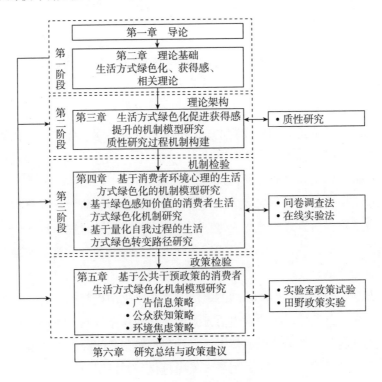

图 1-1　本书的技术路线

第二章　理论基础

本章对生活方式绿色化和获得感进行理论化分析，进而构建本书的理论基础。在结构设置上，首先对生活方式绿色化的理论特征、维度特征和相关概念进行描述和分析；其次对获得感这个构念的理论内涵和提升路径进行总结；最后归纳本书研究所涉及的理论。

第一节　生活方式绿色化

一、生活方式绿色化的理论内涵

生活方式绿色化的概念来源于对生活方式这一概念的绿色升级，生活方式是指特定历史和生活条件决定的个人与群体活动的社会关系形态（Ageev & Ageeva，2015）。不同家庭和不同个体受到其收入水平、精力及时间的影响，在生活方式上显现出一定差异，但是在其所属社会群体中却呈现出一定的共性（Ahuvia、阳翼，2005）。高键（2021）认为，对于生活方式的认知经历了五个相互联系的发展阶段：马克思主义经典作家将生活方式作为区分阶级的重要指标，并认为生活方式与生产方式密切相关（第一阶段）；韦伯和凡勃伦等学者借鉴马克思主义经典作家的思想，利用生活方式分析社会阶层，并从社会群体中识别了"有闲阶级"这一社会阶层（第二阶段）；生活方式与消费行为的关系是后续研究者研究的重要命题，甚至用消费行为模式来代替生活方式进行研究（第三阶段）；随着生活方式在社会群体的研究中成为重要的分类变量，生活方式的类型受到关注，学者们尝试从整个社会中分离出不同的生活方式，并明晰不同生活方式的特性和差异，不同的社会群体表现出不同的生活方式，而相同的社会群体在生活方式上则表现出趋同性（Lazer，1964）（第四阶段）；随着互联网技术的发展、线上线下交互的深入，网络生活方式获得了较大的关注，网络生活方式的研究表明个体的兴趣、行为在现实情境和网络情境下存在较大的差异，学界也逐渐将生活方式与个体的特定情境相结合进行研究，如在环境污染情境下的绿色生活方式研究（第五阶段）。

生活方式绿色化可以说是生活方式研究发展的产物，它是生活方式在我国生态文明建设领域的一场变革（盛光华、高键，2016）。早在 21 世纪初，有学者就认为绿色生活方式应遵循"5R 原则"，即 Reduce（节约资源、减少污染），Re-evaluate（绿色消费、环保选购），Reuse（重复使用、多次利用），Recycle（分类回收、循环再生），Rescue（保护自然、万物共生），该原则为绿色生活指明了行动方向。环境保护部 2015 年指出，应该广泛开展绿色生活行动，推动全民在衣、食、住、行、游等方面加快向勤俭节约、绿色低碳、文明健康的方式转变。杨爱杰和芦荣（2015）认为，生活方式绿色化不仅包括节约的生活方式和消费理念，还包括尊重自然、珍惜生命、追求天人合一的生态伦理道德等。吴芸（2016）认为，生活方式绿色化就是"树立人类与自然和谐相处、共同发展的生态理念，使绿色消费、绿色出行、绿色居住成为人们的自觉行动，让人们在充分享受社会经济发展所带来的便利和舒适的同时，履行应尽的环境责任，按照自然、环保、节俭、健康的方式生活"。从该定义中，可以解读出生活方式绿色化应树立的理念、行动的方向、履行的责任及实现的目标。贾真等（2015）认为，我国生活方式绿色化应从绿色供给、绿色包装、绿色采购、绿色回收、绿色饮食、绿色服装、绿色居住、绿色交通八个方面推进。综上所述，实现生活方式和消费模式向珍爱自然和生命、崇尚勤俭和朴素、遵循低碳和环保、提倡道德和文明转变，是大势所趋、民心所向（盛光华、高键，2016）。

生活方式绿色化的理论内涵涵盖多个层面，如生活方式绿色化可以是一种主观意识以及相关的一系列活动，即它是与健康和环境相关的一系列价值观念、感知体验和行为活动（Divine & Lepisto，2005；Paco & Raposo，2010）；也可以视作一种长期稳定的与环境相关的行为，即每天都在参与的绿色活动（Divine & Lepisto，2005），如绿色供给、绿色包装、绿色采购、绿色回收、绿色饮食、绿色服装、绿色居住、绿色交通等（贾真等，2015）；还可以视为一种对于财富和时间的分配方式，即对财富和时间进行分配时始终将保护生态环境和降低对环境的负面影响作为基本前提（盛光华、高键，2016）。生活方式绿色化的目的是在微观上降低个人生活消费给环境带来的负面影响，在宏观上保护生态环境、促进资源可持续利用。从特征上看，生活方式绿色化具有综合性、动态性和正面性三个特点：综合性是指生活方式绿色化不仅是一个个体概念，同时也是一个社会概念，即生活方式绿色化不仅是个人生活方式向自然、低碳、节约与健康的转变，同时还是一场全社会的消费文化在绿色、环保、节能与高效方向上的变革；动态性是指生活方式绿色化不完全等同绿色生活方式，生活方式绿色化与绿色生活方式在客观上都能够产生积极的环保效益，但是生活方式绿色化在主观上更加关注生活方式持续的绿色改进，而非一种相对稳定的生活状态；正面性是指生活方式绿色化是一种正面的感知，即社会大众对生活方式绿色化始终持积极并肯定的认同态度。

生活方式绿色化的关键是摒弃旧有的生活方式，即在个人利益诉求的驱动下促使旧有的生活方式向绿色、低碳和环保方向进行转变（Axon，2017；盛光华和高键，2016）。在对驱动生活方式绿色转变的个人利益诉求的研究中，有学者认为提升人们对新生活方式的热情对行为改变至关重要（Axon，2017），应改变千篇一律的、乏味的说教，采用"量身定制"的方法激活人们对新的绿色生活方式的憧憬（Abrahamse et al.，2007），并在整个社会倡导乐活文化思潮，使消费者对绿色生活方式在态度、主观规范和感知行为控制等方面进行个性化转变（Matharu et al.，2020）；在绿色生活方式的个人客观获得上，部分学者认为通过践行绿色生活方式获得的益处应可以用货币来衡量（Axon，2017；Hedlund-de Witt et al.，2014；Sloot et al.，2021；Stern，2000），以让消费者清晰地了解绿色生活方式的客观获得；在个人利益获取动机上，Gao 等（2021）认为绿色生活方式的行为转变包括主动和被动两条不同的路径，一是对消费者之前绿色行为的主动性延续，二是对消费者之前非绿色行为的被动性补偿，前者的利益动机是自我促进，而后者的利益动机则是减少愧疚。

相关文献虽从不同的角度阐述了绿色生活方式行为转变过程中存在的如思想宣导、利益诉求等问题，从理性的角度理清了生活方式绿色转变的静态规律，但却忽略了生活方式转变在过程上所具有的结构性和动态性特点，因此对于生活方式绿色化的研究仍需进一步深化和细化。

二、生活方式绿色化的维度特征

深化和细化研究的一个重要方法就是对生活方式绿色化的内部结构进行更加深入的剖析。生活方式绿色化是生活方式与绿色消费行为之间循环互动的结果（Sheng et al.，2019；盛光华、高键，2016）。生活方式是一个多维构念，何志毅和杨少琼（2004）将生活方式分为八个维度，Koshksaray 等（2015）将电子生活方式分为七个维度，Pandey 和 Chawla（2014）也将电子生活方式分为六个维度，陈文沛（2011）将生活方式分为四个维度（见表 2-1）。生活方式的多个维度对消费者行为的影响存在显著差异。

表 2-1　生活方式的维度

作者	年份	研究背景	维度
何志毅和杨少琼	2004	绿色消费	意见领导、冲动购买、新产品尝试、信息关注、价格敏感、广告态度、广告信息判断、媒体偏好
陈文沛	2011	新产品购买	时尚意识、价格意识、领导意识和怀旧意识
Pandey 和 Chawla	2014	电子生活方式	电子愉悦、电子不信任、电子自我无效、电子物流关注、电子备货物、电子负面信念
Koshksaray 等	2015	电子生活方式	需求驱动、兴趣驱动、娱乐驱动、社会驱动、重要性驱动、关注驱动、创新驱动

在我国，绿色产品主要是以新产品的形式出现（劳可夫，2013），消费者的绿色消费行为与创新性协同发生，故而从创新的视角能够更加明晰地解释我国消费者生活方式绿色化的过程。本书遵循盛光华和高键（2016）划分生活方式维度的方法，并借鉴前人对生活方式的归纳，将生活方式这一构念分为三个维度：时尚意识、领导意识及发展意识。其中，时尚意识是指个体对时尚的认知、理解和评价；领导意识是指个体独立进行决策并影响他人的能力；发展意识指个体对过去及未来的问题及事物的看法。

以上的分类方式是从静态的角度在横向上对生活方式绿色化进行维度剖析，而在纵向上，生活方式绿色化是一个在时间上较为连续的两个阶段，一是旧的行为中断，二是新的行为接续（Axon，2017；Verplanken & Roy，2016a）。如果旧的行为中断后，没有新的行为接续，或者新的行为无法代替旧有行为时，那么消费者的行为会恢复为旧有行为，新的行为转变就不会发生。由此可知，当旧有的生活行为被打断后，只有新的绿色生活方式具有足够的吸引力和替代性，新的行为才能够有效接续，消费者才算是真正完成了生活方式绿色转变。而在不同的环境下，能够有效刺激消费者行为中断和行为有效接续的变量可能是不同的，需要结合消费者所面临的时代背景进行具体的分析和探讨，这使从动态上理解生活方式绿色化成为可能。

三、生活方式绿色化相关研究

生活方式绿色化的研究主要从以下几个方面开展：

（一）从消费者的消费行为角度

先前有关生活方式的研究往往将其定位为一种消费模式，如 Ahuvia 和阳翼（2005）从消费行为视角对生活方式相关文献进行回顾时发现，许多文献经常交替使用生活方式与心理地图这两个概念，并认为生活方式是心理地图的一个分支（见图 2-1）。

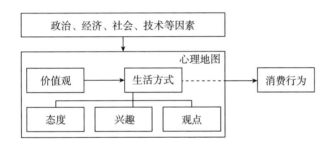

图 2-1 生活方式、心理地图与消费者行为的关系

从 Ahuvia 和阳翼（2005）的研究中可以发现，生活方式是心理地图的一部分，受社会环境的影响，包括经济、政治、技术和社会（PEST）等因素的影响。在外在因素的影响下，消费者能够产生与之相对应的价值观，并表现为具体的生活方式，包括一系列态度、兴趣和观点，最终反映在具体的行为上，这就构成了消费者生活方式产生的逻辑链条。利用反向思维，同样可以分析消费者生活方式的转变路径。既然消费者的生活方式可以表现为具体的消费行为，那么转变消费者的消费行为，使其变得更为绿色、环保，是否可以在一定程度上促使其生活方式进行改变呢（劳可夫，2013）？基于此逻辑，许多学者绕开了消费者的生活方式这一本质变量，而更多地将其外显的绿色消费行为作为消费者绿色生活方式的显变量加以研究。

绿色消费行为，是指个体在购买、使用商品的过程中，努力将其对环境的危害降到最小的行为（吴波，2014）。学者们试图从人口统计变量角度识别绿色消费者、从心理变量角度来探索绿色消费行为产生的"黑箱"。例如，有研究基于人口统计变量指出，女性消费者和老年消费者对绿色产品有更强的偏好（Brough et al.，2016；Roberts，1996）；高学历的消费者的价格承受能力较强，同时对绿色产品的购买欲望也更强烈（Granzin & Olsen，1991）。但是，有学者指出用人口统计变量来甄别绿色消费者欠缺说服力，所以许多学者开始转而探讨消费者心理对绿色购买行为的影响。有学者以计划行为理论（Theory of Planned Behavior，TPB）为基础，认为环境态度、主观规范与感知行为控制能够正向影响绿色消费行为（Morren & Grinstein，2016；吴波，2014）；还有学者从消费者的价值观出发，得出利己主义、利他主义和利生物主义价值观（Spash，1997），天人合一价值观（Chan，2001），中国传统文化价值观（劳可夫、王露露，2015）正向影响绿色消费行为；王建明和吴龙昌（2015）认为对于我国消费者的绿色实践与其"晓之以理"，不如"动之以情"。但是上述研究，具有非常强烈的单向性特点。

（二）从消费者市场细分角度

生活方式细分来源于心理变量细分，聚焦于消费者的选择与行为。根据消费者在消费过程中对与绿色相关的行为分配的时间和金钱的多寡，不同学者将绿色消费者分为不同的类型。

首先，根据消费者与自然相关的行为模式，可以将消费者分为：①初级自然保护主义者，是指为减少消费而对生活行为做出较大改变的人；②间接自然保护主义者，他们并不改变基本的消费模式，而是寻求通过再利用、回收或使用先进科技来抵消他的行为对自然的影响。

其次，根据消费者对环境关注的程度，可以将消费者分为：①浅绿色消费者，此类消费者只有模糊的消费意识，他们意识到应该对环境进行保护，但没有在消费过程中把这种意识具体化，他们的绿色消费行为大多是无意识的和随机的，他们是潜在的、不稳定的绿色消费者，对绿色产品的溢价难以接受。群体特征表现为受教育程度和收入水平较低，对环境的态度不积极，比较容易受他人的影响。②中绿色消费者，这类消费者具有较强的环保意识，但对绿色消费还缺乏全面的认识，比如只认识到产品无害性或包装的可循环使用性，而没有认识到生产过程的无污性。他们是选择性消费者，主要选择与自身利益联系比较紧密的绿色产品如绿色食品、绿色建材等，可以接受 5%~15% 的绿色产品溢价。群体特征表现为受教育程度和收入水平一般，对环境的态度比浅绿色消费者积极，受社会相关群体的影响更大。③深绿色消费者，此类消费者的绿色意识已经深深扎根，对绿色消费有全面和深刻的认识，表现为自觉、积极、主动地参与绿色行为，对绿色产品的溢价接受程度已经大于 15%，会提出新的绿色消费需求。群体特征表现为受教育程度和收入水平高，对环境的态度很积极。

2008 年 GFK Roper 公司在绿色评估报告中将人口分为六个部分：①真正的环保主义者（占比 17%），他们是环境积极分子，投身于保护环境的行动中，不顾任何阻碍；②不由己环保论者（占比 21%），他们是环境信仰者，被多数问题太大以至于不能解决的观念吓倒，他们的行为落后于所取的态度，而且倾向于仅仅采取回收等常规行为；③"随大溜"环保论者（占 16%），他们是环保温和派，喜欢做容易的事情，如路边回收，但并不是真正关注环保问题，他们往往不愿谈及全球变暖等问题；④梦想环保论者（占比 13%），他们对环境很友好但带有天真成分，如果能知道如何去做以及做的理由，那么他们的行为更具可持续性；⑤生意优先环保论者（占比 21%），他们对环境问题并不关心，认为环境是其他人的事情，如果出现了问题，其他人也会处理；⑥图谋环保论者（占比 11%），他们是环境问题的批评者，往往认为环境保护论是个圈套或是个政治阴谋。

第二节　获得感

一、获得感的理论内涵

（一）获得感的缘起

"获得感"是一种主观心理感受，是对需求的一种满足，是建立在"客观获得"的基础之上的（辛秀芹，2016）。2015 年，在中央全面深化改革领导小组第十次会议上，习近平总书记第一次提及"获得感"一词，并指出获得感的首要立足点是满足人民群众对美好生活的各种需求，目前其已经成为衡量社会经济发展的重要指标。《中共中央关于制定国民经济和社会发展第十三个五年规划的建议》强调中国特色社会主义的发展必须围绕人民，发展成果由人民共享，使全体人民在共建共享中有更多获得感。在 2015 年《咬文嚼字》发布的十大流行语中，"获得感"一词位居榜首，并指出该词多是指人民群众共享改革成果的满足感与幸福感（王恬等，2018），从而助力推进国家各方面治理能力现代化。在 2016 年 5 月底，"获得感"入选由教育部、国家语委发布的《中国语言生活状况报告 (2016)》十大新词，表明获得感在人民群众中具有较高的关注度。总的来看，获得感的提出不仅指明了我国改革发展服务的对象，也进一步明确了改革发展的依靠力量；不仅有效拓展了改革评价指标体系，还打破了一些"唯 GDP 论英雄"的常见言论，指出我国在发展经济提高社会生产力的同时，还要尽可能满足人民的精神需求。

"获得感"是由"获得"和"感"两部分组成，"获得"有得到（多用于描绘相对抽象的事物）和取得（多用于描绘相对具体的事物）的意思，"感"多用于表示"感觉、感想、情感"等。由此可知，"获得感"是指由物质和精神生活的获得而产生的可以长久维持下来的满足感，强调一种实实在在的获得、得到（张品，2016）。就当前的发展阶段来说，"获得感"大多是指人民群众共享改革成果的幸福指数，多从人均收入、人均寿命、受教育程度、社会保障和人民权利的获得等方面表现出来。随着生活水平的提高，人们不但追求物质生活的富足，也开始追求精神方面的享受，如旅游等活动近些年来成为当代中国人的新体验，这表明"获得感"是实实在在的感受，而不是摸不着的、抽象的感觉（张品，2016）。

由以上论述我们可以得到"获得感"的理论内涵，即在强调物质客观获得的基础上，进一步强调精神方面的主观获得，因此获得感是客观获得和主观获得的统一。

（二）获得感的理论基础

消费者源泉的获得感，来自自身的需求，从传统的需求层次角度来看，获得感是心理认知和体验，与人的需求满足程度是紧密相关的。虽然获得感在 2015 年才被提出，但学者对于需求的满足等与获得相关的问题的讨论并不少见。获得感的形成源于个体生理需求和精神需求的双重满足，马斯洛的需求层次理论就综合了人的生理需求和精神需求，强调了两者的统一，有不少学者就把需求层次理论当作获得感的理论基础（谭旭运等，2020）。但是我们在用需求层次理论来分析获得感的时候不能犯某些学者常犯的机械主义错误，因为在现实生活中人们的需求是错综复杂的，而不是直上直下的，这既体现了人们在需求得到满足后获得感所呈现的复杂性，也从侧面暗示了我们不能仅仅从需求端来衡量获得感（史鹏飞，2020）。

（三）获得感的概念界定

在对获得感进行具体的学术界定方面，不少学者把"获得感"等同于"幸福感"，其实两者是不同的，因为幸福感更注重个体的主观心理感受和愉悦心情，更基于个体的满足感、安全感，更自我，更易流于空泛（王斯敏、张进中，2015），而获得感是建立在客观获得的基础上的主观心理感受，兼具客观性和主观性，包括精神和物质层面的双重获得，更强调效率与公平公正（赵卫华，2018），是一个综合多方面因素共同作用的评价指标。当然，持续的获得感会带来一定程度的幸福感，是幸福感持续的保证（王俊秀、刘晓柳，2019）。习近平总书记提出的让人民群众有更多获得感指的是让我国的人民群体都有获得感，而不仅仅局限于某个人，强调的是共享发展，富裕要惠及国内所有人民，不仅重视经济的增长，还要兼顾社会、教育、文化、生态和医疗等各方面的发展（郑风田，2017）。

研究视角、背景的不同，对获得感概念的界定也不同，如赵玉华和王梅苏（2016）主要从主观感受与客观获得、物质与精神相结合的角度来阐述获得感；郑风田（2017）对获得感与幸福感、包容性增长等概念进行比较，并将获得感与需求的满足联系起来分析获得感的实在性与多层面性；赵卫华（2018）结合其他学者的研究，讨论了获得感的主体和客体及获得的途径、规则和感觉状态五个方面。随着研究成果的逐渐丰富，对获得感概念的界定出现了定性的趋势，认为其是"客观获益的主观感知"，形成了民生获得感（叶胥等，2018）、经济获得感（梁土坤，2019）等框架，虽然这类研究延续了我国有关教育、职位、资源等客观获得的研究趋势，但是却潜在地狭隘化了获得感的内涵。也有研究者从横向与纵向（王浦劬、季程远，2018）、当前与预期（谭旭运等，2018）等角度来界定获得感，但这种获得感仅仅是"相对剥夺感"的反向描述，实际上是与相对剥夺感相对应的获得感。谭旭运等（2020）在前人研究的基础上，全面分析了获得感的概念内涵、结构以及对生活满意度的影响，得出获得感具有普遍的社会性特点，可以体现"全面建设小康社会"与发展目标的群体性认同，而满意度和幸福感更多地关注个人的主观认知和情感体验。结合上述学者的研究，我们可以看出获得感概念结构的多维性，且对其内在关系的阐述可以更加全面有效地反映社会改革发展与民众生活质量、心理体验的复杂关系。

通过以上讨论我们可以看出，获得感是在需求满足的基础上产生的，本书借鉴赵卫华（2018）和谭旭运等（2020）的研究，把获得感分成获得感的主体及获得的内容、途径、规则和感觉五个方面来讨论。

第一，获得感的主体。获得感的主体指参与社会生活的实实在在的个体，是社会关系中的个体，而非私人关系中的个体（赵卫华，2018）。

第二，获得的内容。获得的内容即获得感的客体、基础，多表现为与社会经济发展密切相关的多种需求的客观性满足及个体的主观认知评价，包括可见的物质需求和不可见的精神需求，这两种需求也往往被学者解读为获得内容的核心组成部分（谭旭运等，2020；张品，2016）。需要注意的是，获得的客体与个体本身的客观需求并不是完全对应的，也不是实际获得的越多就越有获得感，获得感是基于实际得到的需求内容进行的认知评价与理性反思（谭旭运等，2020；田旭明，2018）。

第三，获得的途径。从人的主观能动性方面来看，个体并不是被动地接受各种资源，而是更愿意靠自己的努力来满足自身的各种需求，这种主动性本身就是获得感的重要来源。因此，本书认为个体在寻求需求满足的过程中，要充分发挥自己的主观能动性来实现自我价值，努力寻求参与经济社会发展的机会（赵玉华，2016）。当个体的自主需求得到满足时，其会表现出更多的积极情绪、更高的自我效能（Lemos，2017），赵卫华（2018）也指出获得感首先表现为劳动者权利得到保障后的满足感，包括按劳分配、同工同酬、共享社会发展成果等对劳动者权利的保障，强调个人劳动付出对于获得感的重要作用（谭旭运等，2020）。

第四，获得的规则。必须要强调的是，制度的公平公正对获得和获得感具有重要影响。假设一个人付出了劳动，却没有获得相应的报酬，那么就会出现付出与得到不成比例的问题。有的人付出多得到的少，有的人付出少得到的多，甚至有些人不付出却能得到，这就会使个人产生相对剥夺感和不公平感，进而影响个人的获得感。提及公平公正，不容忽视的一个问题就是发展成果的共享，对于那些能力相对较弱的群体来说，他们在市场竞争中有天然的弱势，这时候就需要相关部门想办法切实保障他们的权益，尽量满足他们的基本权益与基本需求，避免社会排斥，努力约束每个社会成员在分配中的地位，在更加公平公正的情况下影响社会情绪、社会心理和整个社会的获得感（赵卫华，2018）。

第五，获得的感觉。在个体充分发挥自身主观能动性的前提下，伴随着需求的满足与否,不同的个体会产生不同的情绪体验。首先,当保障性需求没有得到应有的满足时,个体通常会出现愤怒、担忧、焦躁、厌恶等消极情绪,若这些保障性需求得到了一定程度的满足,个体的心态则会较平和。当更高层次的、激励性需求得到满足时,个体会表现出愉悦、兴奋等积极情绪,会产生更强的行为动力,若这类需求没有得到满足,个体极有可能会丧失行为动力,产生无力感,甚至会产生嫉妒、敏感等消极情绪(Gable,2010)。不管是积极情绪还是消极情绪,都是获得感高低的直观表现,在积极情绪下,人们的获得感更高,在消极情绪下则相反(Bastian et al.,2014;谭旭运等,2020)。

上述这几个方面是一个有机统一的整体,其中任何一个方面不合理都会直接影响人们的获得感。所以从根本上而言,获得感的主体一定是人,且与合理的需求是分不开的,同时人们的需求能否得到满足、如何满足等都影响着获得感的强弱。一个良好的社会会让人们有尊严、更体面地享有与他人同等的权利,即使有些社会规则看不见摸不着,但人们能真真切切地感受到,这些获得感也是非常重要的,甚至是个人努力的前提和保障。

二、提升获得感的路径

结合相关研究及国内外的改革经验可以发现,提升居民的幸福感可以从以下几个方面入手,如缩小居民的收入差距(马红鸽、席恒,2020;申云、贾晋,2016)、扩展就业渠道、投资教育和打破阶层壁垒等(徐延辉、刘彦,2021)。本书着重讨论收入差距、社会保障这两方面与获得感的关系。

首先,收入是影响个体幸福感和获得感的重要因素,尤其在市场经济中,人们的一切消费活动都依赖于收入,所以居民收入差距将直接影响其获得感。学者在研究收入差距对获得感的影响时并没有得出一致的结论,有的学者认为收入差距与居民的获得感是正向关系(Jiang,2012),而有的学者认为是负向关系(Smyth,2008;申云、贾晋,2016),也有学者指出收入差距与获得感呈倒U形关系(Wang,2015)等。以上研究虽致力于论证收入差距与获得感之间的关系,但也从侧面反映了居民收入差距是影响居民获得感的重要因素(马红鸽、席恒,2020)。

其次,通过前人的研究可以得知,获得感的产生也离不开社会比较(Wang et al.,2020;徐延辉、刘彦,2021),我国农村和城市居民社会保障制度的差别也会影响居民的获得感。党和政府要理论联系实际,建立符合农村居民实际情况的保障体系，完善农村养老保险制度，只有城市和农村各方面的差距不断缩小，才能切实提升居民的获得感指数（郑风田，2017）。

获得感的提出，对现代社会的发展与进步有着非常重要的现实意义，它不仅有利于促进个人的全面发展，提升人们的幸福指数、规避社会的物化现象，驱使人们形成正确的义利观，也有利于增强民族的自信心与凝聚力、促进社会的和谐与稳定（张品，2016）。所以，"获得感"是当今社会改革发展与人民幸福之间的一座现实桥梁（张品，2016），是对新时代坚持发展中国特色社会主义道路，增强我党的公信力，以及不断把为人民造福事业推向前进，让发展成果更多更公平惠及全体人民，朝着实现全体人民共同富裕的目标稳步迈进的风向标（杨金龙、张士海，2019）。

第三节 相关理论

一、计划行为理论

计划行为理论是 Ajzen（1991）在 Fishbein 和 Ajzen（1975）的理性行为理论的基础上提出的，认为行为态度、主观规范和感知行为控制共同对个体的行为意图产生影响（见图 2-2），并最终促使个体发生实际行为。行为态度来源于对自身行为可能会产生的结果的信念集合，受行为信念强度和行为结果评估等因素影响（Ajzen，1991；Fishbein & Ajzen，1975）。主观规范是指个体从其他人或群体中感知到的社会压力，它来源于群体或重要他人对个体决策所产生的作用（Ajzen，1991）。Hagger 和 Chatzisarantis（2005）将主观规范细化成"法制规范"和"描述性规范"两类，从而使计划行为理论具有了更强的解释能力。杨智和董学兵（2010）认为对中国消费者而言，主观规范所带来的影响来自内部和外部两个方面，内部影响主要来自家庭，而外部影响主要来自朋友、邻居和亲戚。感知行为控制是指个体对执行某项行为的难易程度的自我感知（Ajzen，1991），反映的是个体对促进和阻碍执行行为因素的知觉（段文婷、江光荣，2008）。有学者认为感知行为控制由两方面因素决定，一方面是个体相信其具备执行某项行为的自我效能，另一方面是个体对之前行为所施加控制的感知（Ajzen，1991；

Bandura，1992；Greaves et al.，2013）。但是也有学者认为应对自我效能和感知行为控制加以区分，自我效能的获得更多来源于技能和资源，而感知行为控制更多来自熟练行为（Conner & Armitage，2010）。

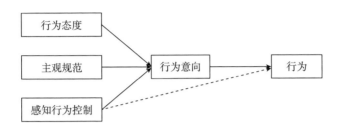

图 2-2　计划行为理论模型

计划行为理论由于很好地解释了人类行为的一般决策过程（Ajzen & Icek，2001），故而在绿色消费行为研究领域得到了广泛的应用。Stern 等（1995）认为环境态度是个体对环境问题的行为态度，是对绿色消费相关行为的偏好倾向。环境态度被定义为对自然环境评价赞成或不赞成的心理倾向（Milfont & Duckitt，2010）。一般认为，环境态度越强烈，进行亲环境行为的可能性越大。Chen 和 Tung（2014）在研究消费者对绿色旅馆的选择过程中，认为环境态度、主观规范、感知行为控制能够预测消费者访问绿色旅馆的意向。劳可夫（2013）在对消费者购买绿色新产品行为的研究中，同样认为环境态度、主观规范和感知行为控制能够正向影响消费者购买绿色新产品的行为。可见，消费者选择绿色产品的行为是理性的，能够充分感知和权衡主观需求和能力、客观社会压力等因素对自身行为产生可能性的影响，但是消费者购买行为发生的根本前提是其对绿色产品价值的权衡，即消费者是否能够在绿色产品中感知到足够的核心价值以促使消费者产生购买行为。

二、规范激活理论

规范激活理论（NAM 理论）是在个人规范理论的基础上发展出来的，其研究视角是个体乐于助人行为的影响因素。在绿色消费研究领域，绿色消费行为可以视为亲社会行为，即其行为会带来助人的、正的外部性影响。规范激活理论认为个体若承担责任并相信其行为会产生对应的结果，那么个体的行为就会努力与个人规范相一致，进而影响实际行动（见图2-3）。其中，个人规范受到其他人和社会规范的影响。Schwartz指出，个人规范和社会规范既有联系又有区别。首先，个人规范来源于社会规范，是被个体接受的社会规范，是人们所持有的对自我的期望。其次，个人规范的约束力与自我概念联系在一起，因此违背个人规范将会导致个人内心的罪恶感、自我否定以及自尊的丢失，反之则会产生自豪感。简言之，社会规范处于社会结构层，而个人规范则是被内化的态度。最后，个人规范能够与行为相联系，个人规范能够产生行为，但是行为有时则会与个人规范相悖。当个人规范与情境相结合时，就会产生相对应的行为。

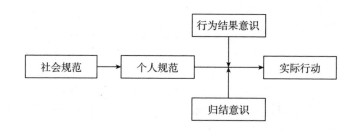

图2-3　规范激活理论模型

规范激活理论从个体所感知到的社会规范和个人规范角度分析个体实际行动产生的原因。基于规范激活理论，学者们在不同的领域进行了探讨，如Heberlein在研究垃圾回收行为时，发现若被试的行为结果意识和归结意识较高，其就会遵从社会规范而减少乱扔垃圾的行为；Black的研究同样证明了行为结果意识和归结意识同行为正相关。在绿色消费领域，NAM理论同样也得到了较为广泛的应用，如Lier和Dunlap运用NAM理论研究了道德规范对于消费者环保行为的作用机制，发现若消费者认识到自身行为会给他人带来影响时，其个人规范将被激活，进而减少或完全摒弃自身的非环保行为。

三、价值观—信念—规范理论（VBN理论）

Stern深化和发展了规范激活理论，结合价值理论和新环境范式，提出了价值观—信念—规范理论（VBN理论）。VBN理论提出的目的是提供一种理解公共支持在环境保护方面的作用的理论，而公共支持被认为是最有效地解决社会难题的手段。Stern（1999）认为环境问题是涉及面较广的社会问题，需要整个社会来共同解决，环境保护主义的社会变革是一个涉及个人、活动家以及组织层面的行为变革，以达到减少人类对环境的不利影响的目标。VBN 理论的框架建立在三个维度之上，分别是价值观、信念和规范。Schwartz（1992）将价值观定义为个体或群体的指导原则，可使其达到理想的转化情境目标。Stern（1999）提出的 VBN 理论是对 Schwartz（1992）提出的规范激活理论的简化，认为价值观可以分为三个类型，分别是利他主义价值观（Altruism Value，AV）、利生物圈价值观（Biospheric Value，BV）和利己价值观（Egoistic Value，EV），它们是环境态度重要的预测变量。信念也可以分为三个类型，分别是新生态范式（New Ecological Paradigm，NEP）、对结果的忧虑（Awareness of Consequences，ACs）、亲环境行为意向（Intention to Behave Pro-Environmentally，IBP）。其中，NEP 用于测量有关人类与生物圈间关系的一般观点；ACs 是指对环境问题是否有益于或有害于其他人、物种和生物圈的信念；IBP 则是行为最为重要的预测变量。Kiatkawsin 和Han 认为以上构念共同构成了 VBN 理论的关系链，即利己、利他与利生物圈价值观—新生态范式—对结果的忧虑—对责任的归因—亲环境个人规范—亲环境行为意向。

四、注意控制理论

注意控制理论是由 Eysenck 等于 2007 年提出，主要从宏观和微观两个层面探讨焦虑与注意控制之间的关系（孙国晓、张力为，2013）。在宏观层面上，该理论认为个体存在两种注意系统，一种是受当前的目标、期望以及知识等影响的目标导向系统；另一种则是受当前环境中突出刺激影响的刺激驱动系统。焦虑会调节并平衡这两种注意系统，当焦虑水平上升时，会增大对刺激驱动系统的影响，同时减小对目标导向系统的影响（Eysenck et al.，2007）。在微观层面上，该理论认为焦虑能够影响个体工作记忆中央执行系统的抑制和转移功能（Eysenck et al.，2007）。抑制功能是指抑制任务无关信息的干扰，转移功能则是指将注意从任务无关信息转向任务相关信息（Miyake et al.，2000）。

Spielberger 和 Sydeman（2010）将焦虑分为状态焦虑和特质焦虑两种，其中状态焦虑是指觉察到危险性刺激而产生的一种短暂的情绪状态，包括个体的紧张、担心、不安、困扰及自主神经系统的过度兴奋；特质焦虑是个体对广泛的威胁性刺激做出焦虑反应的一种相对稳定的行为倾向。环境焦虑则是个体由环境污染问题所引发的一种特殊的焦虑情绪，表现为当预感到环境污染问题所带来的潜在威胁时，个体在主观上感受到的紧张、忧虑、烦恼等心理反应（Etkin，2009），其本质上是一种状态焦虑。依据注意控制理论，环境焦虑水平的提升会增大对个体刺激驱动系统的影响，而减小对目标导向系统的影响，这意味着相较于自身目标和期望，个体更易受到外在环境刺激的影响，从而产生与之相对应的行为；反之，环境焦虑水平的下降会减小对刺激驱动系统的影响，而增大对目标导向系统的影响，这意味着相较于外在环境刺激，个体更易受到自身期望和目标的影响，并产生与之相对应的行为。从环境焦虑所产生的抑制和转移功能来看，当个体的环境焦虑水平上升时，其会抑制与环境问题无关的信息对个体的干扰，同时将个体的注意力转移到与环境问题相关的信息上来。可见，环境焦虑是影响个体行为决策和行为产生的重要变量，环境焦虑水平的高低决定了个体行为不同的决策路径，即当环境焦虑水平较高时选择外在环境刺激路径，而在环境焦虑水平较低时选择个人内在期望及目标路径。

第三章　生活方式绿色化促进获得感
提升的机制模型研究

本章首先采用质性研究的方式对生活方式绿色化促进获得感提升的机制进行探索性研究；其次对质性结果进行解读，并构建生活方式绿色化促进获得感提升的机制模型，从而为后续研究奠定基础。

第一节　生活方式绿色化促进获得感
提升机制的质性研究过程

一、问题提出

生活方式绿色化如何能够促进消费者获得感的提升是本书最为核心的研究问题，其中的机制问题目前尚存在较多理论空白。采用理论到实证的传统定量方法来研究该研究问题已经不够，而采用现象到理论的质性研究方法能够通过现象探求内在规律。就本书的研究主题——生活方式绿色化促进获得感提升的机制来说，获得感是一个全新的研究范畴，对于此构念目前理论界还缺乏成熟的研究。本书的目的是将生活方式构建机制与消费者的获得感相联系，形成一个滚动的行为机制模型，并对其内在的机理进行深入的诠释。这不仅需要考虑获得感的理论内涵，还要考虑获得感与生活方式绿色化之间的关系，单纯进行定量研究已经难以满足研究需要，而定性方法对于生活方式绿色化促进获得感提升的机制具有更强的解释力。因此，本章采用质性研究的方法展开研究。

二、深度访谈方法

本章选择对消费者进行深度访谈的方法，来获得生活方式与获得感方面的第一手数据。深度访谈的主题和内容提纲如表 3-1 所示。

表 3-1　访谈主题和内容提纲

访谈主题	内容提纲
消费者对生活方式绿色化的认识和理解	您认为什么是绿色生活方式，在您的日常生活中有哪些具体的表现和例子
家庭生活方式绿色化的现状	①您认为您在日常生活中有哪些非绿色的行为？哪些因素制约了您进行绿色生活方式转变？ ②如果让您给您家庭的绿色生活方式进行打分，满分为 9 分，您会打多少分？ ③如果您认为绿色生活方式是必要的事情，那么您未来想从哪几个方面让自己家庭的生活方式更加绿色
消费者对获得感的理解	①现在党和国家都在强调改革的目的是提高人民群众的获得感，那么您认为什么是获得感呢？ ②就您个人和家庭而言，您认为获得感应该包括哪些内容
消费者最为关注的获得感因素	①就您个人和家庭而言，最为迫切和重要的获得感是什么？ ②哪些因素是制约您获得感提升的关键因素
家庭基本情况	您的家庭成员有几位？家庭结构是什么情况？家庭年收入大概多少

我们采用面对面访谈和在线视频访谈相结合的方式来获取数据。从现有的质性研究来看，研究者多使用面对面访谈的方式来获得研究数据。这是因为面对面访谈具有较为明显的优势，如访谈员在访谈过程中，除了可以采用录音录像设备记录访谈对象的原始语言信息外，还可以近距离观察被访谈人员的面部表情，通过面部表情来分析消费者的内在心理活动，以便及时增加或减少随机问题，有目的地调整访谈的内容和重点，更好地获得反映消费者内心感知的数据资料。在使用传统的面对面访谈方式的同时，我们还使用了在线视频访谈的形式，相比于面对面访谈，作为一种新型的访谈方式，在线视频访谈受空间的影响更小，访谈人员不需要与受访人员直接见面，实施更为便捷，且由于不具有面对面访谈的正式性，受访者感觉更自由、更真实，不易受访谈人员口头语言和行为语言的影响。总的来看，综合使用在线视频访谈和面对面访谈的方式能够有效地取长补短，更好地达到访谈的目标。

对于访谈对象，需要尽量选择具有代表性的受访者。具体而言，既要选择一些生活方式绿色化程度较高的消费者作为受访者，也要选择一些生活方式绿色化程度较低的消费者作为受访者，通过使受访者特殊化，让访谈结果触及消费者生活方式绿色化的"地板"与"天花板"。同时，期望消费者能够更好地表达自身的意见，因此我们选择了具有一定认识和主见，且具有一定受教育水平的受访者。我们选择的受访者大多是具有大专及以上学历的消费者，多为20~45岁的个体（仅有少数受访者年龄在45岁之上），这部分消费者的思想较为活跃，同时他们大多数也承担着家庭的主要责任，更能够代表家庭的决策。

对于受访者样本数量的选择，以理论饱和为基本原则，即新的受访者无法带来新的信息为止，最终共选择20名受访者，这些受访者来自浙江、安徽和上海等省份。

在正式访谈开始的前一天，我们会告知受访人员本次访谈的基本主题，告知其将进行大概半小时的访谈，具体的访谈内容是了解受访人员对于生活方式绿色化和获得感等问题的认识和看法，以及他们在生活中如何体现绿色生活方式。为了让受访人员更加清晰地了解本次访谈的主题，我们会对一些关键词语，如生活方式绿色化等进行解说，以确保受访人员清楚了解访谈主题的内涵。

在满足以上条件之后，就开始进行正式的深度访谈，为了使访谈顺利进行并确保访谈质量，我们进行了如下安排：①在正式访谈前首先向受访人员说明这是为了研究所做的随机访谈。访谈的目的主要是了解消费者对生活方式绿色化和获得感的理解和认识，访谈是匿名的，在后续报告中也不会出现受访人员的真实姓名。②访谈的主题是生活方式绿色化和获得感，请在访谈过程中紧紧围绕这个主题，尽量不要偏离本次访谈的主题。③每次只提问一个问题，如果一次提问太多，会使受访人员找不到回答的重点，或是仅仅只回答多个问题中的一个问题。调查人员需要根据受访人员的回答进行追问，或举例。④在深度访谈过程中，调查人员只记录一些关键字，访谈内容在后续录音精听过程中整理而成。⑤每次访谈时间控制在1小时以内。

三、受访者基本信息

20位受访者的基本资料如表3-2所示，其构成结构如表3-3所示。从性别分布上来看，男性12人，占比为60%，女性8人，占比为40%。在年龄分布上，25岁及以下的受访人员为5人，占比为25%，26~35岁的受访人员为9人，占比为45%，36岁及以上的受访人员为6人，占比为30%。在学历分布上，大专学历的受访人员为6人，占比为30%，本科为13人，占比为65%，研究生为1人，占比为5%。在家庭年收入分布上，年收入10万元及以下的为5人，占比为25%，11万~20万元年收入的家庭为14人，占比为70%，21万元及以上年收入的家庭为1人，占比为5%。在职业分布上，职业为学生的有4人，占比为20%，私营企业职员为12人，占比为60%，公务员为3人，占比为15%，其他职业（含家庭主妇）为1人，占比为5%。在居住地分布上，居住在农村的有3人，占比为15%，居住在城市的有17人，占比为85%。

表3-2　深度访谈受访者的基本资料一览

编号	受访者	性别	年龄（岁）	学历	职业	家庭年收入（万元）	居住地	访谈形式	访谈时间	自我评估（分）
01	应小姐	女	26	本科	出纳	20	城市	面对面	2018-07-30	6
02	姜女士	女	39	大专	出纳	20	城市	面对面	2018-07-30	7
03	郑先生	男	32	大专	销售	15	农村	在线视频	2018-07-30	7.5~8
04	冯女士	女	45	本科	公务员	20	城市	面对面	2018-07-31	7
05	章女士	女	36	大专	文员	20	城市	在线视频	2018-07-31	—
06	季先生	男	30	本科	销售	15	城市	面对面	2018-07-31	6~7
07	王先生	男	29	本科	销售	18	城市	面对面	2018-07-31	8.8
08	陈同学	男	20	本科	学生	20	城市	面对面	2018-08-01	3
09	施同学	男	20	本科	学生	20	城市	面对面	2018-08-01	7.5
10	方先生	男	39	本科	职员	20	城市	面对面	2018-08-01	4
11	李先生	男	30	本科	职员	10	农村	在线视频	2018-08-02	4
12	王小姐	女	24	本科	会计	12	城市	在线视频	2018-08-02	8
13	李女士	女	28	大专	主妇	10	城市	在线视频	2018-08-02	8
14	张先生	男	41	大专	销售	10	城市	面对面	2018-08-03	6
15	张女士	女	38	研究生	公务员	20	城市	面对面	2018-08-03	5
16	王先生	男	27	本科	公务员	15	城市	在线视频	2018-08-03	5
17	张同学	女	22	本科	学生	18	城市	面对面	2018-08-04	5
18	张同学	男	21	本科	学生	16	城市	面对面	2018-08-04	7
19	李先生	男	30	本科	职员	17	城市	在线视频	2018-08-04	6
20	张先生	男	35	大专	职员	5.6	农村	在线视频	2018-08-04	5

表 3-3 深度访谈受访者的描述统计分析

	分类指标	人数	百分比（%）	有效百分比（%）
性别	男	12	60	60
	女	8	40	40
学历	大专	6	30	30
	本科	13	65	65
	研究生	1	5	5
年龄	25 岁及以下	5	25	25
	26~35 岁	9	45	45
	36 岁及以上	6	30	30
家庭年收入	10 万元及以下	5	25	25
	11 万~20 万元	14	70	65
	21 万元及以上	1	5	10
职业	学生	4	20	20
	私营企业职员	12	60	60
	公务员	3	15	15
	其他职业	1	5	5
居住地	城市	17	85	85
	农村	3	15	15
访谈形式	面对面	12	60	60
	在线视频	8	40	40

四、开放式编码

质性研究的第一步是对访谈数据进行开放式编码，在具体的编码过程中，对于受访者的访谈资料进行逐字逐句的分析。对相关语句进行标签化识别，可使研究形成概念化体系。为了尽量减少研究者的个人意见对研究的影响，此处将受访者本人的原话作为基本素材以实现概念标签化。表 3-4 节录了本次调研中一次访谈原始的记录内容和相应的开放式编码过程。

表 3-4 一次典型的深度访谈的开放式编码过程

被访谈人编号：01	被访谈人：应小姐
年龄：26 岁	学历：本科

生活方式绿色化促进获得感提升的机制及公共政策创新研究

续表

被访谈人编号：01	被访谈人：应小姐
职业：公司出纳	家庭年收入：20万元
居住地：城市	访谈时间：2018年7月30日
访谈形式：面对面访谈	自我评估生活方式绿色化等级：6分

问题一：您认为什么是绿色生活方式，在您的日常生活中有哪些具体的表现和例子？

答：就是【低碳节能，少用一次性的餐具】，少点外卖，夏天的时候不把空调的温度调得太低。（环境意识）

问题二：您认为您在日常生活中有哪些非绿色的行为？哪些因素制约了您的绿色生活方式转变？

答：【开车去上班】，原因是现在我们衢州市的，公共交通不是很方便，给大气造成了污染。

问题三：如果您认为绿色生活方式是必要的事情，那么您未来想从哪几个方面让自己家庭的生活方式更加绿色呢？

答：①家庭可以【减少垃圾袋的使用，买东西时使用自己的袋子】。（减量化行为）②少吃外卖食品。

问题四：如果让您给您家庭的绿色生活方式进行打分，满分为9分，您会打多少分？

答：6分，我平常开车太多，家里的垃圾袋浪费较严重，剩菜也很多。小区应进行垃圾分类，把可回收的东西列举出来，配备相应的公共设施。通行的人可以一起约车，少开车。家里每个房间没必要都有一个垃圾袋，应该节约垃圾袋。（垃圾分类，提高环境意识）

问题五：现在党和国家都在强调改革的目的是提高人民群众的获得感，那么您认为什么是获得感呢？

答：在工作之余可以享受生活去旅游，这就是我认为的获得感。（生活需要高于生存需要）

问题六：就您个人和家庭而言，您认为获得感应该包括哪些内容？

答：【一个是物质方面，另一个是精神方面。物质方面主要是我们的家庭收入增加，精神方面主要是精神上的放松。】（物质获得和精神获得）

问题七：就您个人和家庭而言，最为迫切和重要的获得感是什么？

答：最重要的是从精神方面来说，没有时间享受生活，没有时间旅游，没有得到精神的满足感，觉得生活没有【新意】。（创造性生活）

问题八：哪些因素是制约您获得感提升的关键因素？

答：现在的【社会压力较大】，房价物价高，这是物质方面的因素。精神方面主要是内心放不下自己的工作，今天不努力工作，明天就可能得不到更好的生活，那么就得不到精神上的满足感。另外，还有来自家庭方面的压力，放不下家人，难以一个人自由自在地享受生活，这也阻碍了我们的获得感提升。（生活压力是主要障碍）

问题九：您的家庭成员有几位？家庭结构是什么情况？家庭年收入大概多少？

答：小家庭是自己和丈夫，现在还怀着一个小宝宝。大家庭还有公公婆婆、爸爸妈妈以及一个弟弟。家庭年收入在20万元左右。

通过开放式编码，我们一共得到了500余条原始语句及相应的初始概念，下面将对获得的初始概念进行范畴化。在进行范畴化时，我们剔除了出现频率较小的初始概念（频率低于2次），仅仅选择出现频率在3次以上的概念。此外，我们还剔除了前后说法不一的初始概念，表3-5为得到的初始概念和若干范畴。

· 38 ·

表 3-5 开放式编码范畴化

原始资料语句（初始概念）	范畴
A02 社会上乱扔垃圾的现象比较严重，环境的保护意识比较薄弱，对于环境保护社会上存在事不关己、高高挂起的现象。（环境意识依旧薄弱） A03 绿色生活方式转变主要是自己的思想转变，自身的原因比较关键，但现在家住在农村，垃圾处理比较简单，只有一个大垃圾桶，公共设施不到位也制约了我的生活方式转变。（环境意识改变是关键） A09 低碳生活，少用私家车，注重环保，节约资源，不浪费资源，并且不破坏环境，少使用塑料制品。（环保内容较为明确） A12 日常生活中没有做到垃圾分类，吃饭没有光盘，使用很多一次性物品，打印资料时不会选择双面打印；因为赶时间，或者在做其他事情，而忘记做一些细小的绿色事情；绿色意识不太强，同时周边宣传也不到位，会制约绿色生活方式转变。（绿色意识薄弱）	环境意识
A05 早睡早起，用水用电要合理，多乘坐公共交通工具，使用共享单车，家里的空调可以不用就尽量不用。（节约化的消费） A06 规划自己的行程少使用私家车、定时使用空调。（提前规划） A13 节约用水用电、节约粮食，做饭总是做多，以后会适当减少量。（绿色生活减量消费是关键） A15 我觉得自己现在的生活方式还挺偏向绿色的，以后出行多乘坐公交车，少开空调、多开风扇。（转换方式，降低碳排放） A19 买车买新能源的，或者自己在家种点菜。（为自己创造更多的环保选择）	适度消费
A07 个人比较懒，绿色生活方式有时有些烦琐，为了提高效率，可能会放弃一些绿色的方式。（效率权衡） A12 日常生活中没有做到垃圾分类，吃饭时没有光盘，使用很多一次性物品，打印资料时不会选择双面打印；因为赶时间，或者在做其他事情，而忘记做一些细小的绿色事情。（绿色价值权衡处于弱势） A13 夏天开空调，可能会开一夜，主要是因为夏天太热不舒适。（炎热打败绿色） A14 开空调，虽然知道开空调会导致很多污染，但是太热离开空调很难受；出行开车，因为开车很方便。生活便利性和舒适性会制约生活方式的转变，有些不太环保的行为会让人感觉很便利和舒适。（便利性打败绿色环保） A15 我很怕热所以一直开空调，天气太热，开空调感到很舒适。 A20 不节约粮食，浪费水电。制约因素主要是生活方式的便利性（便利性仍是重要的制约问题）	绿色价值权衡
A02 早睡早起，养成绿色的生活方式，尽量避免熬夜，加强体育锻炼，消除亚健康。（形成规律） A10 自己的生活习惯比较差，作息不是很规律，学习不是很上心，阻碍了自我能力的提升，阻碍了获得感的提升。（自我提升是关键） A16 低碳节能，如多乘坐公交出行，家里的电器，如电视、热水器不使用时要及时关掉，不应用待机模式，或者将烧热水的时间设定在晚22时至次日5时，这样可以节能省电。（家庭行为量化）	自我提升因素

原始资料语句（初始概念）	范畴
A02 早睡早起，养成绿色的生活方式，尽量避免熬夜，加强体育锻炼，消除亚健康。（家人示范） A11 晚上睡觉时忘记关灯，没有做到对物品的循环利用，比如一水多用，用洗碗水浇花之类。自己潜意识里没有重视绿色生活方式，加上身边人也不重视，所以对绿色生活方式关注不够。（个人行为受到群体行为的影响） A16 家里不注意节约，电费水费很多，用电浪费严重，人走开或睡着时电视也会开着。（群体示范意识不强）	群体示范
A01 最重要的是从精神方面来说，没有时间享受生活，没有时间旅游，没有得到精神的满足感，觉得生活没有新意。（精神生活需要不断被满足） A02 获得感我觉得是人的生活方式一天比一天好，生活水平不断提高（纵向上不断提升） A03 对于男性来说是事业的成就感，对于女性更多的是把孩子培养好，男性和女性应该分开讨论。（不同性别的获得感可能不同。） A08 获得感就是人民的一种幸福感，以前的人吃不饱、穿不暖，现在的生活环境变好了，也是一种获得感。好的环境使我们有更好的体验，子女教育、工作收入方面的改善都会提高我们的获得感。（获得感具有时代性） A18 在一件事上做到利己利他，不让自己亏欠，也为社会做出贡献。（横向上社会价值增强） A20 获得感有三个方面：满足感、成就感和愉悦感。（本质还是内心的感受）	动态获得
A10 每个人有工作、生活水平不断提高、买房子、享受到生活的乐趣。（获得感建立在客观获得的基础上） A05 成就感和获得感我认为是差不多的，是自己内心满足的一种感受，每个人都有不同的感受，也就是自己内心想要得到的东西经过自己的努力而得到了，进而对生活满意的态度。（内心对自己成就的认可） A12 在物质和精神上获得的某种满足。（主观获得和客观获得同时存在） A13 分精神和物质两方面，精神方面，社交关系和睦，自己和朋友和睦，家庭邻里之间关系和睦；物质方面，得到自己想要的。（精神与物质统一） A19 能接受优质教育，希望自己的受教育水平得到提高，较看重精神获得感。（自我提升精神获得感）	客观获得/主观获得
A07 国家变得更强大，走出国门以后昂首挺胸的自豪感也是一种获得感。（社会情感和个人情感一致） A09 家庭的获得感来源于家庭成员身体健康、亲朋好友之间关系和睦。（家庭和谐也是获得感的重要方面）身体健康是最基本的要求。 A11 能够让自己产生信任、依赖、被需要的感觉吧。（情感归属较为强烈） A14 获得幸福感、满足感、信任感，不满足于物质生活，同时要更关注精神方面，要打开精神世界，以此来获得满足感。（精神上有归属） A17 收入的高低，买自己想要的东西，包括一种幸福感，家庭更加和睦。（自身的幸福受到家庭影响） A18 自身因素，应尽可能多地帮助别人，通过利他来提升获得感，自己平时不够大胆，也想帮助别人，但一犹豫就错过了。（通过帮助别人来增强获得感）	情感归属

原始资料语句（初始概念）	范畴
A08 生活节奏太快，环境污染严重，功利心较重。（获得感的提升需要更好的外部环境做支撑） A16 收入增加，家里人不用再这么辛苦，希望努力得到等价的回报。（公平公正的分配制度）	公平公正
A01 放不下家人，难以一个人自由自在地享受生活，这也阻碍了我们的获得感提升。（自我获得感之间的博弈） A09 获得感要从物质和精神层面来说，物质生活满足生活需求就可以了，不应追求奢靡；精神方面要有良好的道德品质。（获得感应有道德边界） A18 有很多人随地吐痰、乱扔垃圾，我们家没有什么非绿色的行为。我认为非绿色行为反映出道德素养的问题，一个人如果能很好地进行自我管理，就不会有乱吐痰、乱扔垃圾的行为。（自我道德约束是重要的工具）	道德约束因素

五、主轴编码

在开放式编码过程中，我们对访谈结果进行了一定程度的提炼和抽象，共挖掘出 11 条范畴。这些范畴的内容几乎是独立的，它们之间内在的关系还有待进行更为深入的探究。主轴编码就是将上述各个独立的范畴联结在一起，发现和建立范畴之间的内在逻辑联系，构建主范畴和子范畴。通过分析，我们确认不同的范畴之间确实存在着较为密切的逻辑联系，因此后续工作是对各联系密切的范畴进行归类，以形成若干主范畴（见表 3-6），下面就对主范畴的形成进行介绍。

表 3-6　主轴编码形成的主范畴

主范畴	对应子范畴	范畴的内涵
环境心理	环境意识	消费者对于环境问题的危害在心理上的感知
	绿色价值权衡	消费者对个人价值诉求与环境价值诉求进行排序，以明确自身行为优先执行顺序
	适度消费	消费者通过定时、定量化等消费模式来控制自身对环境的影响
群体因素	群体压力	个体作为群体中的一员，在行为上受到群体其他成员的影响程度
	群体示范	作为群体的成员，其会主动模仿其他群体成员的行为，以让自身获得群体认同
实际获得	客观获得	消费者在客观上获得的能够以货币衡量的实际物品
	主观获得	消费者在主观精神上获得的无法以货币衡量的情感类物品
	动态获得	消费者之后的获得能够高于之前获得的可能性

续表

主范畴	对应子范畴	范畴的内涵
道德制约	公平公正	对获得感的获取，每个人应有平等的机会和同等的判定条件
	道德约束	获得感的获取应合乎公序良俗，符合社会道德的基本要求和期望
情感归属	情感归属	在情感上被所属群体或他人接纳和认同的程度

（一）环境心理主范畴的形成

从访谈结果上来看，绝大多数受访人员已经意识到生活方式绿色化对环境的重要性，并能够列举出自身在生活方式绿色化过程中所发生的事。进一步分析这一现象可以发现，其具体包括三个方面，分别是：①环境意识，即消费者对于环境问题的危害在心理上的感知。②绿色价值权衡，即消费者对个人价值诉求与环境价值诉求进行排序，以明确自身行为优先执行顺序。③适度消费，即消费者通过定时、定量化等消费模式来控制自身对环境的影响。

（二）群体因素主范畴的形成

从访谈结果上来看，绝大多数的受访人员承认自身在生活方式绿色化过程中会受到身边和所在社会群体中的其他人的影响，这种社会影响又会影响自身对于获得感提升水平的评价。进一步分析该概念，可以发现群体因素由两个方面构成：①群体压力，即个体作为群体中的一员，在行为上受到群体其他成员的影响程度。群体压力越大，其越容易顺从群体其他成员的意愿。②群体示范，即作为群体的成员，其会主动模仿其他群体成员的行为，以让自身获得群体认同。

（三）实际获得主范畴的形成

从访谈结果上来看，受访人员对获得感的认知包括三个方面：一是获得感建立在实际利得的基础上，二是精神获得也是获得感重要的组成部分，三是获得感具有长期的动态特征，即不同时期的获得感可能是不同的。这三个方面即是实际获得主范畴的三个子范畴：①客观获得，即消费者在客观上获得的能够以货币衡量的实际物品。②主观获得，即消费者在主观精神上获得的无法以货币衡量的情感类物品。③动态获得，即消费者之后的获得能够高于之前获得的可能性。

（四）道德制约主范畴的形成

从访谈结果上来看，受访人员认为道德因素对获得感的提升发挥关键作用，可见消费者获得感的提升也受道德规范的制约。该主范畴包括两个子范畴：①公平公正，即对获得感的获取，每个人应有平等的机会和同等的判定条件；②道德约束，即获得感的获取应合乎公序良俗，符合社会道德的基本要求和期望。

（五）情感归属主范畴的形成

从访谈结果上来看，受访人员都强调在获得感提升过程中情感归属的重要性。所谓情感归属是指在情感上被所属群体或他人接纳和认同的程度。这种情感归属来自社会、群体与个人三者之间的统一。

第二节　生活方式绿色化促进获得感提升机制的质性研究结果

一、整合模型的建构和阐释

本章的研究围绕生活方式绿色化促进获得感提升的内在机理这一核心范畴展开，主要的线索可以概括为：环境心理和群体因素对消费者实际的获得感产生显著影响，即两者在生活方式绿色化过程中是消费者获得感提升的主要影响变量，情感归属在其中起到中介作用（见图3-1）。以上述主要线索为基础，本书构建了公共政策—消费者生活方式绿色化—获得感提升的整合机制模型。值得说明的是，我们不仅要考虑消费者生活方式绿色化促进获得感提升的内机制，还要进一步考虑外部因素对消费者获得感提升产生的影响，因此本章在研究中加入环境因素和信息因素作为模型的边界条件。本模型的核心目标是通过有效驱动消费者的生活方式绿色化提升消费者的获得感，其内在逻辑可以细化为如下几个方面：

（一）环境心理与消费者获得感之间的关系

对良好生态环境的追求已经成为消费者获得感提升的重要内容，消费者主要通过如下几个方面提升获得感：首先，整个社会环境保护意识的不断提高能够让消费者感知到生态价值也是自身获得感的重要来源。其次，价值始终是消费者购买商品最为重要的影响因素，与传统产品相比较，绿色产品胜在绿色价值，这就使绿色产品的绿色属性成为消费者权衡绿色产品价值的关键要素，成为绿色产品是否能够被消费者选择的影响因素。最后，绿色的生活方式倡导适度消费，适度消费可实现消费者社会价值、个人价值以及绿色价值的统一。

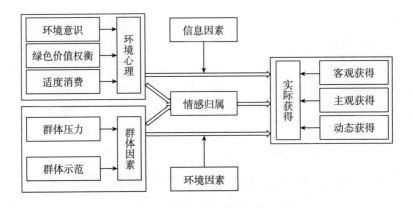

图 3-1　生活方式绿色化促进获得感提升的机制

（二）群体因素与消费者获得感之间的关系

消费者不是独立存在的，他的周围有家人、亲友、同事、同学，甚至是陌生人，消费者自身也是某个社会群体中的一员，其自身的行为会受到群体的影响（Wu et al.，2019）。所以，消费者有时会由于社会群体的压力或示范行为的影响做出某些符合其所属社会群体的期望和认同而不能反映自身内在诉求的行为。消费者得到的社会认同结果会进一步加深其做出该行为的信心和动机，当这些行为得到了消费者所期待的社会结果时，其获得感会明显提升。

（三）情感归属对消费者获得感的影响

群体因素和环境心理因素对消费者的影响最终会表现为消费者面对某个特殊情境的情感归属反应，这种情感归属反应是由消费者所处的客观环境和个人特质决定的（Brunsting et al.，2021），会直接影响消费者对当前所面临的负向或正向环境的反思，以及其对风险因素的态度和行动（Böhm & Pfister，2008）。在不同的情感归属背景下，消费者对于获得感的诉求可能会存在差异，如在环境污染的背景下，消费者在情感上表现为对环境的关心，在情感归属上表现为认同每个人都应为环境改善做出贡献，其对于获得感的诉求表现为由环境改善带来的客观获得和在优良的生态环境下愉悦生活的主观获得。

二、影响机制的阐释

通过质性研究构建的模型确认了生活方式绿色化与获得感提升具有较强的理论和逻辑关系，基于此前提，本书的研究重点——生活方式绿色化促进获得感提升的机制及公共政策的创新研究可以进一步细化为两个方面：一方面是生活方式绿色化的内在机制如何发挥作用，另一方面是如何通过公共政策创新驱动消费者生活方式绿色化。下面将对这两个方面进行更为具体的阐述。

（一）消费者生活方式绿色化的内在机制

消费者生活方式绿色化的内在机制具体表现为：

1. 消费者的绿色生活方式是旧有行为逐步转变的结果

消费者生活方式绿色化是逐步转变旧有行为的过程，充满了阻力。在这一过程中，消费者旧有生活方式中的时尚意识、领导意识、价格意识和发展意识（盛光华、高键，2016）逐渐与绿色消费行为交融，发生蜕变。这种蜕变是不断循环确认、否认、再确认这一模式的结果。

2. 消费者的绿色生活方式是其经过理性思考后的选择

生活方式绿色化是我国生态文明建设的核心，促进生活方式绿色化需要通过绿色消费行为来实现。对于践行绿色生活方式，消费者是深思熟虑的，即消费者的绿色消费行为是有计划和有目的的行为，而且其能够意识到客观环境和条件的限制（劳可夫，2013）。消费者的深思熟虑体现在如下三个方面：首先，消费者对绿色生活方式，如绿色购买行为、绿色回收行为等是具有正向的偏好的，这意味着其所具有的态度是良性的。其次，消费者践行绿色生活方式不是单纯的自我主张，而是受到群体压力和群体示范的影响的结果，即不这样做会受到所在社会群体的排斥，怎样做才能受到所在社会群体的认可。最后，消费者会根据自己的能力来践行绿色生活方式。

3. 消费者的绿色生活方式是经过价值权衡后的选择

从偶然的绿色消费行为到形成持续性的绿色生活方式，这意味着消费者不是一时兴起，其选择绿色产品是内心价值权衡的结果。有研究认为，消费者识别绿色产品的一个关键因素是其是否具有绿色属性，绿色属性的多寡决定了该产品的绿色程度（Gershoff & Frels，2015）。在选择绿色产品时，消费者会对绿色产品的属性和一般产品的属性进行比较，从中找到符合自身内在价值观和期望的产品。这种权衡不单是产品之间的权衡，更是内在价值的权衡。如果绿色产品所具有的绿色属性达不到消费者所能感知到的最小阈值，那么消费者就找不到其与一般产品之间的绿色差异。如何让消费者更容易地感知到绿色产品所具有的绿色价值应是推动生活方式绿色化的关键问题。

本书认为启动生活方式绿色化的内机制应从满足以上两个机制的实现条件入

手，来分析如何进一步驱动生活方式绿色化运行机制的运转。因此，在后续的定量研究中，我们聚焦于绿色感知价值的形成及其对生活方式绿色化的作用，从过程视角分析生活方式绿色化的过程。

（二）公共政策驱动生活方式绿色化的外部机制

根据质性研究的结果，公共政策驱动消费者生活方式绿色化并提升其获得感的过程，主要受到消费者的环境心理、所处的群体以及其内在情感三类因素的共同影响。

1. 环境心理因素

在生活方式绿色化促进消费者获得感提升的过程中，消费者的环境心理会产生显著的变化（Carmi et al.，2015；Wang & Wu，2016；吴波等，2016）。这其中蕴含着一个基本的逻辑，就是外在因素的刺激会打破消费者原有环境心理的平衡，促使消费者对自身相关行为进行自省，进而提升其践行绿色生活方式的可能性。传统的促进生活方式绿色化的公共管理策略多采用制定规则—行为甄别—行为奖惩的模式，容易使消费者产生抵触情绪，阻碍政策的有效实施，消费者在政策执行过程中更多的是被动服从，无法形成稳定的绿色生活方式模式和习惯。

2. 群体因素

消费者生活方式的形成会受到其所属、社会群体的影响，消费者购买绿色产品的行为不仅是其个人决策的结果，也是社会互动的结果。与消费者进行社会互动的对象可以是他们所属的社会群体、他们周围的重要人物，甚至更广泛的公众。先前的研究已经证明消费者的绿色消费行为受他周围重要他人（Sparks & Shepherd，1992）或社会规范的影响（Kim & Seock，2019；Lin & Niu，2018；Rettie et al.，2014），但是这些研究没有讨论一个关键问题，即消费者与社会互动对象（如家人和朋友）之间的亲密关系。如果社会互动对象（如陌生人）与消费者的距离足够远，那么消费者对绿色产品的价格敏感度是否会受到影响，因此后续的政策实验还应该考虑消费者生活方式绿色化受到普通陌生人影响的情况，因为这基本上构成了消费者在日常消费中最为一般的销售场景。

3. 内在情感因素

消费者是一个活生生的生命体，会受到不同情感因素的影响，所以其获得感的提升也受其情感的影响。同时，消费者的情感也最易受到外界环境的刺激而发生变化。在现有情感对环境的作用的研究中，王建明和吴龙昌（2016）归纳总结前人对消费者亲环境行为的研究，将心理变量统一纳入情感这一体系中，将情感分为隐含情感、复合情感和特定情感三种。其中，隐含情感包含了前人对于绿色消费行为或亲环境行为影响因素的研究，如环境态度、个人规范等；复合情感由愤怒、害怕、失落和不安等多重情感共同反映，包括情感动机、情感价值观、生态情感、内疚（如愧疚和丢脸）等；特定情感是指使用一种情感或一组非常相近的情感所表征的情感，如愤怒、后悔、恐惧等。该研究同时将情感分为积极情感和消极情感两个不同的情感体验结构。对于情感的理解离不开消费者所处的情境，而在不同的情境下，消费者虽然可能会产生不同的情感反应，但却能够得到同样的结果。基于这样的考虑，本书将情感所涉及的情境，从我们的日常生活挪移到环境保护领域，这样更有助于分析消费者相同行为的不同心理路径，更加细致地分析消费者生活方式绿色化过程的差异。

第三节　围绕质性研究结果的公共政策创新的基本思路

从质性研究结果和前述的分析中我们可以看出，传统的带有强制性特点的刚性公共策略对于促进生活方式绿色化存在弊端。刚性干预政策是指"以规章制度为中心"，凭借制度约束、纪律监督、奖惩规则等手段对人员进行管理。这种公共策略容易使消费者产生抵触情绪，不利于生活方式绿色化的实现，因此必须调整传统的公共管理策略，进行制度创新，由"刚"转"柔"。

柔性公共政策从本质上看是一种人性化的管理策略。余绪缨（1998）认为，"柔性干预"本质上是一种以人为中心的管理，也可称为人性化的管理，它是在尊重人格独立与个人尊严的前提下，在提高广大消费者对所属群体的向心力、凝聚力与归属感的基础上实行的分权化的管理。龚长宇（2011）认为，在社会管理过程中柔性公共政策可以概括为以人为中心的管理，指党、政府与其他社会管理主体以社会的共同价值原则和规范为基础，运用非强制性手段如舆论宣传、社会疏导、说服教育等引导社会成员的价值观和行为方式的过程和活动。

柔性公共政策与刚性公共政策相对应，其强调的是"以人为中心"，根据社会共有的价值观和文化、精神氛围进行人格化管理。它采用非强制性方式，对人们产生一种潜在的说服力，从而把社会意识转变为个人自觉的行为模式。

相比较刚性干预政策的强制性，柔性干预政策更加强调通过外在干预的手段引导社会成员的价值观和行为方式，从而规范社会行为促进社会认同。社会成员的价值观和行为方式是多样性和一致性的统一。多样性是指由于社会成员在思维方式、社会地位、自身素质等方面的差异而体现出的对社会事物的看法和态度的多维性；一致性则表现为社会成员在长期的社会共同生活中，为了使社会互动得以延续、社会关系得以维系而形成的价值观与行为方式在某种程度上的共同性。如果只有多样性没有一致性，那么社会秩序无法建立，若只有一致性而没有多样性，社会则缺乏活力和创造力（龚长宇，2011）。采用柔性干预政策的目的，就是促使社会成员在价值观与行为方式上保持一定程度的一致性，以达到社会共识，增强社会凝聚力，进而为构建和谐社会、促进社会良性运行和发展创造既有秩序又有活力的基础条件。

综上，柔性公共政策是指强调"以人为中心"，依据共同价值观和文化、精神氛围而进行的一种人格化管理。它在研究人的心理和行为规律的基础上，采用非强制性的管理方式，对人们产生一种潜在的说服力，从而达到把社会意志转变为个人自觉行为的管理目标（张春瀛，2004）。它侧重于调动和激发社会成员的自觉意识和内在潜力，社会成员内化某种价值观念后，会在行动中表现出最大的自觉性。如果说刚性干预是一种强制式的管理，那么柔性干预政策则是一种引导式的管理政策；如果说刚性干预政策往往取得被动的结果，那么柔性干预政策则往往取得主动的结果。

因此，本书基于质性研究结果和对生活方式绿色化影响机制的分析，从柔性公共政策的角度进行公共政策创新，即在政策设计过程中关注消费者的个性化特征、内在心理特质、所处情境等因素，从而降低消费者对传统刚性公共政策的抵触情绪，从消费者内在心理机制入手，潜移默化，变被动顺从为主动响应，借此提升政策的效率。

第四章 基于消费者环境心理的
生活方式绿色化的机制模型研究

本章首先从感知价值视角出发来分析消费者生活方式绿色化的静态机制，分别通过讨论绿色感知价值的形成机制、绿色感知价值与生活方式绿色转化之间的逻辑联系以及生活方式绿色化的边界条件分析消费者生活方式绿色化是如何实现的；其次，在明晰如上问题的基础上，进一步从消费者生活方式绿色化的动态机制上入手，通过引入量化自我过程这一情景变量，讨论消费者动态的生活方式绿色转化机制，最终形成静动结合的消费者生活方式绿色化的内机制模型。

第一节 基于绿色感知价值的消费者生活方式
绿色化机制研究

一、问题提出

对产品的价值判断是消费者生活方式构建的前因变量（Ahuvia、阳翼，2005）。生活方式绿色化必须有与之相对应的价值观，否则就是无源之水、无根之木。形成稳定的绿色生活方式的前提是消费者对绿色产品价值的感知是绿色的。因此本章先讨论消费者绿色感知价值是如何形成的（研究一），在明确这一基本问题之后，进一步分析绿色感知价值和生活方式绿色转化之间的逻辑联系（研究二）以及生活方式绿色化的边界（研究三）。

二、核心概念——绿色感知价值

感知价值不同于个人价值或组织价值，只能被消费者所感知（Zeithaml，1988）。学者们对其进行了多角度的探讨，但却尚未形成明确和具有共识的定义（Brennan & Henneberg，2008）。消费者行为领域对感知价值的认识主要来源于两个角度：首先是经济视角，感知价值被认为与消费者感知并能够支付的价格息息相关，如 Zeithaml（1988）认为感知价值是消费者权衡购买过程中所能感知到的利得与其在获取产品或服务中所付出的成本后，对产品或服务效用进行的总体评价。其次是心理视角，感知价值与影响消费者购买决策和品牌选择的认知和情感因素相关（Gallarza et al.，2011），如 Holbrook（1994，1999）将感知价值视为一个多维构念，认为感知价值来源于自身价值和其他相关类型价值的比较，这种比较通过内在与外在价值、自我导向与他人导向、主动与被动三个方面实现；Woodruff（1997）进一步指出，顾客感知价值来源于对竞争企业的产品或服务的比较。

绿色感知价值的概念来源于顾客感知价值，是绿色消费领域的顾客感知价值（高键等，2016）。在绿色消费行为研究领域，Biswas 和 Roy（2015）将感知价值划分为货币价值、社会价值、条件价值和认知价值四个维度并加以定义，其中货币价值是消费者对绿色产品性能的权衡；社会价值是消费者通过参与环保节约活动对社会压力和社会声望的权衡；条件价值是消费者从个人利益角度出发对由绿色产品和传统替代品所获得的价值的权衡；认知价值是消费者对绿色产品的感知信息以及产品包装所披露的信息在整体上能够满足消费者自身需要程度的权衡。Koller 等（2011）将绿色感知价值划分为功能价值、经济价值、情感价值和社会价值四个维度。De Medeiros 等（2016）在研究巴西消费者的绿色产品购买决策时，发现绿色产品的感知价值能够增加消费者在购买决策中的支付意愿。Hur 等（2013）在对美国混合动力汽车市场的研究中发现，绿色感知价值中的情感、功能和社会维度能够显著正向影响消费者对绿色购买行为的满意度。

三、研究一：基于计划行为理论的绿色感知价值形成机制研究

生活方式绿色化是我国生态文明建设的核心，促进生活方式绿色化只有通过绿色消费行为来实现。消费者选择绿色产品是由其所包含的绿色感知价值决定的（Gershoff & Frels，2015）。在选择绿色产品时，消费者不但是理性的，而且能够

意识到客观环境和条件的限制（劳可夫，2013）。那么，理性的消费者面对绿色产品时是否能够获得更多的绿色感知价值？换言之，在选购绿色产品时，消费者由于其行为理性是否能够对绿色产品的价值进行更好的感知？研究一以计划行为理论为基础，探讨消费者绿色消费行为中的理性因素——环境态度、主观规范、感知行为控制如何影响绿色感知价值的形成，从而从感知价值视角切入进一步探讨消费者生活方式绿色化的内在机制。

（一）理论模型与研究假设

环境态度、主观规范与感知行为控制对消费者的绿色消费行为的影响已经得到证实（劳可夫，2013；劳可夫、王露露，2015），但是对于消费者是否能够感知到更多的绿色核心价值则缺少深层次的分析。本研究以计划行为理论为理论基础，构建计划行为与绿色感知价值模型，模型结构是环境态度、主观规范与感知行为控制正向影响绿色感知价值，而主观规范在环境态度影响绿色感知价值的过程中起中介作用（见图4-1）。

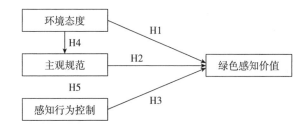

图4-1 基于计划行为理论的绿色感知价值形成机制的研究模型

在环境态度与消费者绿色感知价值的关系方面，积极的环境态度能够促使个人在做出与环保意识相关的消费决策时协调功能、货币与社会三者之间所产生的效益（Gadenne et al.，2011），这种效益可以用价值来衡量。Biswas 和 Roy（2015）将绿色感知价值分为货币价值、社会价值、条件价值和认知价值四个维度，环境态度能够正向影响绿色产品货币价值、社会价值、条件价值和认知价值，即环境态度能够正向影响绿色感知价值。由此，提出如下假设：

H1：环境态度正向影响消费者的绿色感知价值。

消费者对绿色产品的主观规范来自消费者对绿色消费行为所感知到的各种社会规范以及社会压力，是消费者对绿色消费行为的各种社会规则和关系的知觉

（劳可夫，2013）。消费者高能耗、高投入的消费方式因会对环境造成污染和破坏而遭受周围人的质疑，面对社会压力，消费者必定会改变其行为，而其行为的改变必然是旧有消费行为和绿色消费行为价值权衡的结果。消费者感知到的社会规范和社会压力越大，其越能在价值权衡中偏好于绿色消费行为，即消费者的主观规范越强烈，其绿色感知价值越大。由此，提出如下假设：

H2：主观规范正向影响消费者的绿色感知价值。

消费者对绿色消费行为的感知控制来源于消费者执行绿色消费行为的难易度，是对绿色消费行为可完成性的感知反映。消费者感知到自身进行绿色消费的能力越强，障碍越少，越能够权衡出绿色消费行为的价值，即越能够获得绿色价值感知。由此，提出如下假设：

H3：感知行为控制正向影响消费者的绿色感知价值。

计划行为理论认为，个体对特定行为的态度会影响人对该行为的主观规范产生（Ajzen，1991）。绿色消费行为从本质上讲是消费者受到客观社会压力影响的行为，消费者越是具有积极的环保态度，其所感知到的社会环保压力也就越强烈，劳可夫（2013）发现消费者绿色消费的态度正向影响绿色消费的主观规范。由此，提出如下假设：

H4：消费者的环境态度正向影响主观规范。

从行为态度到感知价值的心理发展过程存在中间环节，绿色消费态度会正向影响消费者的主观规范（劳可夫，2013），积极的环境态度更易使消费者感知到自身消费行为所带来的社会压力，进而让其行为向更加绿色的方向转变，行为的转变又必然会涉及自身以往消费行为和绿色消费行为的价值权衡。消费者受主观规范影响越大，其越偏向于绿色消费行为，即获得更高的绿色感知价值。由此，提出如下假设：

H5：主观规范在环境态度对消费者绿色感知价值的影响过程中起中介效应。

（二）研究方法

本研究采用问卷研究的方法，对804名消费者的环境态度、主观规范、感知行为控制和绿色感知价值进行问卷调查。为确保调查的有效性，同时选取性别、年龄、婚姻状况、收入状况、学历五个人口统计学变量作为控制变量，调查选定在吉林省长春市、吉林市，广东省湛江市，甘肃省兰州市四个城市进行。

环境态度量表借鉴 Taylor 和 Peplau（2006）、劳可夫（2013）、劳可夫和王露露（2015）所使用的李克特5点量表计分，"1"代表完全不同意，"5"代表完全同意，本量表的 Cronbach's α 系数为 0.908，平均方差萃取量（AVE）为 0.784，组合信度（CR）为 0.936。主观规范量表借鉴 Cialdini 等（1991）、劳可夫（2013）、劳可夫和王露露（2015）所使用的量表，计分方式同上，本量表的 Cronbach's α 系数为 0.903，平均方差萃取量（AVE）为 0.774，组合信度（CR）为 0.932。感知行为控制量表借鉴 Ajzen（1991）、劳可夫（2013）、劳可夫和王露露（2015）所使用的量表，计分方式同上，本量表的 Cronbach's α 系数为 0.801，平均方差萃取量（AVE）为 0.624，组合信度（CR）为 0.869。绿色感知价值量表借鉴 Sheth 等（1991）和 Ping 等（2014）开发的量表，计分方式同上，本量表的 Cronbach's α 系数为 0.930，平均方差萃取量（AVE）为 0.781，组合信度（CR）为 0.947。

表 4-1 是本研究构念的相关系数矩阵，各构念相关系数都小于 0.9，说明本研究具有较少的共同方法偏误，同时各构念 AVE 的平方根都大于其与其他构念的相关系数，说明研究各构念具有较好的区分效度。本研究同时对环境态度、主观规范、感知行为控制以及绿色感知价值四个构念进行验证性因子分析，其模型拟合度为 $\chi^2 = 778.181$，$df = 113$，$\chi^2/df = 6.887$，$CFI = 0.938$，$GFI = 0.893$，$AGFI = 0.855$，$RMSEA = 0.086$。为分析拟合度不佳的原因，本研究采用 Bollen-Stine Bootstrap 方法对模型重新进行拟合，其 Bollen-Stine Bootstrap 拟合度为 $\chi^2 = 163.495$，$df = 113$，$\chi^2/df = 1.447$，$CFI = 0.995$，$GFI = 0.985$，$AGFI = 0.977$，$RMSEA = 0.024$，说明模型拟合度不佳并非由于模型本身，而是由于数据存在非标准正态分布的情况，故而在假设检验方法上选择采用偏最小二乘法结构方程模型（PLS-SEM）进行检验，通过对人口统计学变量的正态分布检验发现，其偏度在 0.360 与 2.843 之间，不符合标准正态分布标准，进一步验证了之前得到的数据非标准正态分布的结论。采用 PLS-SEM 方法能够突破传统结构方程模型对于数据标准正态分布的要求限制，所以使用 PLS-SEM 方法更加合理，数据过程分析采用 SPSS22.0 和 SmartPLS2.0 完成。

表 4-1　基于计划行为理论的绿色感知价值形成机制研究构念的相关系数矩阵

	环境态度	主观规范	感知行为控制	绿色感知价值
环境态度	1（0.885）			
主观规范	0.861***	1（0.879）		

续表

	环境态度	主观规范	感知行为控制	绿色感知价值
感知行为控制	0.601***	0.604***	1（0.791）	
绿色感知价值	0.447***	0.468***	0.502***	1（0.884）
均值	4.223	4.201	3.697	3.446
标准差	0.720	0.713	0.755	0.843
AVE	0.784	0.774	0.625	0.781

注：***表示 p<0.001，**表示 p<0.01，*表示 p<0.05（双尾检验），其中对角线括号内的值为相应构念的 AVE 平方根。

（三）实证检验

采用 Baron 和 Kenny（1986）所提出的中介效应检验程序构建两个模型。模型 1 包括环境态度、主观规范、感知行为控制和绿色感知价值 4 个变量。模型 2 加入环境态度与主观规范的关系，以检验环境态度对主观规范的影响，以及主观规范在环境态度与绿色感知价值间的中介作用。具体的实证结果如表 4-2 所示。

表 4-2　基于计划行为理论的绿色感知价值形成机制研究的假设检验结果

假设路径	模型 1		模型 2	
	效应值	T 值	效应值	T 值
主效应				
环境态度→绿色感知价值	0.062	0.978	0.245***	5.858
主观规范→绿色感知价值	0.214***	3.275	0.207***	3.077
感知行为控制→绿色感知价值	0.347***	7.883	0.349***	8.138
环境态度→主观规范			0.862***	60.082
控制变量				
性别→绿色感知价值	-0.028	0.889	-0.028	0.892
年龄→绿色感知价值	0.110**	2.782	0.110**	2.705
婚姻状况→绿色感知价值	-0.082*	2.098	-0.082*	2.138
收入状况→绿色感知价值	-0.069	1.887	-0.069	1.931
学历→绿色感知价值	-0.056	1.749	-0.057	1.764
因变量 R^2				
绿色感知价值	0.317		0.316	

续表

假设路径	模型 1		模型 2	
	效应值	T 值	效应值	T 值
主观规范			0.743	

注：＊＊＊表示 p<0.001，＊＊表示 p<0.01，＊表示 p<0.05（双尾检验）。

在模型 1 中，环境态度对绿色感知价值的影响不显著（效应值＝0.062，T＝0.978<1.96），否定了 H1；主观规范对绿色感知价值有显著正向影响（效应值＝0.214，T＝3.275>1.96），H2 获得支持；感知行为控制对绿色感知价值有显著正向影响（效应值＝0.347，T＝7.883>1.96），H3 获得支持。

在模型 2 中，主观规范、感知行为控制对绿色感知价值的影响与模型 1 相同，其效应值分别为 0.207（T＝3.077>1.96）和 0.349（T＝8.138>1.96），说明主观规范、感知行为控制能够显著影响绿色感知价值，H2 和 H3 再次得到验证；环境态度对主观规范的效应值为 0.862（T＝60.082>1.96），说明环境态度能够正向影响主观规范，即 H4 获得支持。在环境态度对绿色感知价值的关系中加入主观规范这一变量后，环境态度对主观规范的效应值为 0.862（T＝60.082>1.96），而环境态度对绿色感知价值的效应值为 0.245（T＝5.858>1.96），其中介效应值为 0.211。温忠麟和叶宝娟（2014）认为当自变量与因变量不存在显著关系时，中介效应也存在，故本研究认为中介效应成立，即 H5 获得支持，主观规范在环境态度和绿色感知价值间起完全中介作用。

在对控制变量的研究中，模型 1 中年龄和婚姻状况对绿色感知价值产生显著影响，其效应值分别为 0.110（T＝2.782>1.96）和−0.082（T＝2.098>1.96），模型 2 得到了一致的结论，其效应值分别为 0.110（T＝2.705>1.96）和−0.082（T＝2.138>1.96）。

本研究采用 PLS-SEM 方法验证模型的解释力，通过 R^2 来衡量。在行为科学研究中，当 $R^2 \leqslant 0.02$ 时，表明路径关系很弱；当 $0.02 < R^2 \leqslant 0.13$ 时，表示路径关系中等；当 $0.13 < R^2 \leqslant 0.26$ 时，表示路径关系很强（Cohen，1988）。本研究中，模型 1 的绿色感知价值的 R^2 为 0.317，模型 2 绿色感知价值的 R^2 为 0.316、主观规范的 R^2 为 0.743（见表 4-2），说明本研究模型的路径关系较强，可以接受，所以模型具有较好的解释力。

根据以上实证结果对研究模型进行进一步修正，修正后的研究模型表明：主观规范和感知行为控制能够正向影响绿色感知价值，环境态度能够正向影响主观规范，主观规范在环境态度和绿色感知价值间起中介效用。修正后的研究模型如图 4-2 所示。

图 4-2　修正后的研究模型

（四）研究结论及讨论

研究一以计划行为理论为基础探索了环境态度、主观规范、感知行为控制与绿色感知价值之间的作用机制。研究结果表明：主观规范和感知行为控制能够正向影响绿色感知价值，环境态度与绿色感知价值间的关系不显著，但环境态度能够正向影响主观规范，主观规范在环境态度和绿色感知价值间起中介作用，基本验证了前文提出的研究假设。环境态度与绿色感知价值之间关系的不显著从一个侧面表明，消费者只有在社会压力的作用下，才能获取绿色感知价值，这与宗计川等（2014）与劳可夫（2013）的结论一致。研究一的结果还表明较年长的男性和未婚的消费者更易获得较高的绿色感知价值，这一结论对绿色产品的营销具有较为重要的指导意义。

消费者绿色消费行为的计划性影响着绿色感知价值的获得，这为消费者生活方式绿色化提供了新的思路。提高绿色消费情境的社会压力和消费者自身的感知能力，对提高消费者感知的绿色产品的价值水平具有重要作用，同时对激活消费者的绿色消费行为产生重要影响。研究一的研究结论表明，提升消费者生活方式的绿色化水平应以提高消费者的主观规范和感知行为控制水平为基础，这也就意味着提高消费者获得的绿色感知价值应从加强绿色环保的制度建设方面入手，使消费者养成绿色消费的行为习惯。

四、研究二：基于绿色感知价值的生活方式绿色转化过程研究

研究二力争解决三方面的问题：首先，生活方式作为社会群体细分的重要变量如何实现绿色转化，对其转化机理目前尚缺乏深入探讨；其次，生活方式绿色

化过程中消费者是否进行了价值权衡，尚需明晰；最后，生活方式包含时尚意识、领导意识等多个维度，这些维度发挥作用的机制与边界尚需确认。本研究认为生活方式外化为具体的消费行为，绿色化的生活方式必然存在绿色化的消费行为与之对应，故而如何实现绿色消费行为是生活方式绿色化的核心问题。研究二通过将生活方式对绿色消费意愿的影响从感知价值权衡角度进行研究，分析不同绿色产品涉入度条件下的消费者绿色消费行为的差异，系统地对以上问题进行解答。

（一）理论模型与研究假设

1. 消费者生活方式与绿色消费行为的关系

绿色消费意愿越高，产生绿色消费行为的可能性越大，本研究将绿色消费意愿作为结果变量，目前学术界尚未对绿色消费意愿的定义达成共识。基于 Ajzen（1991）对行为意愿的定义，本研究将绿色消费意愿定义为对绿色产品购买的倾向以及愿意为此付出的努力。在生活方式与消费行为的关系方面，从商品购买的角度来审视消费者的生活方式是研究生活方式的一个重要路径，Paul 等（2016）认为生活方式是影响消费行为产生的重要因素。在绿色消费行为研究领域，陈转青等（2014）发现消费者的生活方式能够正向影响其对绿色产品的购买意愿，但是该研究未对生活方式的内在维度进行更为细化的研究。盛光华和高键（2016）以及盛光华等（2017）分别从生活方式绿色转化和新经济发展视角对生活方式的内在维度进行分析，取得了较为相似的结论。由以上分析可知，消费者的生活方式和绿色消费行为之间的关系已经得到确认。然而，生活方式作为一个多维构念，各维度对绿色消费意愿产生的影响可能存在差异。绿色产品常常作为新产品出现在市场上，具有新产品的特征（劳可夫，2013）。对新产品的追求是消费者时尚意识的一种体现，同时追求时尚的消费者在消费者群体中往往是意见领袖，能够影响所属群体中其他消费者的选择，并能从当前和未来的视角对绿色产品的价值进行评价（盛光华、高键，2016）。由此，提出如下假设：

H1a：时尚意识正向影响绿色消费意愿。

H1b：领导意识正向影响绿色消费意愿。

H1c：发展意识正向影响绿色消费意愿。

2. 消费者生活方式与绿色感知价值的关系

时尚意识较强的消费者，更愿意评价绿色产品的新颖性特点，而新颖性是绿色产品所具有的重要特性（劳可夫，2013）；领导意识较强的消费者，更愿意从其内在需求的角度来选择产品，而在绿色消费情境下，消费者的内在需求就是绿色产品所具有的内在核心价值属性；绿色产品的价值不仅包括当前产品的使用价值，还包括消费者使用绿色产品所产生的环保效益，具有较强发展意识的消费者会从更长的时间跨度角度来评价绿色产品所具有的当期和远期价值。由此，提出如下假设：

H2a：时尚意识正向影响绿色感知价值。

H2b：领导意识正向影响绿色感知价值。

H2c：发展意识正向影响绿色感知价值。

对于绿色感知价值与绿色消费意愿的关系，Gershoff 和 Frels（2015）认为消费者购买绿色产品时主要依据产品所具有的绿色核心价值来判断该产品的绿色程度，绿色核心价值越高的产品，其绿色度越高，越能激活消费者的购买意愿。高键和盛光华（2017）认为，绿色感知价值正向影响消费者对绿色产品的购买意愿。由此，提出如下假设：

H3：绿色感知价值正向影响绿色消费意愿。

消费者的生活方式在对绿色消费意愿产生影响过程中始终存在消费者对绿色产品价值的权衡。时尚意识较强的消费者，受到新颖性较强的绿色产品的刺激后，会对产品的新颖性做出权衡与评价，进而做出买与不买的选择；具有较强领导意识的消费者，会通过收集、比较信息做出购买决策，绿色感知价值同样是其权衡的重要方面；具有较强发展意识的消费者，其购买决策更是其对产品的当前效益和未来环保效益进行权衡的结果。由此，提出如下假设：

H4a：绿色感知价值在时尚意识影响绿色消费意愿的机制中起中介作用。

H4b：绿色感知价值在领导意识影响绿色消费意愿的机制中起中介作用。

H4c：绿色感知价值在发展意识影响绿色消费意愿的机制中起中介作用。

3. 绿色产品涉入度

产品涉入度指产品与消费者的需求和价值观相关联而在其心目中占据的地位（Rothschild，1984），分为持久性涉入度和情境性涉入度。持久性涉入度是消费者对于某一产品的持久性关注，情境性涉入度是在特定的消费情境下对产品的临时关注。产品涉入度对品牌敏感度、品牌承诺有正向影响作用（郭晓凌，2007；吴剑琳等，2011）。张锋等（2016）在对附属产品促销定价的研究中发现，当低价出售低涉入度的附属产品时，消费者会根据附属产品在促销中的低价来估计其正常价格。

绿色产品涉入度是在绿色消费情境下，绿色产品由于与消费者的需求和价值观相关联而在其心目中占据的地位。在消费者绿色感知价值对绿色消费意愿的影响过程中，高涉入度的消费者会搜寻更多的产品信息，并从功能和价值等方面对绿色产品与一般产品进行比较、评价，以帮助其做出购买决策；低涉入度的消费者则更多地受广告促销的影响，而不太关注产品的信息（高键等，2016）。具有较高绿色产品涉入度的消费者往往能够更加全面地对绿色产品进行价值权衡。值得说明的是，我国消费者对绿色产品尚未形成独立的消费文化，绿色产品的推广和宣传主要由政府来承担，这就导致消费者并不愿意承担绿色产品过高的产品溢价，认为其应由政府来承担，故而绿色产品涉入度较高的消费者的消费意愿不仅不会被强化，相反会被弱化。由此，提出如下假设：

H5：绿色产品涉入度在绿色感知价值对绿色消费意愿的影响中起调节作用，即绿色产品涉入度越高，绿色感知价值对绿色消费意愿的影响作用越小；绿色产品涉入度越低，绿色感知价值对绿色消费意愿的影响作用越大。

综合以上理论分析和研究假设，研究二提出一个中介调节模型来解释生活方式对绿色消费意愿的影响机制，研究框架如图4-3所示。

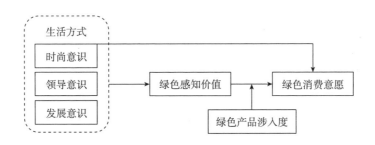

图4-3　基于绿色感知价值的生活方式绿色转化过程的研究模型

（二）研究设计

1. 问卷设计

（1）引导语设计。本研究以购买节能灯泡为具体的消费行为，填答问卷前，研究对象需阅读一段文字，帮助其进入本研究所设计的情境中。引导语为："假如您家中现在需要购买一款灯泡，有 LED 节能灯泡和普通白炽灯泡两种可供选择，LED 节能灯泡与普通白炽灯泡相比较：①照明效果一致；②LED 节能灯泡的节能效果优于白炽灯泡；③LED 节能灯泡的价格略高于白炽灯泡。"

（2）测量题项。本研究的核心构念包括生活方式、绿色感知价值、绿色消费意愿与绿色产品涉入度。各构念的测量均来自成熟量表，具有较好的信度和效度。其中，生活方式量表借鉴陈文沛（2011）、盛光华和高键（2016）的研究量表，共12个题项；绿色消费意愿量表借鉴劳可夫（2013）的绿色产品购买意愿量表，共3个题项；绿色感知价值量表借鉴Sheth（1991）的研究量表，共5个题项；绿色产品涉入度量表借鉴吴剑琳等（2011）使用的量表。各题项均采用李克特5点量表的形式进行测量，其中"1"表示非常不同意，"5"表示非常同意。

2. 样本

在正式收集数据前，笔者进行了预调研，回收问卷130份，其中有效问卷121份，有效问卷回收率为93.08%，预调研的数据分析表明，各构念的测量具有良好的信度和效度。

正式调研地点为吉林省长春市，研究团队在长春市红旗街和桂林路商业街进行拦截访问。回收问卷778份，其中有效问卷765份，有效问卷回收率为98.33%。样本特征如表4-3所示。

表4-3 基于绿色感知价值的生活方式绿色转化过程研究的人口统计学特征

项目	统计结果
性别	男性：41.2%；女性：58.8%
年龄	18岁以下：1.9%；18~25岁：30.9%；26~30岁：28%；31~40岁：24.9%；41~50岁：13.4%；51~60岁：0.4%；60岁以上：0.5%
婚姻状况	未婚：53.8%；已婚：46.2%
月收入状况	1000元以下：11.9%；1001~2000元：23.7%；2001~3000元：26.9%；3001~4000元：18.8%；4001~5000元：6.7%；5001~6000元：2.9%；6000元以上：9.1%
学历	小学及小学以下：1.9%；初中：7.2%；高中、职高：5.3%；大专：17.2%；本科：45.5%；硕士：21.3%；博士及以上：1.6%

3. 数据分析工具与方法

在统计方法上，采用偏最小二乘法结构方程模型（PLS-SEM）作为本研究主要的分析方法。在软件使用上，首先采用SPSS22.0软件对研究样本进行描述性统计检验；其次采用SmartPLS2.0对研究样本的信度、效度进行分析，并就本研究提出的研究假设进行实证分析。

（三）数据分析

1. 信度与效度分析

采用 Cronbach's α 系数以及组合信度来评估量表的内部一致性。本研究所有构念的 Cronbach's α 系数和组合信度均大于 0.8（见表 4-4），证明研究具有较好的信度。

效度检验分为对区分效度和聚合效度的检验。使用验证性因子分析方法对聚合效度进行检验。原模型的拟合度（$\chi^2 = 1339.476$，df = 260，$\chi^2/df = 5.152$，CFI = 0.917，GFI = 0.850，NFI = 0.899，RMSEA = 0.072）表现不佳。模型拟合不佳可能是由于模型本身存在结构问题，也可能是由于样本量过大（Bollen & Stine，1992）。为明确模型拟合度不佳的原因，采用 Bollen-Stine Bootstrap 方法进行模型修正（Bollen & Stine，1992）。经过 2000 次置信区间为 95% 的 Bootstrap 修正后，模型拟合良好（$\chi^2 = 336.139$，df = 260，$\chi^2/df = 1.293$，CFI = 0.994，GFI = 0.975，NFI = 0.993，RMSEA = 0.019）。模型结构不存在问题，具有较好的聚合效度。

表 4-4　基于绿色感知价值的生活方式绿色转化过程研究构念的信度与效度分析

构念		Cronbach's α	AVE	CR
生活方式	时尚意识	0.857	0.633	0.896
	领导意识	0.828	0.744	0.897
	发展意识	0.811	0.643	0.876
绿色消费意愿		0.871	0.796	0.921
绿色感知价值		0.930	0.781	0.947
绿色产品涉入度		0.894	0.703	0.922

区分效度采用 Hair 等（2012）的检验方法，即研究构念平均方差萃取量（AVE）的平方根应大于该研究构念与其他构念的相关系数。本研究各构念间的相关系数在 0.214 到 0.689 之间（见表 4-5），各研究构念的 AVE 平方根均大于各构念间的相关系数，区分效度得到检验。同时在共同方法偏差检验中，对被研究数据进行探索性因子分析发现，未旋转的单个因子的方差解释量为 36.174%，低于 50%，证明本研究数据较少受到共同方法偏误问题的影响。

表 4-5　基于绿色感知价值的生活方式绿色转化过程研究构念的
相关系数矩阵及 AVE 平方根

	1	2	3	4	5	6
1. 时尚意识	0.796					
2. 领导意识	0.353***	0.863				
3. 发展意识	0.214***	0.388***	0.802			
4. 绿色消费意愿	0.225***	0.319***	0.399***	0.892		
5. 绿色感知价值	0.309***	0.302***	0.377***	0.689***	0.884	
6. 绿色产品涉入度	0.293***	0.339***	0.377***	0.620***	0.523***	0.838

注：对角线为对应构念的 AVE 的平方根，***代表 $p<0.001$，**代表 $p<0.01$，*代表 $p<0.05$，下同。

2. 假设检验

本研究采用 Hair 等（2012）提出的偏最小二乘法结构方程模型（PLS-SEM）的中介及调节效应检验方法，构建三个模型对本研究的假设进行实证检验。模型 1 包括时尚意识、领导意识、发展意识与绿色消费意愿四个变量；模型 2 在模型 1 的基础上加入绿色感知价值，以检验绿色感知价值的中介作用；模型 3 引入绿色产品涉入度这一变量，探讨其在绿色感知价值与绿色消费意愿间的调节效应。假设检验结果如表 4-6 所示。

表 4-6　基于绿色感知价值的生活方式绿色转化过程研究的假设检验
（PLS-SEM2000 次 Bootstrap 检验）

假设路径	模型 1		模型 2		模型 3	
	β 值	T 值	β 值	T 值	β 值	T 值
主效应						
时尚意识→绿色消费意愿	0.122***	3.483	0.112	0.660	-0.045	1.704
领导意识→绿色消费意愿	0.154***	4.080	0.156**	2.945	0.058*	1.967
发展意识→绿色消费意愿	0.327***	9.002	0.329***	4.435	0.087**	2.808
时尚意识→绿色感知价值			0.214***	5.665	0.214***	5.655

续表

假设路径	模型 1		模型 2		模型 3	
	β 值	T 值	β 值	T 值	β 值	T 值
领导意识→绿色感知价值			0.105**	2.713	0.105**	2.651
发展意识→绿色感知价值			0.298***	8.347	0.298***	8.497
绿色感知价值→绿色消费意愿			0.611***	20.344	0.723***	8.093
调节变量						
绿色产品涉入度→绿色消费意愿					0.547***	6.673
交互项						
绿色感知价值×绿色产品涉入度→绿色消费意愿					-0.405**	2.880
控制变量						
性别→绿色消费意愿	0.079*	2.529	0.085***	3.340	0.087***	3.714
年龄→绿色消费意愿	0.055	1.197	-0.011	0.311	-0.019	0.595
婚姻→绿色消费意愿	0.037	0.850	0.059	1.582	0.026	0.842
收入→绿色消费意愿	-0.069	1.817	-0.012	0.401	-0.011	0.405
学历→绿色消费意愿	0.025	0.603	0.031	1.011	0.022	0.876
因变量 R^2						
绿色消费意愿	0.228		0.515		0.593	
绿色感知价值			0.214		0.214	

在模型 1 中，时尚意识（β=0.122，T=3.483，p<0.001）、领导意识（β=0.154，T=4.080，p<0.001）与发展意识（β=0.327，T=9.002，p<0.001）对绿色消费意愿都具有显著的正向影响，即 H1a、H1b 和 H1c 成立。

在模型 2 中，领导意识（β=0.156，T=2.945，p<0.01）和发展意识（β=0.329，T=4.435，p<0.001）对绿色消费意愿的影响作用与模型 1 一致，但时尚意识对绿色消费意愿的影响不显著（β=0.112，T=0.660，ns）。就生活方式与绿色感知价值的关系来看，时尚意识、领导意识、发展意识对绿色感知价值存在显著的正向影响，其 β 系数分别为 0.214（T=5.665，p<0.001）、0.105（T=

2. 713，p<0.01）和 0. 298（T = 8. 347，p<0.001），即 H2a、H2b 和 H2c 成立。同时，绿色感知价值对绿色消费意愿的影响显著，即绿色感知价值能够显著正向影响绿色消费意愿（β = 0. 611，T = 20. 344，p<0.001），即 H3 成立。

中介效应通过计算路径系数 VAF（Variance Accounted For）值来检验，VAF 值=间接效应值/总效应值=间接效应值/［间接效应值+直接效应值］。Hair 等（2012）认为 VAF 大于 80% 说明存在完全中介效应，大于等于 20%、小于等于 80% 说明存在部分中介效应，小于 20% 则说明不存在中介效应。通过实证分析发现：绿色感知价值在时尚意识对绿色消费意愿的影响中起到完全中介作用，其 VAF 值 =（0. 214×0. 611）／［（0. 214×0. 611）+0］= 100. 00%，H4a 得到数据支持；绿色感知价值在领导意识对绿色消费意愿的影响中起到部分中介作用，其 VAF 值 =（0. 105×0. 611）／［（0. 105×0. 611）+0. 156］= 29. 16%，H4b 得到数据支持；绿色感知价值在发展意识对绿色消费意愿的影响机制中起到部分中介作用，其 VAF 值 =（0. 298×0. 611）／［（0. 298×0. 611）+0. 329］= 35. 63%，H4c 得到数据支持。

模型 3 加入绿色产品涉入度这一变量，分析全模型情况下绿色产品涉入度在绿色感知价值与绿色消费意愿间的调节效应。同模型 2 一致，模型 3 中绿色感知价值同样能够正向影响绿色消费意愿（β = 0. 723，T = 8. 093，p<0.001），而新加入的调节变量绿色产品涉入度能够正向影响绿色消费意愿（β = 0. 547，T = 6. 673，p<0.001），而在调节效应检验上，其交互项系数为−0. 405（T = 2. 880，p<0.01），说明绿色产品涉入度在绿色感知价值和绿色消费意愿间起到了负向的调节作用，即绿色产品涉入度越高，越会弱化消费者的绿色感知价值向绿色消费意愿的转化，H5 获得支持。

此外，在控制变量的检验上，性别在模型 1、模型 2 和模型 3 中对绿色消费意愿都具有显著的正向影响，其 β 系数分别为 0. 079（T = 2. 529，p<0.05）、0. 085（T = 3. 340，p<0.001）和 0. 087（T = 3. 714，p<0.001），说明女性消费者比男性消费者具有更强的绿色消费意愿。

PLS-SEM 方法的模型拟合效果一般通过 R^2 来衡量。模型 1 中绿色消费意愿的 R^2 为 0. 228；模型 2 中绿色消费意愿的 R^2 为 0. 515，而绿色感知价值的 R^2 为 0. 214；模型 3 中绿色消费意愿的 R^2 为 0. 593，而绿色感知价值的 R^2 为 0. 214。根据 Cohen（1988）的建议可知，本研究模型的路径关系较强，可以接受，同时与本研究的原假设相符，故而模型具有较好的拟合度。

（四）研究结论与讨论

1. 研究结论

本研究从绿色感知价值和绿色产品涉入度的视角切入，对生活方式转化为绿色消费意愿的机制进行了分析，提出了生活方式转化为绿色消费意愿的机制模型，并运用问卷调查法对研究假设进行实证检验，证明这一模型在推进我国居民生活方式绿色化的过程中是有数据支持的。基于本研究模型，得到如下研究结论：

第一，消费者的时尚意识、领导意识与发展意识对其感知绿色产品的价值，以及后续的绿色消费意愿的形成都具有积极的影响，时尚意识、领导意识与发展意识通过绿色感知价值对绿色消费意愿产生影响作用。这从一个侧面体现出消费者的生活方式绿色化过程其实就是一个价值权衡的过程，其权衡的重点是消费绿色产品所获得的价值，以及消费绿色产品所具有的风险。越是追求时尚、越是善于独立决策并乐于影响他人、越是能从更加长远的视角思考自身购买行为的消费者，其感知到的绿色产品价值越高，其绿色消费意愿也更强烈。

第二，绿色产品涉入度在消费者绿色感知价值对绿色消费意愿的影响中起到负向的调节作用。在消费者对绿色产品进行感知价值权衡，并进而产生消费意愿的心理转化机制中，涉入程度越高的消费者通过搜寻和获取绿色产品信息，对绿色产品具有更高的鉴别能力，而目前我国绿色产品的绿色程度标识不足，且绿色产品相较于一般产品具有更高的价格。宗计川等（2014）认为，我国消费者尚未形成独立的绿色消费文化，在环境管理更多是政府职能的前提下，消费者往往认为绿色产品所应支付的更高的产品溢价应由政府承担，而非自身承担。故而，消费者的绿色产品涉入度越高，对绿色产品越了解，对绿色产品的感知价值越高，越会弱化其实际购买绿色产品行为的产生。

2. 研究讨论

生活方式转化为绿色消费意愿机制模型的构建是在我国情境下，对传统绿色消费行为理论的一个重要补充。①本研究从生活方式与消费意愿的绿色互动视角出发，分析我国居民生活方式绿色化的形成机理。目前学者们对生活方式绿色化的研究多集中在定性层面，在定量研究方面仅从宏观上探讨生活方式与消费行为的关系，而较少从生活方式内在维度的角度探讨其绿色消费行为的转化机理，本研究在一定程度上弥补了这一理论缺口。②本研究从绿色感知价值视角出发，提出我国居民生活方式绿色化成功与否的关键是内在的价值权衡，使我们能够更加清晰地理解生活方式绿色化的实现路径，有利于以此制定相应的管理政策，从而提升生活方式绿色化的实现效率。③本研究提出了在我国情境下，消费者绿色产品涉入度越高，其感知价值对绿色消费意愿的影响程度越弱化的观点，这也意味着传统理论存在着较为重要的情境化边界，在一定程度上对传统涉入度理论在我国情境下的研究进行了补充。

五、研究三：基于计划行为理论的生活方式绿色转化边界研究

研究三在生活方式不同维度及绿色消费意愿内外部作用因素的基础上，根据计划行为理论引入主观规范和感知行为控制两个构念，建立生活方式与绿色消费意愿的双重交互模型，并通过 782 份消费者调查问卷进行实证检验，探索消费者生活方式绿色转化的边界。

（一）研究假设

消费意愿最终表现为消费行为，而现有研究已经证明生活方式是影响消费者消费行为产生的重要因素。潘煜等（2009）在对上海手机市场进行的研究中发现，生活方式能够正向影响消费者的购买行为；陈转青等（2014）通过比较绿色食品市场和绿色家电市场的消费者生活方式，发现消费者的绿色生活方式能够显著影响其购买绿色产品的意愿。可见消费者的生活方式能够影响消费者的绿色消费意向已经获得确认，但是生活方式的各个维度对绿色消费意向的影响是否存在差异还有待确认。本研究推测，由于绿色产品在我国往往是以新产品的面貌出现在消费者的视野中，绿色产品往往带有较多的新产品的特性，而追求新产品正是消费者追求时尚的表现，同时追求时尚的消费者在消费者群体中往往是意见领袖，能够独立决策并影响他人，并通过对绿色产品信息的搜寻和学习，明确绿色产品相比普通产品更高的价格所蕴含的绿色核心价值，以及对消费绿色产品从当前和未来的视角给予评价。基于以上理由，本研究提出如下假设：

H1a：消费者的时尚意识能够正向影响绿色消费意向。

H1b：消费者的领导意识能够正向影响绿色消费意向。

H1c：消费者的发展意识能够正向影响绿色消费意向。

在主观规范、生活方式与绿色消费意愿的关系上，消费者的主观规范来自家庭、朋友、邻居所给予的社会压力，消费者对这种外在社会压力的感知会促使其选择能够给环境带来更小危害的绿色产品，所以主观规范能够显著正向影响消费者的绿色消费意向（Paul et al.，2016；劳可夫，2013；劳可夫、王露露，2015）。同时，当消费者感知到的保护环境的社会压力越强，越能够促使其生活

方式向绿色消费行为转化。所以，主观规范在生活方式与绿色消费意愿的关系中起到正向的交互作用。由此，提出如下假设：

H2a：主观规范在时尚意识与绿色消费意愿的关系中存在正向的交互作用，即消费者感知的主观规范越强烈，其时尚意识越能够影响绿色消费意愿。

H2b：主观规范在领导意识与绿色消费意愿的关系中存在正向的交互作用，即消费者感知的主观规范越强烈，其领导意识越能够影响绿色消费意愿。

H2c：主观规范在发展意识与绿色消费意愿的关系中存在正向的交互作用，即消费者感知的主观规范越强烈，其发展意识越能够影响绿色消费意愿。

在感知行为控制、生活方式与绿色消费意愿的关系上，消费者的感知行为控制同样能够影响消费者的绿色消费意愿（Paul et al.，2016；劳可夫，2013；劳可夫、王露露，2015）。消费者的感知行为控制来自个体对执行某项行为难易程度的自我感知（Ajzen，1991），当个体对绿色消费行为的感知控制越强，越易产生绿色消费行为，这就使消费者的生活方式越容易向绿色消费意愿转化，即感知行为控制在生活方式与绿色消费意愿的关系中起到正向的交互作用。由此，提出如下假设：

H3a：感知行为控制在时尚意识与绿色消费意愿的关系中存在正向的交互作用，即消费者感知行为控制越强烈，其时尚意识越能够影响绿色消费意愿。

H3b：感知行为控制在领导意识与绿色消费意愿的关系中存在正向的交互作用，即消费者感知行为控制越强烈，其领导意识越能够影响绿色消费意愿。

H3c：感知行为控制在发展意识与绿色消费意愿的关系中存在正向的交互作用，即消费者感知行为控制越强烈，其发展意识越能够影响绿色消费意愿。

结合以上研究假设，归纳生活方式绿色化的路径为生活方式（时尚意识、领导意识、发展意识）能够显著影响绿色消费意愿，而消费者的主观规范和感知行为控制在这个转化路径中发挥正向的交互效果。具体研究模型如图4-4所示。

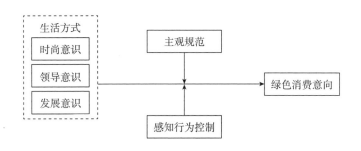

图4-4　基于计划行为理论的生活方式绿色转化边界的研究模型

（二）研究方法

1. 样本选取

本研究通过问卷调查进行数据分析。正式调研样本来源于研究团队对吉林省长春市红旗街商业街与吉林市大东门商业街的街头随访。数据样本采取随机抽样的方式，即每三位消费者随机选择一位被试的方式。共发放问卷 1100 份，回收问卷 841 份，有效问卷为 782 份，有效回收率为 92.98%。本研究以环保洗衣液为绿色产品调研对象。被试在正式填答问卷前，需阅读一段导入文字，以便进入本研究设定的研究情境。导入文字为："假设您需要购买一瓶洗衣液，有环保洗衣液和普通洗衣液两种可以选择，环保洗衣液与普通洗衣液相比，洗涤效果一致，但是在环保效果上，环保洗衣液要好于普通洗衣液，而在价格上，环保洗衣液要高于普通洗衣液。"研究样本的描述性统计分析结果如表4-7所示。

表4-7　基于计划行为理论的生活方式绿色转化边界研究的描述性
统计分析结果（N=782）

项目	统计结果
性别	男性：42.2%；女性：57.8%
年龄	18 岁以下：2.9%；18～25 岁：29.9%；26～30 岁：27%；31～40 岁：24.9%；41～50 岁：14.4%；51~60 岁：0.5%；60 岁以上：0.4%
婚姻状况	未婚：57.8%；已婚：42.2%
月收入状况	1000 元以下：13.9%；1001～2000 元：22.7%；2001～3000 元：24.9%；3001～4000 元：19.8%；4001~5000 元：7.7%；5001~6000 元：1.9%；6000 元以上：9.1%
学历	小学及小学以下：1.8%；初中、中专：7.3%；高中、职高：5.4%；大专：17.3%；本科：43.5%；硕士：23.1%；博士及以上：1.6%

2. 研究量表

本研究测量四个核心构念（生活方式、主观规范、感知行为控制与绿色消费意愿）。所有构念的测量均选择较为成熟的量表。其中，生活方式量表借鉴陈文沛（2011）的研究量表，时尚意识与发展意识各 4 个题项、领导意识 3 个题项，共 11 个题项；主观规范量表借鉴 Cialdini（1991）和劳可夫（2013）的研究量表，共 4 个题项；感知行为控制量表借鉴 Ajzen（1991，2001）和劳可夫（2013）的研究量表，共 4 个题项；绿色消费意愿量表借鉴 Gollwitzer（1999）和劳可夫（2013）的研究量表，共 3 个题项。所有题项的测量均采用李克特 5 点量表进行，

1~5 分分别代表非常不同意、不同意、一般、同意和非常同意。同时，本研究还选取 5 个消费者行为研究中常用的人口统计学变量——性别、年龄、婚姻状况、月收入状况与学历作为研究的控制变量。

在统计方法上，本研究采用 SPSS22.0 进行统计分析。首先对所有样本进行验证性因子分析和可靠性分析，以检验研究量表的信度和效度；其次采用层次回归方法，对研究假设进行实证检验。

（三）实证分析

1. 信度与效度分析

本研究采用 Cronbach's α 系数来验证各量表及整体量表的信度，如表 4-8 所示，本研究所有量表的 Cronbach's α 系数均高于 0.7，同时组合信度均高于 0.7，说明本研究的量表具有较好的内部一致性。本研究的效度检验分为收敛效度和区分效度，收敛效度采用验证性因子分析（CFA）进行检验，模型的整体拟合度为 $\chi^2 = 1069.737$，$df = 278$，$\chi^2/df = 3.848$（小于 5），$GFI = 0.899$（小于 0.9），$NFI = 0.908$（大于 0.9），$TLI = 0.918$（大于 0.9），$CFI = 0.930$（大于 0.9），$RMSEA = 0.060$（小于 0.08），说明本研究具有较好的收敛效度。所有构念的平均方差萃取量（AVE）除价格意识为 0.499 外，其他所有构念都高于 0.5，且所有构念的 AVE 的平方根均大于该构念与其他构念的相关系数，说明本研究具有较好的区分效度。

表 4-8　基于计划行为理论的生活方式绿色转化边界研究的信度、效度分析结果

构念		指标	标准化因子载荷	组合信度	平均方差萃取量	Cronbach's α
生活方式	时尚意识	LS1	0.664	0.853	0.594	0.849
		LS2	0.774			
		LS3	0.897			
		LS4	0.729			
	领导意识	LS5	0.736	0.829	0.617	0.827
		LS6	0.812			
		LS7	0.807			
	发展意识	LS8	0.792	0.861	0.609	0.860
		LS9	0.848			
		LS10	0.717			
		LS11	0.759			

续表

构念	指标	标准化因子载荷	组合信度	平均方差萃取量	Cronbach's α
主观规范	SN1	0.780	0.901	0.697	0.901
	SN2	0.731			
	SN3	0.924			
	SN4	0.890			
感知行为控制	PBC1	0.701	0.801	0.501	0.800
	PBC2	0.679			
	PBC3	0.727			
	PBC4	0.724			
绿色消费意愿	GPI1	0.659	0.880	0.715	0.866
	GPI2	0.948			
	GPI3	0.901			
整体量表 Cronbach's α					0.901
模型拟合度	$\chi^2 = 1069.737$，df = 278，$\chi^2/df = 3.848$，GFI = 0.899，NFI = 0.908，TLI = 0.918，CFI = 0.930，RMSEA = 0.060				

2. 共同方法偏差检验

数据间若存在共同方法偏差（Common Method Biases，CMB），则会导致构念间存在虚假的关系。本研究采用两种方法进行共同方法偏差检验：首先是 Harman 单因子法。在探索性因子分析中，未旋转下第一个因子的方差解释量超过 50%，则说明具有较高的 CMB，本研究中第一个因子的方差解释量为 30.437%，小于 50%，说明 CMB 在可接受的范围内。其次是检验构念间的相关系数，若构念间相关系数大于 0.9，则说明具有较高的 CMB，本研究中构念间的相关系数为 0.011～0.604，均小于 0.9，说明 CMB 在可接受的范围内（见表 4-9）。综上，本研究具有较低的 CMB。

表 4-9　基于计划行为理论的生活方式绿色转化边界研究的相关系数矩阵（N=782）

构念	1	2	3	4	5	6
1. 时尚意识	1 (0.771)					
2. 领导意识	0.349***	1 (0.785)				
3. 发展意识	0.177***	0.391***	1 (0.780)			

续表

构念	1	2	3	4	5	6
4. 主观规范	0.011	0.283***	0.462***	1（0.835）		
5. 感知行为控制	0.218***	0.289***	0.333***	0.604***	1（0.708）	
6. 绿色消费意愿	0.225***	0.315***	0.410***	0.596***	0.544***	1（0.846）

注：＊＊＊表示 p<0.001，＊＊表示 p<0.01，＊表示 p<0.05。对角线括号内为各构念 AVE 值平方根。

3. 假设检验

（1）生活方式对绿色消费意愿的影响。本研究采用层次回归的方法来分析生活方式对绿色消费意愿的影响。如表 4-10 所示，时尚意识对绿色消费意愿有显著的正向影响（M2：$\beta_{时尚意识}=0.079$，$t=2.079$，$p<0.05$），H1a 获得支持；领导意识对绿色消费意愿有显著的正向影响（M2：$\beta_{领导意识}=0.150$，$t=4.056$，$p<0.001$），H1b 获得支持；发展意识对绿色消费意愿有显著的正向影响（M2：$\beta_{发展意识}=0.316$，$t=9.064$，$p<0.001$），H1c 获得支持。

表 4-10　基于计划行为理论的生活方式绿色转化边界研究的主效应假设检验结果

	绿色消费意愿					
	M1	M2	M3	M4	M5	M6
控制变量						
性别	0.060 (1.635)	0.077* (2.338)	0.054 (1.499)	0.097** (2.782)	0.066 (1.850)	0.060 (1.803)
年龄	0.084 (1.635)	0.056 (1.226)	0.079 (1.572)	0.066 (1.360)	0.076 (1.520)	0.064 (1.366)
婚姻状况	0.025 (0.483)	0.030 (0.651)	0.035 (0.687)	0.024 (0.483)	0.029 (0.565)	0.027 (0.559)
月收入状况	−0.045 (−1.043)	−0.059 (−1.538)	−0.063 (−1.504)	−0.068 (−1.669)	−0.033 (−0.805)	−0.045 (−1.167)
学历	0.001 (0.020)	0.021 (0.564)	0.022 (0.542)	0.005 (0.142)	0.021 (0.447)	0.007 (0.194)
自变量						
时尚意识		0.079* (2.079)	0.224*** (6.390)			

续表

	绿色消费意愿					
	M1	M2	M3	M4	M5	M6
领导意识		0.150 *** (4.056)		0.327 *** (9.566)		
发展意识		0.316 *** (9.064)				0.407 *** (12.485)
R^2	0.013	0.225	0.063	0.118	0.072	0.179
Adjust R^2	0.007	0.216	0.056	0.111	0.065	0.172
F-change	2.145	52.732	40.837	91.511	48.738	155.881

注：*** 表示 $p<0.001$，** 表示 $p<0.01$，* 表示 $p<0.05$，括号内为 t 值。

（2）主观规范的交互作用。主观规范在生活方式与绿色消费意愿间的交互作用检验采用 Aiken 和 West（1991）提出的交互作用分析建议，对每个构念的交互效用分别采用三个模型进行检验，首先检验自变量的效应，其次在自变量外增加调节变量，最后在上述变量外增加交互项进行检验。为了降低分析中的多重共线性问题，本研究对所有变量进行了中心化处理。分析结果如下：主观规范在时尚意识与绿色消费意愿的关系中起到显著的正向交互作用（M3：$\beta_{时尚意识}$ = 0.224，t = 6.390，p < 0.001；M7：$\beta_{时尚意识}$ = 0.217，t = 7.784，p < 0.001，$\beta_{主观规范}$ = 0.591，t = 21.288，p < 0.001；M8：$\beta_{时尚意识}$ = 0.204，t = 7.202，p < 0.001，$\beta_{主观规范}$ = 0.590，t = 21.303，p < 0.001，$\beta_{时尚意识×主观规范}$ = 0.062，t = 2.204，p<0.05），H2a 成立；主观规范在发展意识与绿色消费意向的关系中起到显著的正向交互作用（M6：$\beta_{发展意识}$ = 0.407，t = 12.485，p < 0.001；M13：$\beta_{发展意识}$ = 0.170，t = 5.334，p < 0.001，$\beta_{主观规范}$ = 0.514，t = 16.128，p < 0.001；M14：$\beta_{发展意识}$ = 0.171，t = 5.387，p < 0.001，$\beta_{主观规范}$ = 0.535，t = 16.422，p < 0.001，$\beta_{发展意识×主观规范}$ = 0.082，t = 2.827，p<0.01），H2c 成立；主观规范在领导意识（M4：$\beta_{领导意识}$ = 0.327，t = 9.566，p < 0.001；M9：$\beta_{领导意识}$ = 0.168，t = 5.627，p < 0.001，$\beta_{主观规范}$ = 0.545，t = 18.476，p < 0.001；M10：$\beta_{领导意识}$ = 0.161，t = 5.354，p < 0.001，$\beta_{主观规范}$ = 0.553，t = 18.387，p < 0.001，$\beta_{领导意识×主观规范}$ = 0.040，t = 1.375，ns）与绿色消费意愿的关系中的交互作用不显著，H2b 和 H2c 未获得支持（见表 4-11）。

表 4-11　基于计划行为理论的生活方式绿色转化边界研究的

主观规范交互作用假设检验结果

	绿色消费意愿							
	M7	M8	M9	M10	M11	M12	M13	M14
控制变量								
性别	0.033 (1.145)	0.032 (1.133)	0.059* (2.035)	0.060* (2.060)	0.044 (1.522)	0.044 (1.533)	0.042 (1.435)	0.044 (1.526)
年龄	0.050 (1.240)	0.045 (1.130)	0.048 (1.173)	0.041 (0.995)	0.049 (1.218)	0.045 (1.111)	0.050 (1.229)	0.040 (0.986)
婚姻状况	0.007 (0.164)	0.010 (0.236)	−0.001 (−0.033)	0.000 (−0.010)	0.001 (0.013)	0.002 (0.059)	0.001 (0.033)	0.005 (0.116)
月收入状况	−0.047 (−1.426)	−0.048 (−1.462)	−0.043 (−1.261)	−0.041 (−1.229)	−0.022 (−0.645)	−0.023 (−0.674)	−0.032 (−0.947)	−0.030 (−0.905)
学历	−0.015 (−0.480)	−0.014 (−0.454)	−0.030 (−0.937)	−0.033 (−1.028)	−0.022 (−0.672)	−0.023 (−0.728)	−0.028 (−0.868)	−0.033 (−1.024)
自变量								
时尚意识	0.217*** (7.784)	0.204*** (7.202)						
领导意识			0.168*** (5.627)	0.161*** (5.354)				
发展意识							0.170*** (5.334)	0.171*** (5.387)
调节变量								
主观规范	0.591*** (21.288)	0.590*** (21.303)	0.545*** (18.476)	0.553*** (18.387)	0.574*** (20.377)	0.579*** (20.410)	0.514*** (16.128)	0.535*** (16.422)
交互项								
时尚意识×主观规范		0.062* (2.204)						
领导意识×主观规范				0.040 (1.375)				
发展意识×主观规范								0.082** (2.827)
R^2	0.409	0.413	0.388	0.389	0.396	0.397	0.385	0.392
Adjust R^2	0.404	0.407	0.382	0.383	0.390	0.391	0.380	0.385
F−change	453.173	4.856	341.374	1.891	415.228	1.969	260.109	7.994

注：***表示 $p<0.001$，**表示 $p<0.01$，*表示 $p<0.05$，括号内为 t 值。

（3）感知行为控制的交互作用。感知行为控制在生活方式和绿色消费意愿间的交互作用检验仍采用上述检验方法。其分析结果如下：感知行为控制在时尚意识与绿色消费意愿的关系中起到显著的正向交互作用（M3：$\beta_{时尚意识} = 0.224$，$t = 6.390$，$p < 0.001$；M15：$\beta_{时尚意识} = 0.113$，$t = 3.688$，$p < 0.001$，$\beta_{感知行为控制} = 0.519$，$t = 17.004$，$p < 0.001$；M16：$\beta_{时尚意识} = 0.095$，$t = 3.062$，$p < 0.01$，$\beta_{感知行为控制} = 0.517$，$t = 17.040$，$p < 0.001$，$\beta_{时尚意识×感知行为控制} = 0.102$，$t = 3.384$，$p < 0.001$），H3a 成立；而感知行为控制在领导意识（M4：$\beta_{领导意识} = 0.327$，$t = 9.566$，$p < 0.001$；M17：$\beta_{领导意识} = 0.187$，$t = 6.030$，$p < 0.001$，$\beta_{感知行为控制} = 0.491$，$t = 15.997$，$p < 0.001$；M18：$\beta_{领导意识} = 0.186$，$t = 6.000$，$p < 0.001$，$\beta_{感知行为控制} = 0.491$，$t = 15.986$，$p < 0.001$，$\beta_{领导意识×感知行为控制} = 0.006$，$t = 0.201$，ns）、发展意识（M6：$\beta_{发展意识} = 0.407$，$t = 12.485$，$p < 0.001$；M21：$\beta_{发展意识} = 0.256$，$t = 8.410$，$p < 0.001$，$\beta_{感知行为控制} = 0.458$，$t = 15.011$，$p < 0.001$；M22：$\beta_{发展意识} = 0.255$，$t = 8.343$，$p < 0.001$，$\beta_{感知行为控制} = 0.459$，$t = 14.999$，$p < 0.001$，$\beta_{发展意识×感知行为控制} = -0.006$，$t = -0.213$，ns）与绿色消费意愿的关系中的交互作用则不显著，H3b 和 H3c 未获得支持（见表4-12）。

表4-12　基于计划行为理论的生活方式绿色转化边界研究的
感知行为控制交互作用假设检验结果

	绿色消费意愿							
	M15	M16	M17	M18	M19	M20	M21	M22
	控制变量							
性别	0.054 (1.767)	0.054 (1.777)	0.078** (2.590)	0.079** (2.596)	0.060* (1.974)	0.064* (2.106)	0.058 (1.959)	0.058 (1.954)
年龄	0.069 (1.602)	0.063 (1.477)	0.062 (1.463)	0.061 (1.436)	0.067 (1.572)	0.060 (1.412)	0.060 (1.456)	0.061 (1.469)
婚姻状况	0.002 (0.049)	0.009 (0.212)	−0.002 (−0.047)	−0.002 (−0.039)	−0.001 (−0.019)	0.006 (0.149)	0.001 (0.033)	0.001 (0.024)
月收入状况	−0.077* (−2.151)	−0.080* (−2.259)	−0.079* (−2.259)	−0.079* (−2.254)	−0.062 (−1.732)	−0.069 (−1.941)	−0.065 (−1.903)	−0.066 (−1.909)
学历	0.011 (0.317)	0.012 (0.344)	0.003 (0.089)	0.003 (0.081)	0.009 (0.264)	0.008 (0.229)	0.004 (0.134)	0.005 (0.138)

续表

	绿色消费意愿							
	M15	M16	M17	M18	M19	M20	M21	M22
自变量								
时尚意识	0.113*** (3.688)	0.095** (3.062)						
领导意识			0.187*** (6.030)	0.186*** (6.000)				
价格意识					0.124*** (4.052)	0.100** (3.157)		
发展意识							0.256*** (8.410)	0.255*** (8.343)
调节变量								
感知行为控制	0.519*** (17.004)	0.517*** (17.040)	0.491*** (15.997)	0.491*** (15.986)	0.515*** (16.814)	0.516*** (16.919)	0.458*** (15.011)	0.459*** (14.999)
交互项								
时尚意识× 感知行为控制		0.102*** (3.384)						
领导意识× 感知行为控制				0.006 (0.201)				
发展意识× 感知行为控制								−0.006 (−0.213)
R^2	0.318	0.328	0.337	0.337	0.320	0.327	0.364	0.368
Adjust R^2	0.312	0.321	0.331	0.330	0.314	0.320	0.358	0.361
F-change	289.147	11.452	255.900	0.041	282.710	8.265	225.340	0.045

注：***表示 $p<0.001$，**表示 $p<0.01$，*表示 $p<0.05$，括号内为 t 值。

（四）研究结论

对生活方式绿色转化机制问题的研究发现，生活方式的不同维度对绿色消费意愿的影响存在差异。本章通过建立生活方式与绿色消费意愿的双重交互模型，从计划行为理论视角揭示了生活方式绿色化的内部与外部交互因素，主要取得如下研究结论：①生活方式维度中的时尚意识、领导意识及发展意识对绿色消费意愿具有显著的正向影响；②主观规范在时尚意识和发展意识与绿色消费意愿的关系中起到正向的交互作用；③感知行为控制在时尚意识与绿色消费意愿的关系中起到正向的交互作用。

六、总讨论

（一）研究结论

本节整合了三个研究：

消费者的绿色消费行为是理性的，且受到客观环境的限制，那么理性的消费者能否获得更多的绿色感知价值？研究一以计划行为理论为理论框架，分析绿色消费中消费者的环境态度、主观规范与感知行为控制对绿色感知价值的影响作用。实证研究发现：①环境态度对绿色感知价值的影响不显著；②主观规范和感知行为控制能够显著正向影响绿色感知价值；③主观规范在环境态度与绿色感知价值间起完全中介作用。研究一较好地分析了绿色消费行为下消费者绿色感知价值的生成机制，有助于差异化开展绿色营销活动。

居民生活方式与消费行为的绿色互动是实现生活方式绿色化的重要途径。研究二从绿色感知价值和绿色产品涉入度角度切入，通过构建生活方式与绿色消费意愿的心理转化模型，以节能灯泡为例，基于765份消费者调研数据，运用PLS-SEM方法探索生活方式向绿色消费意愿转化的机理。研究结果表明：消费者的时尚意识、领导意识与发展意识对其感知绿色产品的价值，以及后续的绿色消费意愿的形成都具有积极的影响，而绿色感知价值的间接效应同样体现在时尚意识、领导意识和发展意识对绿色消费意愿的影响机制中。绿色产品涉入度在消费者绿色感知价值对绿色消费意愿的影响过程中起到负向的调节作用。研究结论对理解我国居民生活方式绿色化的路径，以及为企业和政府制定环保消费政策提供了科学的理论依据。

生活方式绿色化对推进我国经济供给侧结构性改革提供了稳定的绿色需求，但目前缺少对生活方式绿色化内部与外部调节因素的研究。研究三基于计划行为理论，构建了生活方式与绿色消费意愿的双重交互作用模型，通过实证检验发现：①生活方式维度中的时尚意识、领导意识、价格意识及发展意识对绿色消费意愿具有显著的正向影响；②主观规范在时尚意识和发展意识与绿色消费意愿的关系中起到正向的交互作用；③感知行为控制在时尚意识和价格意识与绿色消费意愿的关系中起到正向的交互作用。研究结论从计划行为理论的视角分析了内部和外部因素在生活方式与绿色消费意愿关系中的调节作用，有助于我国生态文明建设和生活方式绿色化的推进。

（二）研究启示

通过第一节的三个研究发现，在生活方式绿色化的过程中，时尚意识、领导意识、价格意识和发展意识都能够促使绿色消费意愿的产生。生活方式与消费意愿的绿色互动，可促进消费者的生活方式绿色化。同时，消费者生活方式绿色化的过程受到消费者所感知到的因素的影响。所以在实际营销过程中，提升消费者的主观规范和感知行为控制水平对消费者的绿色消费具有重要影响。这启示政府和企业在绿色产品购买角度促进消费者生活方式与消费行为的绿色互动，以提升我国居民生活方式绿色化的水平和效率。具体而言：

首先，努力提升社会环境保护意识。社会环境保护意识的提升，能够创建珍惜环境、保护环境的社会氛围，使消费者在消费过程中感知到更高的保护环境的社会压力，即从外在压力的视角增强对消费者做出绿色消费行为、进行生活方式绿色化的主观规范。

其次，提升生产能力，降低绿色产品价格。困扰消费者购买绿色产品的一个重要问题，就是相比普通产品，绿色产品往往具有更高的价格。而提升绿色产品规模化生产的水平，降低产品的价格可激活消费者对绿色产品的需求，对于促进消费者绿色消费具有非常重要的作用。同时，降低绿色产品的价格还有助于提升消费者的感知行为控制能力，减少消费者生活方式绿色化的阻碍。

最后，生活方式绿色化指引应注重消费者群体差异。消费者的生活方式本就有差异化的特点，所以对消费者生活方式绿色化的分析也应从差异化的视角进行。消费者的生活方式绿色化是一个较为漫长的过程，而生活方式绿色化水平的衡量也是对过去与现在、现在与未来之间的比较。我国不同地域之间的生态文明建设水平具有非常明显的差异化特征，公众对于生活方式绿色化的理解也存在差异，这就使得生活方式绿色化的政策制定也需因地制宜。只有通过对不同地域、不同细分市场的不同消费群体针对性地进行绿色生活方式政策指引，才能够保证生活方式绿色化水平稳定持续提升。

在具体的做法上：①绿色产品的外包装应明示其绿色性能，即明确说明绿色产品与一般产品的差异化及绿色化程度，以降低消费者购买风险、提升消费者对产品绿色价值的感知水平，从而促使消费者购买。②政府应充分发挥其社会管理职能，一方面对于绿色产品的生产商进行政策扶持，以帮助绿色生产企业生存和发展；另一方面在社会范围内创建独立的绿色消费文化，以增强消费者对绿色产品价格的承担意识，从而帮助消费者养成长久持续的绿色消费习惯，促进生活方式绿色化的实现。

（三）不足与展望

生活方式绿色化的研究在我国还有许多问题尚未厘清，本节虽从计划行为理论视角对生活方式的不同维度与绿色消费意愿的关系进行了理论分析和实证检验，但仍存在较多的研究不足。首先，本节的研究从我国绿色消费的实际情况出发，将生活方式分解为时尚意识、领导意识、价格意识与发展意识四个维度，但由于消费者生活方式具有多元化和差异化的特点，所以本节的研究仅能从一个侧面分析消费者生活方式绿色化的过程，未来可基于主观规范和感知行为控制视角对生活方式绿色化的过程进行分析。其次，本节的研究只基于主观规范和感知行为控制讨论了生活方式与绿色消费意愿间的关系，未来可加入消费者创新性、环境态度等中介变量进行研究和检验。最后，本节的研究只探讨了消费者生活方式绿色化的心理机制，后文将加入外部因素探讨消费者生活方式绿色转变机制，使生活方式与消费行为间的关系研究深植于生活方式绿色化的研究中。

第二节　基于量化自我过程的生活方式绿色转变机制研究

一、问题提出

在本节中，讨论新的量化工具如绿普惠碳账本、碳排放计算器等量化 APP 的开发和应用如何影响消费者的生活方式绿色化，这些产品不仅使消费者对自身行为所产生的碳排放量进行精准管理成为可能，同时还能够帮助消费者从所记录和监测的数据中，重新建构对自我的认知（Almalki et al.，2016；李东进、张宇东，2018c），明晰自我与环境之间的联系。正是这种从人与环境的量化行为到量化自我的构建过程，使量化行为、量化自我和绿色生活方式三者之间的联系日趋紧密。在这个万物互联的时代，量化行为已经深入到人们生活的方方面面，对此行为路径的探究能够帮助绿色产品生产商基于量化自我与环保行为之间的关系构建全新的商业模式，同时推动理论界对推进消费者生活方式绿色化进行更加卓有成效的思考。

量化自我（Quantified Self）从定义上来说是指在个体或社群层面以提升自我感知、意识或绩效等为目的而追踪测量自我生理、行为或环境等方面数据信息的过程（李东进、张宇东，2018a）。其产生动机可以归纳为两类：一类是消费者自身行为优化和自我提升、自我控制和自我监管以及知识探索和自我享乐等个人诉求动机（李东进、张宇东，2018b）；另一类是消费者在社会交往中通过参与量化行为，与群体成员或朋友、亲人共同分享自身行为的量化结果，进而树立自身在群体中的地位与形象的社会比较动机（Crawford et al.，2015）。简言之，前者是消费者在自身比较（内部动机）中提升参与量化自我构建绩效的动机；而后者则是消费者在社会比较（外部动机）中提升参与量化自我构建绩效的动机。外部动机的内化，可产生增强消费者的自我管控能力、提升其行为理性水平、驱动其行为发生转变的效用（Ruckenstein & Pantzar，2017；李东进、张宇东，2018b），而这恰恰是破解消费者在生活方式绿色转变过程中知易行难问题的"钥匙"（Leissner，2020）。由于单纯的环境目标很难驱动消费者在生活方式上实现绿色转变（Verplanken & Roy，2016a；盛光华、高键，2016），相比现实效益，环境目标更为远期和抽象，在个人行为价值排序中往往较为靠后，因此很难转化为个体持续的绿色生活行为（Spence et al.，2012）。现有理论认为在构建绿色生活方式的过程中，不仅要关注环境保护因素，如环境导向价值观（Sony & Ferguson，2017）、环境态度（盛光华、高键，2016）和亲环境偏好（Gao et al.，2020）等对消费者的影响，更为重要的是要关注消费者的个人利益诉求。感知价值理论认为，消费者在选择绿色产品时，会对绿色产品进行绿色价值权衡（Gershoff & Frels，2015）。自我决定理论认为，构建绿色生活方式在考虑外在环境诉求的基础上，还应考虑内在个人利益诉求（Hedlund-de Witt et al.，2014）。价值导向理论认为，个人的利己价值导向与绿色生活方式相关的态度和行为负相关（Stern，2000），说明利己的消费者可能是真正的环境关心者，但不会以牺牲自己的经济福利为代价（Axon，2017）。因此，可通过量化自我过程，利用与消费者个人利益相关的个人诉求动机和社会比较动机等非环境因素或其他外力因素，来打破消费者旧有的生活方式，并逐渐形成一种新的绿色生活方式。

虽然量化情景和量化自我已经成了消费者日常生活中的一种常态化情景和自我构建模式，并在推进消费者生活方式绿色化过程中发挥着重要的作用，但相关理论研究仍存在大量的空白。首先，虽然基于人体行为识别的量化工具已经广泛应用于消费者的日常生活，但是现有研究仍停留在对消费者是否要进行量化行为的分析上（李东进、张宇东，2018a，2018c），对量化行为以及由此产生的量化自我的过程对消费者绿色生活方式的行为绩效产生的影响及机理缺乏认识；其次，现有的研究在讨论生活方式的绿色转变时，往往只把目光聚焦于如何打断消费者旧有的行为习惯（盛光华、高键，2016），忽略了绿色生活方式转变本身具有的结构性特点，即消费者的生活方式绿色化不仅有对旧有行为习惯的打断，同时也需要有新的绿色生活行为的接续（Axon，2017；Verplanken & Roy，2016a）。有鉴于此，本节最先确认量化情景对消费者生活方式绿色转变意愿的影响（实验一），即探求相比于非量化情景，量化情景下的消费者在生活方式上是否具有更强的绿色转变意愿。在明确这一问题的基础上，进一步探求和分析消费者做出量化行为的动机因素如何打破其旧有的行为习惯，并运用自我决定理论明晰保证消费者在打破旧有行为习惯后能够有效接续绿色生活方式的心理需要因素。

二、理论综述与研究假设

（一）生活方式绿色化与消费行为转变

生活方式绿色化的关键是摒弃旧有的生活方式，即在个人利益诉求的驱动下促使旧有生活方式向绿色、低碳和环保方向进行转变。在对驱动生活方式绿色转变的个人利益诉求的研究中，Anox（2017）认为提升人们对新生活方式的热情对行为改变至关重要，应改变千篇一律的、乏味的说教，采用"量身定制"的方法激活人们对新的绿色生活方式的憧憬，使消费者对绿色生活方式在态度、主观规范和感知行为控制等方面进行个性化转变；在对绿色生活方式产生的个人客观获得上，Hedlund-de Witt 等（2014）认为绿色生活方式获得的益处应可以用货币来衡量，让消费者能够清晰地了解绿色生活方式的客观获得；在个人利益获取动机上，Gao 等（2021）认为生活方式绿色转变包括主动和被动两条不同的路径，一是对消费者之前的绿色行为的主动性延续，二是对消费者之前的非绿色行为的被动性补偿，前者的利益动机是自我促进，而后者的利益动机则是减少愧疚。相关的文献虽从不同的角度阐述了生活方式绿色转变过程中存在的如思想宣导、机制过程、利益诉求等问题，从理性的角度厘清了生活方式绿色转变的静态规律，但却忽略了行为转变在过程上具有的结构性和动态性特点。生活方式绿色转变包括两个连续的过程，一是旧的行为中断，二是新的行为接续。当旧的行为中断后，没有新的行为接续，或者新的行为无法代替旧有行为时，那么消费者的行为会恢复到旧有行为上，新的行为转变就不会发生。由此可知，当旧有的生活方式被打断后，只有新的绿色生活方式具有足够的吸引力和替代性，新的行为才能够有效接续，消费者才算是真正完成了生活方式绿色转变。而在不同的情景下，能够有效刺激消费者进行行为中断和行为有效接续的变量可能是不同的，需要结合消费者所面临的时代情景进行具体的分析和探讨。

（二）量化情景对消费者生活方式绿色转变意愿的影响

量化情景和随之产生的消费者量化自我的过程为消费者生活方式的绿色转变提供了一个重要情景。现有理论认为，消费者对自身行为进行的量化测量与其未来的行为绩效关系密切。例如，纯粹测量效应理论认为对消费者的行为进行量化衡量会驱使消费者校正自身的行为，并与自身对衡量的预期判断相一致（李宏，2003）。同时，消费者对于自身行为的量化结果会进一步对消费者继续参与量化行为产生激励（Etkin，2016），从而提升相关行为的绩效（李东进、张宇东，2018a）。因此，与非量化情景相比，在消费者生活方式绿色化过程中嵌入量化工具，会使消费者更加关注自身绿色生活方式的测量结果，进而通过与自身之前的行为测量结果和所在社会群体内其他成员的行为测量结果进行比较，从自我提升动机和社会比较动机的双重角度提升自身继续践行绿色生活方式的意愿和绩效。基于以上理论与逻辑推理，提出如下假设：

H1：与非量化情景相比，量化情景会使消费者产生更强的生活方式绿色转变意愿。

（三）量化自我对消费者生活方式绿色转变过程的影响

消费者持续量化自我的原因是感知不一致与自尊水平之间交互作用，使消费者对继续参加量化行为及提升自身行为绩效产生了差异化意愿（李东进、张宇东，2018a）。其中，感知不一致是指存在预期目标低于或高于实际行为的不一致认知，这是认知失调产生的根源（Stinson et al.，2010）。当面对积极的感知不一致（比预想的好）时，低自尊水平的消费者更愿意继续参加量化活动；反之，当面对消极的感知不一致（比预想的坏）时，高自尊水平的消费者更愿意继续参加量化活动（李东进、张宇东，2018a）。所以，量化自我的过程也是消费者校正自身的行为，使之向符合自身和所属社群预期的方向进行转变的过程。相比于非量化自我，参与量化自我的消费者一般会产生更好的行为绩效（李东进、张宇东，2018a）。由此可见，量化自我能够驱使消费者关注量化行为的结果，内部动机和外部动机的共同合力会驱动消费者进行周期性的认知和内省，以形成持续性的量化参与行为，提升量化参与行为的绩效。

量化自我的过程同时也是打破消费者旧有非绿色生活方式的重要外力（Axon，2017）。首先，在绿色生活方式对消费者的吸引力上，Ruchenstein 和 Pantzar（2017）就指出量化自我可以通过重构消费者的自我知识，改变消费者原有的行为框架。而与环境相关的知识的增多，正是消费者选择绿色生活方式的重要原因（Sheng et al.，2019）；同时消费者量化自我所依赖的工具，如计步手环、睡眠手表等产品为消费者提供的是一种专业化的健康服务，这也为消费者中断旧有的生活方式，进行生活方式绿色转变提供了重要的媒介工具（Frumkin，2019）。其次，在消费者量化自我的过程中，消费者面对量化数据所产生的感知不一致和自尊水平之间的交互作用便成为消费者打破旧有生活方式的一个决定性外力，促使消费者产生打破旧有生活方式，进行生活方式绿色转变的意愿和行动（李东进、张宇东，2018a）。具体而言，当消费者面对量化数据产生的是积极的感知不一致时，即当消费者的实际绿色行动超出自身预期和所属社群期待时，相比于低自尊水平的消费者，高自尊水平的消费者会进一步对之前自身中断旧有生活方式的行为进行自我肯定和优化（Gao et al.，2021）；而当消费者面对量化数据产生的是消极的，与感知不一致时，即当消费者的实际绿色行为低于自身预期和所属社群期待时，同样，相比于低自尊水平的消费者，高自尊水平的消费者会进一步对之前的非绿色生活方式进行自我矫正和补偿（Gao et al.，2021），因此产生更强的中断旧有生活方式的意愿。值得注意的是，当面对消极感知不一致和积极感知不一致时，有研究认为负向的信息会比正向的信息对消费者产生更强的绿色行为意愿（Schacter et al.，2012），同时消极的感知不一致能够激发消费者的自尊。因此有理由推断，在消极感知不一致的情景下，消费者会比积极感知不一致的情景产生更强的旧有行为中断意愿。基于以上理论与逻辑分析，提出如下假设：

H2：在量化情景下，消费者产生的感知不一致和自尊水平的交互作用，影响了消费者对之前行为的中断意愿。

H2a：当在量化过程中，消费者产生积极的感知不一致时，高自尊水平的消费者要比低自尊水平的消费者对之前的行为产生更强的中断意愿。

H2b：当在量化过程中，消费者产生消极的感知不一致时，高自尊水平的消费者要比低自尊水平的消费者对之前的行为产生更强的中断意愿。

H2c：在量化过程中，高自尊水平的消费者在消极感知不一致时，要比积极感知不一致时具有更强的中断意愿。

（四）自主需要、能力需要和归属需要的中介作用

实现生活方式绿色转变还需要一个新的行为来接续旧有行为，并能使消费者感受到足够的激励，产生行为持续性（Axon，2017）。自我决定理论（Self-Determination Theory，SDT）认为，当外部奖励伤害个体基本心理需要时会损耗其内部动机，满足内部心理需要的外部动机有助于提高内部动机和绩效。同时该理论还指出，不仅是内部动机，内化的外部动机也能促进个体在绩效上的提升（赵燕梅等，2016）。很多研究认为，自主需要、能力需要和归属需要等能够促使外部动机内化（Edward & Richard，2008；Riley，2015）。自主需要是指个体对于进行某项活动具有自主选择权，而非受他人的控制的需要；能力需要是指个体对所进行的活动具有能力胜任的需要；归属需要是指个体或他人保持联系的需要（Harter & Susan，1978）。赵燕梅等（2016）在梳理环境因素、三种基本心理需要与行为绩效的关系时，认为环境因素能够满足或损害自主需要、能力需要及归属需要，进而提升或降低个体的行为绩效。可见，在外部动机影响消费者行为绩效的过程中，自主需要、能力需要和归属需要发挥着重要的间接传导作用。

在量化自我促使非绿色生活方式中断、绿色生活方式接续的过程中，一方面，消费者将外在的社会比较和内在的自我提升因素一同内化成消费者自身的需要。凸显在能力需要上，当消费者中断非绿色生活方式时，能够超越量化比较对象的能力越强，越能够激励其进一步以绿色生活方式进行接续。在量化比较过程中，消费者往往选择具有超越可能性的对象作为比较对象，如与自身程度相同或排名在自己之上但差距不大的对象，这能够有效提升消费者对自身超越量化比较对象的能力感知。消费者行为的期望机制表明，人们提出的具有挑战性且可实现的目标对他们的目标承诺会产生积极的影响，即成功的预期会积极影响人们为实现目标而努力的意愿（Gollwitzer et al.，1990）。因此，在消费者中断旧有生活方式后，他越相信他的超越目标是可以实现的，即满足了能力需要，他越可能接续绿色生活方式。凸显在自主需要上，在消费者中断旧有生活方式后，消费者可以自由选择接续或不接续绿色生活方式，但是接续绿色生活方式能够让消费者明确自身的绿色生活方式会带来量化行为绩效提升的结果，从而实现消费者自我提升的目的。根据消费者行为的参与效应，个体在目标决定过程中的参与度越高，就越倾向于为实现这个目标而努力（Locke & Latham，2006）。因此，一个人越是践行绿色生活方式，他就越有可能了解绿色生活方式对量化行为产生的效果，反

过来越会积极主动地践行绿色生活方式。凸显在归属需要上，在消费者中断旧有生活方式后，其会考虑接续的生活方式是否符合所在社会群体对绿色生活方式的期望，从而树立自身在社会群体中的地位与形象（Harter & Susan，1978）。另一方面，Gao 等（2020）从溢出效应视角，发现消费者的亲环境偏好能够提升其绿色消费行为的主观幸福感，自主需要、能力需要和归属需要在其中起到中介作用。主观幸福感是绿色生活方式持续进行的重要前提（Binder et al.，2020；Binder & Blankenberg，2017；Jacob et al.，2009）。综上所述，可以推断在量化行为对绿色生活方式产生影响的过程中，自主需要、能力需要和归属需要产生了重要的中介作用。基于以上理论与逻辑分析，提出如下假设：

H3a：消费者的自主需要在量化自我影响消费者绿色生活方式接续意愿的过程中产生中介作用。

H3b：消费者的能力需要在量化自我影响消费者绿色生活方式接续意愿的过程中产生中介作用。

H3c：消费者的归属需要在量化自我影响消费者绿色生活方式接续意愿的过程中产生中介作用。

综合以上研究假设，本节研究的理论框架如图 4-5 所示。

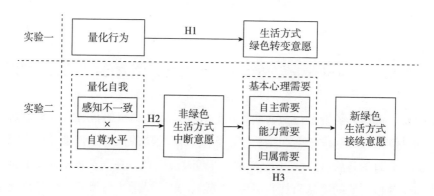

图 4-5　基于量化自我过程视角的生活方式绿色转变机制的研究框架

三、实验一：量化情景对生活方式绿色转变意愿的影响

（一）实验目的

以量化情景和非量化情景作为被试的情景操纵方式，测量量化情景是否能够

影响消费者的生活方式绿色转变意愿，即验证 H1。

（二）实验设计与材料

参考李东进和张宇东（2018a）关于量化情景和参与绩效关系的研究，考虑到现实生活中消费者存在是否参与量化活动的差异，同时参与量化活动的消费者在体验经验上也存在差异，因此实验一采用 3（量化情景高参与组 vs. 量化情景低参与组 vs. 非量化情景组）组间被试设计。通过网络广告招募的 97 名被试参与了本次实验，其中量化情景组 64 人、非量化情景组 33 人，实验地点为南方某高校的行为学实验室。量化情景组在正式实验前进行了量化行为甄别测试，基于真实的线上绿色活动——蚂蚁森林活动进行考察，首先询问被试是否参加过蚂蚁森林活动，若被试选择"是"，则可以进入正式实验；反之，则不继续参与本次实验。非量化情景组在正式实验前不进行任何甄别测试，直接进入正式实验环节。最终进入正式实验的被试共 89 人（男性 25 人，占 28.1%，平均年龄 24.6 岁），其中量化情景组共 56 人（有 8 位选择"否"，未进入正式测验），非量化情景组 33 人。

进入正式实验后，进一步对被试的量化行为经验进行甄别，甄别题目为每周收集蚂蚁森林能量的次数，由于蚂蚁森林活动需用户每日进行登录和维护，故而在后期数据分析中将能量收集次数大于等于每天一次的被试划入量化情景高参与组（共 26 人），而将能量收集次数低于每天一次的被试划入量化情景低参与组（共 30 人）。完成甄别分组后，量化情景组（高参与组 vs. 低参与组）的被试被要求填写自身在蚂蚁森林活动中累计获得的环保证书数量、本周获得能量数量及排名以及总获得能量数量及排名，在此之后填写生活方式绿色转变意愿量表；非量化情景组的被试则直接被要求填写生活方式绿色转变意愿量表。生活方式绿色转变意愿的测量参考 Ajzen（1991）关于行为意愿的研究量表（Cronbach's α = 0.967），共包含三个题项，分别是"我愿意收集和学习更多关于绿色生活方式的相关信息""我想推荐我的亲朋好友一起来实践绿色生活方式""我想向我的家人介绍和推荐绿色生活方式及其相关新闻"。测量方式采用李克特 5 点量表，其中"1"代表非常不同意，"5"代表非常同意。最后，邀请被试填写个人情况统计表，实验结束，并向被试赠送一份小礼品表达感谢。

（三）结果分析

首先，采用独立样本 t 检验的方式对量化情景组和非量化情景组的消费者的生活方式绿色转变意愿进行分析，研究结果表明量化情景组（M = 4.1429, SD =

0.7986）和非量化情景组（M=3.7778，SD=0.8845）的消费者的生活方式绿色转变意愿存在显著差异 ［t（87）=－2.001，p=0.048＜0.05，Cohen's d=0.433］，初步证明了H1，即相比于非量化情景，量化情景下的消费者在生活方式绿色转变上具有更强的意愿。其次，对研究数据按照量化情景高参与组（M=4.3974，SD=0.8166）、量化情景低参与组（M=3.9222，SD=0.7255）和非量化情景组（M=3.7778，SD=0.8845）进行数据分类处理后，采用单因素方差分析（ANOVA）方法分析发现，各组之间存在显著差异，其中F（2，86）=4.463，p=0.014＜0.05（见图4-6）。进一步采用独立样本t检验对各组间差异进行比较发现，量化情景高参与组与非量化情景组相比较，其具有更高的生活方式绿色转变意愿 ［t（57）=2.762，p=0.008＜0.01，Cohen's d=0.728］，进一步证明了H1；量化情景高参与组与量化情景低参与组在生活方式绿色转变意愿上同样存在显著差异，t（54）=2.306，p=0.025＜0.05，Cohen's d=0.615；量化情景低参与组与非量化情景组则在生活方式绿色转变意愿上不具有显著的差异 ［t（61）=0.704，p=0.484＞0.05，Cohen's d=0.179］。这说明虽然同处于量化环境中，消费者只有沉浸其中，量化情景才能对消费者生活方式的绿色转变行为产生更为重要的影响。

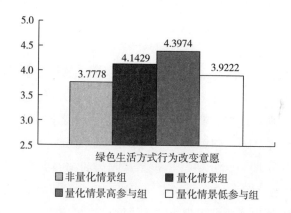

图4-6　量化情景与非量化情景下消费者生活方式绿色转变意愿

（四）讨论

实验一的结果验证了H1，即相比非量化情景，量化情景促使消费者产生更强的生活方式绿色转变意愿。同时实验一也指出了消费者只有积极参与并沉浸于量化环境，量化情景才能够对消费者的生活方式绿色转变意愿产生正向影响，使之前的关于量化行为能够促进行为绩效的研究结论与现实中的实际情景相呼应（Etkin，2016；李东进、张宇东，2018a；李宏，2003）。然而为什么消费者在量化情景下会产生生活方式绿色转变意愿？虽然之前的理论推理给予了一定的解释，但是其内在机理却是模糊的，所以本节在实验二中进一步探索量化情景中，消费者因何会产生生活方式绿色转变行为，进一步分析其转变的心理过程与内在机理。

四、实验二：量化自我过程对生活方式绿色转变过程的影响

（一）实验目的

通过对被试在量化自我过程中的自尊水平和感知不一致进行操纵，测量量化自我过程对消费者非绿色生活方式中断意愿的影响，即验证 H2。同时本实验进一步探讨自我决定因素在非绿色生活方式中断意愿与绿色生活方式接续意愿之间的中介作用，即验证 H3。

（二）实验设计与材料

实验 2 设计为 2（积极感知不一致 vs. 消极感知不一致）×2（高自尊水平 vs. 低自尊水平）组间设计。实验数据委托第三方数据公司 Credamo 进行线上测试，共 400 位被试（平均年龄 28.67 岁，男性 217 人，占 54.3%）被随机分为 2 组。为避免被试猜出本实验的真实目的，主试通过文字描述告知被试本次测试是关于个体近一周以来绿色行为经历的调查，本测试已在很多大学开展，目前积累了大约 12000 名被试的结果，本次实验是为该调查积累更为广泛的研究数据。在正式测试中，被试被要求填写近 7 天的绿色低碳行为，填写完毕后会得到被试绿色低碳行为的得分及其在全部样本中的排名。根据李东进和张宇东（2018a）对感知不一致的启动方式以及 Gibbons 等（1997）对感知阈值敏感度的界定，积极感知不一致组的被试会被告知分数高于全部样本分数均值的15%，而消极感知不一致的被试会被告知分数低于全部样本分数均值的15%。接着被试需要填写自尊、非绿色生活方式中断意愿、绿色生活方式接续意愿、能力需要、自主需要以及关系需要等构念的测量量表，最后填写人口统计信息。完成以上实验步骤后，主试告知被试测试完毕，并向被试赠送价值 10 元的小礼品表示感谢。

自尊水平测量量表借鉴田录梅（2006）的自尊量表，并考虑到本实验所涉及

的生活方式绿色转变情景，设置 5 个题项（Cronbach's α = 0.747），分别是"我感觉自己有许多好的品质""我感觉自己有很多值得自豪的地方""我的生活方式能为自己赢得更多尊重""我认为我擅长与绿色生活方式相关的行为""我能把事情做得与其他人一样好"。被试得分以中位数为基准，高于中位数为高自尊组，低于中位数为低自尊组。对于非绿色生活方式中断意愿的测量，本实验设计了 5 个题项（Cronbach's α = 0.723），其中前 3 个题项考察的是被试对旧有行为的态度，分别是"我认为是到了改变自己当前非绿色生活方式的时候""改变当前的非绿色生活方式是符合我的朋友对我的期望的""我选择改变当前的非绿色生活方式是因为我知道这样会给我的生活带来不同"，后 2 个题项考察的是被试对改变旧有行为的决心，分别是"我非常有信心改变自己当前的非绿色生活方式"和"我愿意从现在开始停止我的与非绿色生活方式相关的行为"。本实验对绿色生活方式接续意愿设计了 6 个问题进行测量（Cronbach's α = 0.743），其中前 3 个题项是对新的绿色生活方式的评价，分别是"新的绿色生活方式对我来说并没有造成什么不便""新的绿色生活方式给我的生活带来了有益的变化""绿色生活方式符合我的朋友和所属社会群体成员对我的期待"，后 3 个题项反映被试继续坚持绿色生活方式的决心，分别是"对我来说继续维持目前的绿色生活方式是容易的""绿色生活方式所将带来的些许不便是我能够承受的""我会继续坚持新的绿色生活方式"。对基本心理需要的三个构念的测量参考 Guardia 等（2000）对自我决定需求的研究量表，共 9 个题项（Cronbach's α = 0.738），其中能力需要有 3 个题项，分别是"当我参与到绿色生活方式中，我感觉我承担起了我的责任""当我参与到绿色生活方式中，我经常感到自己不够称职""当我参与到绿色生活方式中，我感觉到自己充满能力和效率"；自主需要有 3 个题项，分别是"当我参与到绿色生活方式中，我能更加容易地做我自己""当我参与到绿色生活方式中，我对目前日益严峻的环境污染问题有更强的发言权""当我参与到绿色生活方式中，我感受到自己受到了控制和压力"；归属需要也有 3 个题项，分别是"当我参与到绿色生活方式中，我会感受到爱与关心""当我参与到绿色生活方式中，我会感觉到与其他人格格不入（反向题）""当我参与到绿色生活方式中，我会感受到跟身边的其他人更加亲密"。以上构念的测量采用李克特 5 点量表，其中"1"代表非常不同意，"5"代表非常同意。

（三）结果分析

首先，采用单因素 ANOVA 和一般线性模型方法，对感知不一致和自尊水平的交互效应对消费者非绿色生活方式中断意愿的影响进行检验。通过 ANOVA 检验，发现各组之间差异显著，F（3，396）= 31.983，p<0.001。采用一般线性模型对交互项的效应进行检验，发现其交互项效应显著，F = 3.990，p = 0.046<0.05（交互效应参见图4-7），以上结果初步验证 H2。对研究数据进一步分析发现，在积极感知不一致下，高自尊水平组（M = 4.2838，SD = 0.4520，n = 117）在旧有行为中断意愿上显著高于低自尊水平组（M = 3.7542，SD = 0.5954，n = 83），t（198）= −7.148，p<0.001，Cohen's d = 1.002，说明在消费者获得积极感知不一致时，高自尊水平的消费者会比低自尊水平的消费者对旧有行为产生更强的中断意愿，H2a 获得支持；在消极感知不一致下，高自尊水平组（M = 4.4024，SD = 0.3595，n = 83）在旧有行为中断意愿上显著高于低自尊水平组（M = 4.0632，SD = 0.4546，n = 117），t（198）= −5.656，p<0.001，Cohen's d = 0.828，说明在消费者获得消极感知不一致时，高自尊水平的消费者会比低自尊水平的消费者对旧有行为产生更强的中断意愿，H2b 获得支持（见图4-8）。同时，对于高自尊水平的消费者而言，相比于积极感知不一致的情景（M = 4.2838，SD = 0.4520，n = 117），消极感知不一致情景下（M = 4.4024，SD = 0.3595，n = 83）消费者具有更强的旧有行为中断意愿，t（198）= −1.986，p = −0.048<0.05，Cohen's d = −0.290，H2c 同样获得支持。

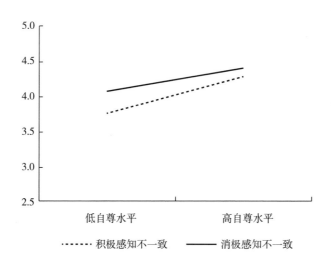

图4-7　感知不一致与自尊水平的交互效应

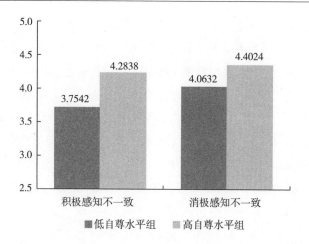

图 4-8 感知不一致与自尊水平的交互效应对消费者旧有行为中断意愿的影响

（四）中介机制探讨

非绿色生活方式中断意愿对绿色生活方式接续意愿影响的中介效应检验，采用 Hayes（2013）的 Process Macro 插件中的 Model 4 对中介路径进行 5000 次 Bootstrap 检验。如表 4-13 所示，非绿色生活方式中断意愿对绿色生活方式接续意愿的总效应显著（LLCI=0.2312，ULCI=0.3823，不包含 0），在直接效应上其结果同样显著（LLCI=0.2304，ULCI=0.4090，不包含 0）。分析其间接效应，自主需要在非绿色生活方式中断意愿对绿色生活方式接续意愿的影响中间接效应显著（LLCI=0.0383，ULCI=0.1728，不包含 0），这验证了 H3a；能力需要在非绿色生活方式中断意愿对绿色生活方式接续意愿的影响中间接效应显著（LLCI=0.0091，ULCI=0.1256，不包含 0），这验证了 H3b；归属需要在非绿色生活方式中断意愿对绿色生活方式接续意愿的影响中同样间接效应显著（LLCI=0.0888，ULCI=0.1919，不包含 0），H3c 获得验证。

表 4-13 中介效应区间估计值汇总（Bootstrap 5000 次）

	估计值	标准误	BootLLCI	BootULCI
总效应				
非绿色生活方式中断意愿→绿色生活方式接续意愿	0.3044	0.0384	0.2312	0.3823
直接效应				
非绿色生活方式中断意愿→绿色生活方式接续意愿	0.3197	0.0454	0.2304	0.4090

续表

	估计值	标准误	BootLLCI	BootULCI
间接效应				
非绿色生活方式中断意愿→能力需要→绿色生活方式接续意愿	0.0683	0.0297	0.0091	0.1256
非绿色生活方式中断意愿→自主需要→绿色生活方式接续意愿	0.0988	0.0342	0.0383	0.1728
非绿色生活方式中断意愿→归属需要→绿色生活方式接续意愿	0.1374	0.0265	0.0888	0.1919

（五）讨论

实验二表明消费者的感知不一致和自尊水平的交互效应对旧有行为中断意愿的影响是显著的（H2），以及能力需要、自主需要和归属需要在非绿色生活方式中断意愿产生后，对绿色生活方式接续意愿存在显著的间接效应（H3）。这从一定程度上对实验一所展现出的结果及其内在机制进行了分析和解释，即消费者在量化情景下，其对自身量化数据感知的不一致以及个人自尊的交互影响会使其产生旧有非绿色生活方式的中断意愿。同时，新的绿色生活方式让消费者在自主需要、能力需要以及归属需要上得到满足，使其在旧有非绿色生活方式中断后，选择新的绿色生活方式作为接续。其中消费者的自主需要表现为消费者以自我提升为目的的主动量化自我和践行绿色生活方式的相关行为；能力需要表现为消费者具备通过量化行为来实现自我超越和超越目标他人的能力和意愿；而归属需要则表现为消费者符合所在社会群体在绿色生活方式上的期望，从而树立其在社会群体中的地位与形象。这成为促进消费者形成和延续绿色生活方式的重要突破口。

五、总讨论

（一）研究结论

现有研究在讨论量化工具时，大都关注如何促使消费者有更强的参与意愿，而对如何使用量化工具量化自我（李东进、张宇东，2018a，2018b，2018c），以及量化工具对其生活方式产生的影响缺乏探讨。本节从消费者生活方式绿色转化的视角出发，探讨了消费者如何运用量化工具量化自我，以及旧有生活方式中断和新的绿色生活方式接续的内在机制，同时借鉴自我决定理论，引入自我需要、能力需要和归属需要三个变量，旨在探讨其在旧有生活方式中断与新的绿色生活方式接续中的间接效应。

通过两个实验的检验，得出如下结论：第一，相比非量化情景，量化情景能够帮助消费者产生更强的生活方式绿色转变意愿，如果消费者积极地参与并沉浸于量化的情景，这种转变意愿也更为强烈。第二，消费者对量化结果的感知不一致和自尊水平之间的交互作用显著影响消费者对旧有行为的中断意愿。研究证明：在量化过程中，无论是消费者产生积极的感知不一致还是产生消极的感知不一致，高自尊水平的消费者都要比低自尊水平的消费者对旧有行为产生的中断意愿更强，但是值得注意的是高自尊水平的消费者在消极感知不一致的情况下，会比在积极感知不一致的情况下产生更强的旧有行为中断意愿，这也说明消极感知不一致更能够激发消费者的自尊，进而产生更强的行为意愿。第三，在旧有行为中断到新的绿色生活方式接续的过程中，自主需要、能力需要和归属需要产生了显著的中介作用。本节认为，当量化情景促使消费者对旧有行为产生中断意愿之后，只有满足了消费者对自主、归属和能力的需要，才能使消费者产生绿色生活方式接续意愿。

（二）理论贡献

本节研究的理论贡献主要体现在如下三个方面：第一，探索并验证了量化情景对消费者生活方式绿色转变意愿的影响。现有对量化情景的研究，多从其研究本身出发探讨消费者继续参与的意愿，而未涉及当消费者进入量化情景中后其本身生活方式发生的变化。随着量化情景成为消费者越来越难以忽视的生活状态和生活情景，对其的参与必然会促使消费者调整旧有的生活模式，向更加符合消费者自我提升诉求和社会期望的生活方式转变，而绿色生活方式恰恰符合这样的需要，因而探讨量化情景对生活方式绿色转变意愿的影响弥补了现有研究的不足。第二，分析了消费者对量化结果的感知不一致和自尊水平的交互作用对非绿色生活方式中断意愿的影响，从消费者自我提升这一动因的视角对消费者为什么要放弃旧有的非绿色生活方式进行了解读，在量化情景下为消费者践行新的生活方式提出了新的理论解释。第三，将生活方式绿色转变分解为旧有非绿色生活方式中断和新的绿色生活方式接续两个过程，通过嵌入量化情景，并引入自主需要、能力需要和归属需要三个变量，分析了消费者在旧有生活方式中断后，采取新的绿色生活方式的心理路径。这改变了以往研究仅将绿色生活方式相关行为作为单一变量的做法，并通过对心理路径的分析，进一步明确了消费者在量化情景下从旧有生活方式到新的绿色生活方式的转化过程，对现有关于生活方式绿色转变过程的研究在研究路径上进行了拓展。

（三）研究启示与展望

随着量化情景逐渐深入到消费者的生活中，如何来借助量化情景推动消费者生活方式绿色转变已经成为政府和企业关注的重要问题，本节的研究能够给政府和企业在量化情景下制定促进消费者生活方式绿色转变的公共政策和管理政策提供一些借鉴。具体而言：首先，本节确认了绿色化的量化情景的确对消费者生活方式的绿色转变起到了积极的作用，政府在推进我国居民生活方式绿色化这一重大工程中，可以尝试设计量化情景，使消费者可以对绿色、低碳和环保行为进行量化、数据汇集、自我和群体比较，鼓励和帮助消费者产生、确认自身对环境的友好性行为，促使消费者建立生活方式绿色转变的心理自信，并最终摆脱非绿色生活方式，形成稳定、持续和不断跃迁的绿色生活方式。其次，量化情景的广泛使用对于绿色量化工具生产商意味着新的市场机遇，同时消费者绿色生活方式的不断深化和需求的逐步旺盛也能促进与绿色相关的产业的发展，不仅能够为现有绿色产业提供持续发展的绿色需求动能，而且能推动传统非绿色产业为迎合市场的绿色化需求向绿色产业转变，从需求侧促进传统产业的绿色转变。再次，本节通过对量化自我促进消费者生活方式绿色转变的过程进行拆解，指出以往对于消费者生活方式绿色转变的关注多聚焦于消费者的单次绿色行为，但这种行为的产生可能带有偶发性和难以持续性，并不意味着绿色生活方式的持续形成和不断改进，因此量化工具生产商通过构建量化情景等营销手段对消费者旧有的非绿色生活方式进行干预，使其中断旧的生活方式之后，还需要持续进行更加深入的营销刺激使其绿色生活方式得以持续。这也意味着量化工具生产商在营销时不能仅关注消费者的单次消费行为，而应从长期视角建立消费者持续践行绿色生活方式的解决方案，从消费者生命周期的角度分析消费者绿色消费的短期行为转变、中期行为维持和长期行为持续等不同阶段的心理与行为特点，围绕这些特点不断巩固和提升消费者生活方式的绿色程度，形成不反弹、可持续的良性发展态势。最后，根据本节的研究可知，产品生产商可以从分析消费者的自主需要、能力需要和归属需要三方面入手，针对性地设计产品，提升绿色生活方式对消费者的吸引力，以实现绿色生活方式全民普及的最终目标。

本节的研究同样存在很多局限性：首先，消费者生活方式的绿色转变是一个漫长的过程，本节仅截取消费者生活方式绿色转变过程的一个切面进行分析和研究，难以完整展现消费者生活方式绿色转变过程的全貌；其次，本节在拆解消费者生活方式绿色转变过程时，仅把其划分为非绿色生活方式中断和绿色生活方式接续两个不同的阶段，虽然逻辑上合理，但是由于消费者生活方式的转变具有复杂性，所以本节的研究难以更加清晰完整地刻画该转变过程；最后，本节基于自我决定理论对消费者生活方式绿色转变过程的中介机制进行分析，更多从主动性的角度进行探讨，未涉及消费者被动的生活方式绿色转变行为，导致模型的系统性和整合性欠缺。未来应进一步探寻量化情景和消费者生活方式绿色转变之间的关系和机制，尝试使用长期纵向研究和横截面研究相结合的方法，从消费者主动寻求和被动迫使等角度更加深入和完整地分析消费者生活方式绿色转变的过程，为实现我国居民生活方式绿色化的政策目标提供理论参考。

第三节　本章小结

　　本章分别从静态和动态两个角度分析了消费者绿色生活方式的构建机理。第一节从消费者绿色感知价值的形成起步，对绿色感知价值在消费者生活方式绿色化过程中的机制作用进行分析，并确定静态条件下，消费者传统的生活方式向新的绿色生活方式转变的过程及边界。如果说第一节是从理性分析的视角来分析消费者生活方式绿色化的实现过程，那么第二节则是从实证检验的角度考察了量化自我对消费者生活方式绿色转变的影响机制。结果显示：第一，相比于非量化情景，量化情景能够帮助消费者产生更强的生活方式绿色转变意愿，如果消费者积极地参与并沉浸于量化的情景，这种转变意愿也更为强烈。第二，消费者对量化结果的感知不一致和自尊水平之间的交互作用显著影响了消费者对旧有行为的中断意愿。在量化过程中，无论是消费者产生积极的感知不一致还是产生消极的感知不一致，高自尊水平的消费者都要比低自尊水平的消费者对旧有行为产生的中断意愿更强，但是值得注意的是高自尊水平的消费者在消极感知不一致的情况下，会比在积极感知不一致的情况下产生更强的旧有行为中断意愿，这也说明消极感知不一致更能够激发消费者的自尊，进而产生更强的行为意愿。第三，在旧有行为中断到新的绿色生活方式接续的过程中，自主需要、能力需要和归属需要产生了显著的中介作用。本章认为，当量化情景促使消费者对旧有行为产生中断意愿之后，只有满足了消费者对自主、归属和能力的需要，才能使消费者产生绿色生活方式接续意愿。

　　本章对消费者生活方式绿色化的内在心理机制进行了较为细致的描述，但是这种心理机制是内在的，是机制层面上的，下一章引入外在干预政策，特别是柔性干预政策，探讨不同的柔性公共管理政策对消费者行为产生的影响。

第五章 基于公共干预政策的消费者生活方式绿色化机制模型研究

本书公共政策创新的基本思路是从柔性公共政策角度设计公共策略驱动消费者生活方式绿色化，进而提升消费者的获得感。第一节采用广告信息策略进行研究，分析广告信息框架和消费者的环境态度、知识之间的交互能否影响消费者对于绿色广告、产品的偏好和购买行为；第二节基于公众获知策略，并结合消费者自我建构的差异化特点，以及时间距离与绿色消费行为的关系讨论消费者绿色产品价格敏感度的变化；第三节从环境焦虑策略出发，讨论在不同情境的刺激下，消费者购买绿色产品行为意向的差异。

第一节 广告信息策略对消费者行为决策的影响研究

一、问题提出

在社会整体的绿色意识显著提升的当下，绿色广告的教育和说服作用不断凸显（Kim et al.，2019），已经成为构建绿色社会进程不可或缺的重要内容。然而营销实践发现，受科技环境以及消费者个性化需求等诸多因素的影响，消费者的绿色广告需求前所未有的强烈和多样，众口难调已经成为绿色广告面临的难题，同时井喷式的绿色广告又极易出现信息过载或缺乏敏感度等问题。如何在这样纷繁复杂且日趋多元的时代背景下使绿色广告变得更加有效，已经成为企业、媒体和学术界都极为关注的问题（孙瑾、苗盼，2018）。

现有对于绿色广告有效性的研究主要可概括为两个方面：一是广告的绿色诉求是否能够被感知，即是否符合消费者对绿色广告的判断标准（Banerjee et al.，1995；盛光华等，2019）；二是广告是否具备绿色的信息结构，即绿色诉求是否符合基本的内容模式（Iyer & Banerjee，1993；Stafford et al.，1996；Vlieger et al.，2013）。这样的概括虽然触及了绿色广告的类型范围和诉求模式，但是仍然无法解释消费者对同样诉求和模式的绿色广告褒贬不一的现象。因此，本书认为决定绿色广告有效性的关键在于绿色广告对消费者进行信息刺激后，是否能够劝导其产生绿色购买行为，同时提升其对绿色广告、绿色品牌的态度，这应该成为评价绿色广告有效性的"黄金标准"。在此标准下，分析消费者接受绿色广告的过程不难发现，消费者对绿色广告的评价是绿色广告的诉说模式（外在刺激因素）和消费者通过体验和学习所获得的知识（内在刺激因素）之间的交互匹配使消费者觉察并认可绿色广告的结果。

二、理论研究

（一）信息框架

如果说绿色广告能有效引导消费者购买绿色产品是企业所希望获得的结果，那么信息框架则是企业为了获得有效的广告结果而给消费者讲述信息的方式。Tversky 和 Kahneman 将广告信息归纳为两种不同类型的信息框架：获得框架（Gain-framing）和损失框架（Loss-framing）。获得框架聚焦于采取行为而获得的积极结果；损失框架则聚焦于不采取行为而造成的消极结果（Levin et al.，1998）。根据前景理论（Prospect Theory），个人对相同信息的客观反应存在差异，一方面是因为相同的信息可以通过突出收益或损失的不同方式加以呈现，不同的操纵方式可以影响人们的行为和判断（Maheswaran & Meyers-Levy，1990），如盛光华等（2019）在研究绿色广告诉求与信息框架的匹配问题时发现利他诉求与获得框架、利己诉求与损失框架相匹配时效果更佳；另一方面是由于个体具有特质差异，个体面对不同的信息框架时其行为选择也多种多样（Amatulli et al.，2017；Septianto et al.，2019）。消费者在受到绿色广告的刺激时，面对即时的环境效益，获得框架比损失框架更能使消费者产生与企业预期相一致的行为；反之，面对远期的环境效益，损失框架比获得框架更能使消费者产生与企业预期相一致的行为（Schacter et al.，2012）。类似的差异，可从绿色广告领域拓展到诸如风险偏好（Detweiler et al.，1999；Van't Riet et al.，2016）、说服力（Yan et al.，2010）、健康管理（Gallagher & Updegraff，2011；Spina et al.，2018）、细节管理（Chang et al.，2015）以及消费者行为（Baxter & Gram-Hanssen，2016；芈凌云等，2020）等诸多领域。可见，企业应该因人因时选择合适的信息框架，这样会有效地促使消费者产生与企业预期相一致的行为决策与行为结果，这也成为企业根据个体差异提供定制化绿色广告以提升绿色广告有效性的基础。

（二）环境态度

环境态度目前已经成为研究绿色消费行为的一个非常关键的变量（Grob，1995）。环境态度可以被定义为一种对自然环境的某种程度的赞成或反对的心理倾向（Milfont & Duckitt，2010）。学界的基本共识是，环境态度可以积极影响亲环境行为（Kollmuss & Agyeman，2002）。环境教育以及消费者心理的研究也认为，提高消费者的环境态度是有效推动其亲环境行为的重要途径。现有研究表明，消费者的环境态度是受家庭、媒体和学校环境教育项目的潜移默化的影响形成的（Eagles & Demare，1999）。

环境态度与实际行为之间的差距也是绿色消费行为研究关注的问题。这一差距意味着，虽然消费者可以改善他们的环境态度，但这并没有转化为实际的消费行为（De Barcellos et al.，2011；王建国等，2017）。De Barcellos 等（2011）在比较了巴西和欧洲的消费者后发现，环保态度和实际的环保行为之间的差距在各个国家都很普遍。此外，一些研究表明，消除环境态度和绿色消费行为之间差距的关键是根据不同的消费者特征，如性别（Goldsmith et al.，2013；Hayes，2001；Kollmuss & Agyeman，2002）、生活方式（Newton & Meyer，2013）、城乡类型（Yu，2014）等采用更有针对性的营销策略。

（三）环境知识

环境知识是消费者除了个体人口统计变量之外的显示个体差异的重要变量（Frick et al.，2004）。在定义上，环境知识是指消费者具有的与环境保护相关的知识，包括自然环境知识、环境问题知识和环境行动知识等（高键等，2016）。以往的研究对环境知识在消费者绿色消费行为中的作用看法不一。一些学者认为环境知识能够正向影响消费者的绿色消费行为（Liu et al.，2018；王建明，2007），而另一些学者认为环境知识对消费者的绿色消费行为无显著影响（Oskamp，2000）。我国的一些学者，如宗计川、高键等认为环境知识是否对消费者的绿色消费行为有效应结合消费者所处的社会氛围进行判断，若环保体系由个人主导，环境知识会对其绿色消费行为产生积极作用；反之若由政府主导，消费者则不一定会产生正向的环境行为，有时环境知识甚至会负向影响绿色消费行为。这从一个侧面对环境知识的效用进行了解读，然而由于这一结论受社会氛围的影响，所以其无法真正解释现有研究存在的矛盾。本书认为，造成研究冲突的关键是研究者如何认识和理解环境知识，对于绿色产品相关知识的固有认识和理解将直接影响消费者的绿色消费实践。

消费者在具体的绿色消费实践中，既有客观能够言说的环境知识，也有主观无法言说的环境知识。Moorman 等（2004）从消费者对知识评估的角度，将知识分为客观知识（Objective Knowledge）和主观知识（Subjective Knowledge）两类。客观知识是指准确存储的信息，依赖于能力和专业知识；而主观知识是指对于自己知识的自我信念，来自专业知识、经验和其他因素。Alba 和 Wesley（2000）认为客观知识反映的是我知道什么，而主观知识反映的是我认为我知道什么。依据与消费者行为之间的关系来讨论客观知识和主观知识的异同，发现无论是主观知识还是客观知识，都会对消费者的心理变量，如行为动机和规范等方面产生显著的正向影响（Raju & Mangold，1995），但是在诸如产品或品牌信息收集等一些行为变量上，主观知识产生正向影响，客观知识则往往呈现出一种倒 U 形的影响关系（Raju & Mangold，1995）。相比于主观知识，客观知识更加具体。例如，面对同一款节能冰箱，偏重于主观知识决策的消费者可能只会评价这款冰箱节能和环保；而偏重于客观知识决策的消费者则可能会指出这款环保冰箱采用的是新冷媒 R510A。同时，消费者所具有的客观知识往往决定了其主观知识的程度（Carlson, et al.，2009），但是由于主观知识的构建还会受到具体的情景或其他因素的影响，所以消费者主观认为正确的知识，在客观上并不一定是正确的，甚至可能是伪知识。例如，喝重复烧开的水对人的身体有害这一知识，在很多消费者眼中是正确的，但是在客观上其却是一条错误的知识。消费者在主观知识和客观知识的不同指导下，其行为结果可能会相同，也可能存在差异。本节将环境知识分为主观环境知识和客观环境知识，客观环境知识是指消费者准确存储的与环境保护有关的知识；主观环境知识则是指消费者对自身所掌握的与环境保护相关知识的自我信念。

三、研究一：绿色广告背景下信息框架与环境态度的交互作用对消费者的影响机制研究

（一）理论综述与研究假设

1. 信息框架与环境态度的交互作用对绿色广告有效性的影响

消费者对绿色产品的认知和行为决策受到内部和外部因素的影响。在外部因

素中，绿色广告的信息框架是一个特别重要的因素（Amatulli et al.，2017；Chang et al.，2015）。过去的研究表明，信息框架可以影响消费者的环境态度，从而影响消费者对绿色产品的评价和购买意图（Amatulli et al.，2017；Baxter & Gram-Hanssen，2016；Chang et al.，2015；Meyerowit，1987）。因此，消费者对绿色广告和产品的评价形成了从广告的信息框架到消费者的环境态度再到购买意图的线性路径。然而，即使消费者的环境态度在短期内可能是稳定的，但长期来看也可能会发生变化。因此，虽然绿色广告的信息框架可以在长期内改善消费者的环境态度，但在短期内，信息框架和环境态度之间的因果关系是遥远的。特别是在定制化的背景下，广告和产品对消费者的刺激是精确和即时的，消费者对绿色广告和绿色产品的刺激有即时的反应和评价。在这个决策过程中，绿色广告的信息框架是动态的，而消费者的环境态度则是静态的。因此，通过绿色广告的信息框架影响消费者的环境态度，进而影响绿色广告有效性的逻辑不太合理。在本研究中，我们指出绿色广告的信息框架和环境态度是交互的，这种交互组合可以分为四种类型：获得框架与强势环境态度、获得框架与弱势环境态度、损失框架与强势环境态度，以及损失框架与弱势环境态度。

环境态度和信息框架之间的交互效应影响着绿色广告有效性。如果人们的环境态度强烈，他们对环境问题就会有明显的关注。一方面，环境态度较强的个体比环境态度较弱的个体更有可能产生亲环境行为，即使是一些兴趣也可能促使消费者产生实际的亲环境行为。Chang 等（2015）提出，在这种情况下，获得框架信息比损失框架信息更具说服力。另一方面，Baxter 和 Gram-Hanseen（2016）指出，获得框架信息对"安全"行为更有效，而损失框架信息对改变"风险"行为更有效。与环境态度较弱的个体相比，环境态度较强的个体可能会更关注环境变化，并将环境保护作为他们生活中的一种日常规范。当他们感受到绿色产品的好处时，就很容易产生亲环境行为，这意味着具有强烈环境态度的个体可能更容易受到获得框架信息的影响。因此，与环境态度较弱的个体相比，那些环境态度较强的个体更容易被获得框架的绿色广告而不是损失框架的绿色广告所说服，这也意味着获得框架的绿色广告可能比损失框架的绿色广告更有效。因此，提出以下假设：

H1：当消费者有较强的环境态度时，获得框架信息比损失框架信息更能提升绿色广告的有效性。

H1a：当消费者有较强的环境态度时，获得框架信息比损失框架信息对他们对绿色广告的态度有更积极的影响。

H1b：当消费者有较强的环境态度时，获得框架信息比损失框架信息对他们对绿色产品的态度有更积极的影响。

H1c：当消费者有较强的环境态度时，获得框架信息比损失框架信息对他们的亲环境行为意向有更积极的影响。

如果消费者的环境态度薄弱，那么他们对环境问题的影响就不敏感。一方面，与环境态度较强的个体相比，环境态度较弱的个体不太可能产生实际的亲环境行为。同时，他们也不会主动寻求与环境相关的信息和知识，他们的亲环境行为可能是一个比较长期的活动。在这种情况下，损失框架的信息比获得框架的信息更具说服力。另一方面，如上所述，损失框架信息对"风险"行为更有效（Baxter & Gram-Hanssen，2016）。由于环境态度较弱的个体对环境问题的认识较少，唤醒这种认识的动机是鼓励他们认识到不践行亲环境行为的风险（Gershoff & Frels，2015），提醒他们注意自己的日常非环境行为，并进行行为改变。因此，损失框架信息很可能更有说服力，以使个人了解不购买绿色产品所带来的风险，进而提高绿色广告的有效性。因此，提出以下假设：

H2：当消费者具有较弱的环境态度时，损失框架信息比收益框架信息更能提升绿色广告的有效性。

H2a：当消费者具有较弱的环境态度时，损失框架信息比收益框架信息对他们对绿色广告的态度有更积极的影响。

H2b：当消费者具有较弱的环境态度时，损失框架信息比收益框架信息对他们对绿色产品的态度有更积极的影响。

H2c：当消费者具有较弱的环境态度时，损失框架信息比收益框架信息对他们的亲环境行为意向有更积极的影响。

2. 处理流畅性在信息框架与环境态度对绿色广告有效性影响中的中介作用

由于环境态度和绿色广告的信息框架对消费者的影响并不一致，所以消费者之间必定存在一个心理转移的过程。许多研究表明，消费者的大脑可以通过各种参数来处理刺激的内容，这些参数与刺激的内容无关（Reber et al.，2004）。这些参数往往会造成不同的处理"流畅性"，这被定义为识别刺激物的物理特性的难易程度。多项研究表明，处理流畅性对消费者的评价和行为决策起着重要作用，如投资（Alter & Oppenheimer，2006；Rennekamp，2012）、品牌管理（Janiszewski & Meyvis，2001），以及群体认知（Rubin et al.，2010）。当感知流畅性强烈时，个体对产品或事物的反应会更积极。

就环境态度、绿色广告的信息框架以及广告的有效性之间的关系而言，许多研究表明，信息决策的对比效应可以提高处理流畅性，并提升消费者对产品的评价（Shen et al.，2009），正是环境态度和信息框架之间的交互，使信息决策的对比效应得到了加强。Lee 和 Aaker（2004）认为，当信息以推广为中心时，获得框架的信息诉求更具说服力，而当信息以预防为中心时，损失框架的信息诉求更具说服力，当信息目标与消费者的目标相匹配时，处理的流畅性有助于消费者产生"感觉正确"的体验。因此，当个体的环境态度比较强烈时，使用获得框架信息来设置推广焦点，帮助个体了解绿色广告和产品的好处，可以使绿色广告更加有效（Chang et al.，2011；Yi & Baumgartner，2008）。相反，当个体的环境态度较弱时，使用损失框架信息建立一个预防焦点，并帮助个体了解如果他们不选择绿色产品的风险，可以使绿色广告更有效。在这些广告处理过程中，处理流畅性起到中介作用。因此，提出以下假设：

H3：处理流畅性可以调节信息框架和环境态度对绿色广告有效性的影响。

H3a：处理流畅性可以调节信息框架和环境态度对消费者绿色广告态度的影响。

H3b：处理流畅性可以调节信息框架和环境态度对消费者绿色产品态度的影响。

H3c：处理流畅性可以调节信息框架和环境态度对消费者亲环境行为意向的影响。

本研究的框架如图 5-1 所示。

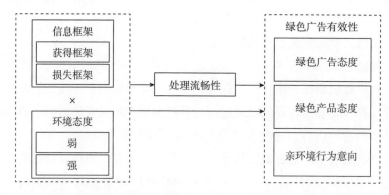

图 5-1 绿色广告背景下框架效应与环境态度的交互作用对消费者影响的研究框架

（二）实证检验

为了测试研究假设，我们通过一个实验来提供证据：当消费者的环境态度较强时，获得框架信息对绿色广告的有效性有更积极的影响，而当消费者的环境态度较弱时，损失框架信息对绿色广告的有效性有更积极的影响。另外，我们还研究了处理流畅性是否在信息框架与消费者的环境态度的交互效应对绿色广告有效性的影响间起中介作用。

1. 研究方法

使用问卷星在线问卷调查工具，招募了 160 名被试（32.5% 为男性，平均年龄为 32.41 岁，标准差为 12.5103）。本研究采用了 2（框架：获得、损失；被试之间）×1（环境态度；连续变量）的混合设计模式（Septianto et al.，2019），使用可回收的纸作为实验的刺激材料，被试被随机分配到一个"获得"或"损失"的框架条件下。在每一种情况下，被试都被要求评估一个绿色广告。这些广告的信息是利用世界自然基金会（WWF）的信息制定的。在正式实验开始之前，我们对实验材料的有效性进行了操纵性检查。

环境态度测量参照 Milfont 和 Duckitt（2010）的做法，包含 10 个项目（Cronbach's $\alpha = 0.845$）。对于因变量的测量，被试被要求回答 10 个问题。参照 Mackenzie 和 Lutz（1989）的做法，利用 4 个项目测量被试对绿色广告的态度（Cronbach's $\alpha = 0.907$）。参照 Lee 和 Ang（2003）的做法，利用了个项目测量被试对绿色产品的态度（Cronbach's $\alpha = 0.926$）。亲环境行为意图参照 Ajzen（1991）的做法，由 3 个项目测量（Cronbach's $\alpha = 0.895$）。处理流畅性的测量参照 Lee 和 Aaker（2004）的做法，包含 3 个项目（Cronbach's $\alpha = 0.788$）。所有的项目都采用李克特 5 分量表进行评分。

2. 实验过程

实验过程参照了 Chang 等（2015）的做法。首先，被试随机加入调查平台，并阅读实验说明，以了解其目的。其次，他们被随机分配到两种具有不同实验材料的情况下。我们为每个被试建立了信息框架，获得框架/损失框架小组在正式的实验开始之前阅读材料，以了解使用/不使用再生纸的收益/成本，并回答了关于广告的两个问题，以确保他们仔细阅读了材料。最后，要求被试完成环境态度、绿色广告有效性和处理流畅性量表。

3. 结果

（1）直接效应测试。采用单因素 ANOVA 模型和一般线性模型来检验信息框架和环境态度对绿色广告有效性的交互效应。结果符合预期的结果，且交互效应显著（见图 5-2）。

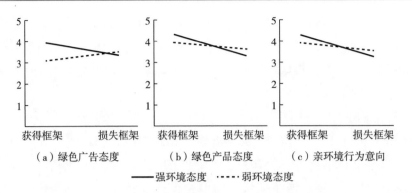

（a）绿色广告态度　　　　　（b）绿色产品态度　　　　　（c）亲环境行为意向

——— 强环境态度　　···· 弱环境态度

图5-2　信息框架与环境态度之间的交互效应

由图5-3可知，在绿色广告态度方面，各组之间存在明显差异：F（3，156）=8.152，p<0.001。在一般线性模型中，信息框架和环境态度交互项的F值为15.698，p<0.001，表明它们对绿色广告态度的交互效应是显著的。在环境态度较强的被试中，获得框架组的得分明显高于损失框架组［获得框架组的算术平均数为3.900，标准差为0.768；损失框架组的算术平均数为3.338，标准差为0.748；t（78）=3.320，p<0.01］，表明在较强的环境态度下，获得框架信息在改善消费者对绿色广告的态度方面比损失框架信息更有效。因此，H1a得到了支持。在环境态度较弱的被试中，损失框架组的得分明显高于获得框架组［损失框架组的算术平均数为3.469，标准差为0.750；获得框架组的算术平均数为3.088。标准差为0.747；t（78）=−2.277，p<0.05］，表明在提高消费者对绿色广告的态度方面，损失框架信息优于获得框架信息。因此，H2a得到了支持。

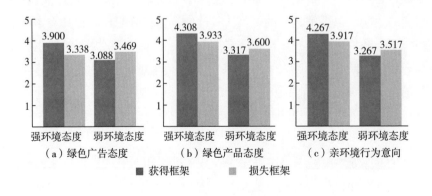

强环境态度　　弱环境态度　　　　强环境态度　　弱环境态度　　　　强环境态度　　弱环境态度

（a）绿色广告态度　　　　　（b）绿色产品态度　　　　　（c）亲环境行为意向

■ 获得框架　　　　■ 损失框架

图5-3　绿色广告有效性的平均值

由图 5-3 可知，在绿色产品态度方面，信息框架和环境态度的交互效应是显著的，F（3，156）= 17.870，p<0.001。在一般线性模型中，信息框架和环境态度交互项的 F 值为 10.574，p=0.001<0，01，表明信息框架和环境态度对绿色产品态度的交互效应是显著的。在环境态度较强的被试中，获得框架组的得分明显高于损失框架组［获得框架组的算术平均数为 4.308，标准差为 0.726；损失框架组的算术平均数为 3.933，标准差为 0.668；t（78）= 2.406，p = 0.019 < 0.05］，表明在环境态度较强的情况下，获得框架信息比损失框架信息对改善消费者对绿色产品的态度更有效。因此，H1b 得到了支持。在环境态度较弱的被试中，损失框架组的得分明显高于获得框架组［损失框架组的算术平均数为 3.600，标准差为 0.600；获得框架组的算术平均数为 3.317，标准差为 0.554；t（78）= -2.193，p=0.031<0.05］，表明损失框架信息比获得框架信息更能改善消费者对绿色产品的态度。因此，H2b 得到了支持。

　　此外，结果显示信息框架和环境态度的交互效应影响了消费者的亲环境行为意向［F（3，156）= 18.229，p<0.001］。在一般线性模型中，交互项的 F 值为 10.574，p=0.001<0.01。由图 5-3 可知，在具有强烈环境态度的被试中，与损失框架广告（算术平均数为 3.917，标准差为 0.617）相比，获得框架广告（算术平均数为 4.267，标准差为 0.733）对消费者亲环境行为意向的影响更为显著，t 值为 2.311，p = 0.023<0.05。因此，H1c 得到支持。然而，在环境态度较弱的被试中，获得框架信息（算术平均数为 3.267，标准差为 0.713）和损失框架信息（算术平均数为 3.517，标准差为 0.528）对亲环境行为意向的影响没有明显差异（t=-1.781，p=0.079>0.05）。因此，假设 2c 未能得到支持。

　　（2）间接效应测试。按照 Hayes（2018）的做法，我们使用 Process 3.4.1 来测试处理流畅性的间接影响，选择其中的 Model5，通过 5000 次引导迭代进行计算。结果表明，在信息框架和环境态度的交互效应对绿色广告有效性的影响中，处理流畅性起着重要的中介作用。特别地，处理流畅性对信息框架和环境态度的交互效应对个体绿色广告态度的影响有显著的中介作用：效应值为 0.1946（SE= 0.0827），LLCI 为 0.0572，ULCI 为 0.3868，而且不包括零（R^2 = 0.3247，F = 18.6309，p<0.001）。因此，H3a 得到了支持。同样，在信息框架和环境态度的交互效应对个体绿色产品态度的影响中，处理流畅性的中介作用显著：效应值为 0.1454（SE = 0.0610），LLCI 为 0.0446，ULCI 为 0.2843，而且不包括零（R^2 = 0.4662，F=33.8398，p<0.001）。因此，H3b 得到了支持。另外，处理流畅性在

信息框架和环境态度的交互效应对个体亲环境行为意向的影响中发挥了重要的中介作用：效应值为 0. 1373（SE = 0. 576），LLCI 为 0. 0412，ULCI 为 0. 2676，而且不包括零（R^2 = 0. 0694，F = 11. 7799，p<0. 001）。因此，H3c 得到了支持。基于以上数据分析，H3 得到了总体支持，即处理流畅性可以对信息框架和环境态度的交互效应对绿色广告有效性的影响中发挥中介作用。

（三）讨论

1. 结论

本研究发现，信息框架和消费者环境态度的交互效应对绿色广告的有效性有显著影响。如果消费者具有强烈的环境态度，那么与损失框架的广告相比，获得框架的绿色广告对他们对绿色广告和绿色产品的态度以及亲环境行为意向有更显著的影响。相反，如果消费者的环境态度较弱，那么与获得框架相比，损失框架的绿色广告对他们对绿色广告和产品的态度有更显著的影响，但对他们的亲环境行为意图的影响获得框架与损失框架无差异。这些结果表明，当消费者具有较强的环境态度时，他们更容易理解绿色产品的好处，进一步加强他们对绿色广告和产品的积极态度，并产生亲环境的行为意图。如果消费者的环境态度较弱，他们就需要一个负面的"警钟"使他们改变这些态度。然而，值得注意的是，虽然损失框架的广告可以改善消费者对绿色广告和产品的态度，但将态度转变为行为是一个漫长的过程，因此损失框架和获得框架的广告都对消费者的亲环境行为意向没有显著影响。我们还测试了处理流畅性的中介效应，发现它可以中介信息框架、环境态度对绿色广告的有效性的交互效应。

2. 理论意义

根据消费者的特点提供差异化的广告在学术界获得了广泛的支持，并被制造商广泛用于营销过程中。然而，相关研究多关注单一自变量对因变量的影响，如仅讨论消费者的环境态度（Ertz et al.，2016a；Hedlund-de Witt et al.，2014；Ritter et al.，2015；Whitburn et al.，2019）或绿色广告的信息框架（Amatulli et al.，2017；Chang et al.，2015）对绿色广告有效性的影响。本研究将这两个变量结合起来，从交互效应的角度探讨了它们对绿色广告有效性的影响，填补了以往研究的空白。特别地，我们使用环境态度和信息框架的交互效应作为自变量，分析四种不同的变量组合对绿色广告有效性影响的差异，并确定不同类型的消费者对绿色产品、广告的反应。另外，本研究还讨论了消费者对环境的态度如何转变为对绿色产品和品牌的态度，揭示了宏观态度在微观产品情境中发挥作用的过程。这些可以帮助研究人员从更广泛的角度考虑绿色广告对消费者影响的有效性。

3. 实践意义

虽然传统的"广撒网"式的绿色广告可以快速传递产品信息，但并不能保证产品信息的准确传递或激活消费者对绿色产品的认知。本研究对提高绿色广告的有效性具有实际意义，建议在定制广告的背景下，根据消费者环境态度的差异，应用不同的信息框架（获得/损失）投放广告。首先，可以利用大数据算法等方法锁定具有不同环保态度的受众，为后期绿色广告的精准投放奠定基础。绿色广告要想更有效地影响消费者对绿色产品和品牌的态度，使其产生行为变化，就不能只关注投放而忽视反馈。其次，可以根据消费者环境态度的时间序列变化调整广告信息框架，以增强消费者购买绿色产品的意愿。例如，当消费者的环境态度较弱时，可通过损失框架的广告使他们对绿色产品形成更积极的态度。而当消费者的环境意识有所提高时，可以使用获得框架的广告提升消费者对绿色产品和品牌的忠诚度。最后，可以根据消费者的环境态度设计不同的广告内容，以提高他们的处理流畅性，帮助他们做出绿色产品的选择。

4. 局限与展望

本研究从理论上分析了信息框架和环境态度对绿色广告有效性的交互效应，以及处理流畅性的中介效应，但仍存在不足之处。首先，该研究探讨了在定制化的背景下绿色广告的有效性，将传统的印刷广告作为研究材料。这虽然保证了本研究实验操作的纯度，但却降低了研究的外部有效性。其次，本研究仅从获得框架和损失框架的角度分析了信息框架对消费者的影响，但获得框架和损失框架只是信息框架的一部分，这意味着分析可以更全面。最后，本研究重点关注了信息框架与环境态度之间的交互效应对绿色广告有效性的影响，没有讨论其他可能影响绿色广告有效性的因素。

未来的研究应继续探讨外部广告刺激和消费者内在特征对绿色消费者行为的交互效应。首先，可以将研究对象由平面广告转变为电视和社交媒体上投放的多媒体广告。我们期待进一步验证基于不同的广告类型是否会得出与本研究中相同的结论。其次，可以引入更多的背景变量，如消费者过去的经历等。再次，可以使用其他的研究方法，如案例研究、实地研究或定性比较分析，进一步检验研究假设，提升研究的科学性。最后，本研究只考察了一个中介变量（处理流畅性），然而消费者的心理机制非常复杂，未来应增加更多的变量，进一步探讨广告信息政策对消费的影响。

四、研究二：绿色广告背景下信息框架与环境知识的交互作用对消费者的影响机制研究

（一）理论综述与研究假设

1. 信息框架与环境知识的交互效应对绿色广告有效性的影响

绿色广告的信息框架和消费者的环境知识水平共同构成了消费者对绿色广告认知和进行行为决策的基础（Jin & Han，2014）。以往的研究多从单一的方面对变量之间的关系进行分析，如在信息框架影响绿色广告有效性的研究中，盛光华等将绿色广告诉求与信息框架进行匹配，发现利他诉求与获得框架、利己诉求与损失框架相匹配时绿色广告对消费者的说服效果更佳；孙瑾和苗盼（2018）对解释水平与产品类型进行交互，发现当消费者处于高解释水平时，绿色广告的说服效果好于非绿色广告，而当消费者处于低解释水平时，非绿色广告的说服效果好于绿色广告。芈凌云等（2020）在对家庭节电行为的研究中将信息宣传框架与信息反馈框架相结合，发现社会规范信息和成本收益反馈进行交互能够更加有效地促进家庭长期的节电行为。在环境知识影响绿色广告有效性的研究中，Pratiwi 等（2018）以星巴克环保包装为例研究发现，消费者的环境知识水平能够有效提升其在观看完广告后购买的绿色产品意愿。Rahman 等（2019）在对孟加拉国居民观看节能灯泡广告的研究中得出了类似的研究结论，即环境知识能够提升消费者对于绿色产品的态度和购买意愿。本研究认为仅从信息框架或环境知识单一角度来讨论绿色广告对消费者的刺激是否有效都缺乏足够的解释力：仅从信息框架讨论，忽略了消费者的个人特质及其因个人特质所产生的差异化反应；而仅从环境知识讨论绿色广告的有效性，又忽略了外在刺激才是激活消费者心理过程的根本原因。所以，本研究将信息框架和环境知识结合起来，综合讨论信息框架和环境知识的交互效应对绿色广告有效性的影响。

在对信息框架和主观知识交互效应的研究中，Jin 和 Han（2014）认为具有不同主观知识的消费者对于不同信息框架的响应，及其对产品的购买意愿差异显著。主观知识较少的消费者，采用损失框架的广告会使其对食品安全问题产生更加强烈的反应。在对信息框架和客观知识交互效应的研究中，Kim 和 Park（2010）认为采用损失框架的广告，对于客观知识越多的消费者具有越强的说服力。Chin 等（2014）分别对信息框架和主观知识、信息框架和客观知识对消费

者购买意愿的影响进行研究发现：获得框架的信息在主观知识较多的情况下更有效，而损失框架的信息在主观知识较少的情况下更有效；与之对应，在客观知识较多的状态下，损失框架的信息更有效，而在客观知识较少的状态下，获得框架的信息更为有效。在对绿色广告有效性的影响上，主观环境知识的增加会使消费者更加坚定自身对环境保护的主观认知（Alba & Wesley，2000；Moorman et al.，2004），损失框架的信息会与消费者现有行为产生冲突，进而削弱消费者对绿色广告有效性的评价，进而负向影响绿色广告的有效性；反之，获得框架的信息会帮助消费者确认自身现有的行为，促使消费者对绿色广告产生认同，进而正向影响绿色广告的有效性。客观环境知识的增加会使消费者对绿色广告进行的评价更为理性（Voorbraak，1990）。在面对损失框架的信息时，一方面消费者会非常理性地判断不使用绿色产品将会给自身和环境带来的风险；另一方面损失框架的信息能够进一步激活消费者对于预防风险的偏好（Detweiler et al.，1999；Van't Riet et al.，2016），进而正向影响绿色广告对消费者的有效性。反之，在面对获得框架的信息时，更为理性的消费者会准确评估自身固有所得和采用绿色产品获得的利益之间的差距，若发现自身努力获得的利益较少，同时付出了更多的成本，则会降低购买绿色产品的可能性（高键等，2016），即严重地削弱绿色广告的有效性。根据以上推理，提出如下假设：

H1：信息框架和环境知识的交互效应对绿色广告有效性产生显著的影响。

H1a：在损失框架下，消费者的主观环境知识水平负向影响绿色广告有效性；在获得框架下，消费者的主观环境知识正向影响绿色广告有效性。

H1b：在损失框架下，消费者的客观环境知识水平正向影响绿色广告有效性；在获得框架下，消费者的客观环境知识负向影响绿色广告的有效性。

2. 真实性感知的中介作用

真实性感知（Perceived Authenticity）是指消费者从产品印象真实性角度进行的主观判断（Cinelli & LeBoeuf，2020）。在体验世界中，消费者选择购买还是不购买取决于他们对产品真实性的感知。这种真实性的感知主要体现在独创性、质量承诺和信誉、传统与风格的持久保持、稀缺性、神圣性和纯净度六个方面（Liao & Ma，2009）。随着新媒体营销的日益活跃，许多企业都将提升消费者的真实性感知作为营销活动开展的重点，学者们也在直播带货、AR营销等领域加以探索，认为真实性是提升广告效果和消费者购买意愿的关键变量（Shoenberger et al.，2020；Sung，2021；Van Esch et al.，2018）。真实、准确和真诚是消费者对于产品真实性的内在诉求。对于真实性的追求同时也体现了消费者的自我印象和世界观（Kim & Huang，2021）。现有研究发现，使用名人代言（Moulard et al.，2015）、历史传承可信度（Kim & Song，2020）、社会承诺和合法性（Fritz et al.，2017）等都有助于提升消费者对产品、广告或品牌的真实性感知。由此可见，提升消费者对产品真实性感知的关键是企业在营销过程中给予消费者值得信任的信息，而最为常见的信息即企业在产品广告中向消费者告知的其将获得的利益或是将产生的成本。消费者提升对产品的真实性感知有一个基本的前提，即消费者具备鉴别企业给予的信息是否为真的必要知识。消费者与产品相关的知识越多，其就越能准确地判断企业通过产品所给予的收益或产生的成本是不是可信的。

在本研究的情境下，企业极力想通过绿色广告唤起消费者对其所生产的绿色产品的兴趣，并向消费者传递信息。在此过程中，一方面向消费者传递信息的方式决定了产品是否能够引起消费者的关注，即绿色广告的信息框架承担了唤醒消费者关注产品的作用，但消费者的个体化差异决定了不同信息框架在不同消费者间存在唤醒效果差异；另一方面消费者对绿色产品的关注受自身环境知识的影响。消费者会因未知而好奇，会因已知而认同或反对。企业希望消费者通过广告能够感知到其产品所承诺的收益或避免的成本是真实的，即绿色广告信息框架和消费者环境知识的交互作用共同影响了消费者对绿色产品的真实性感知，而真实性感知又会对消费者的广告态度和购买产品的意愿产生正向影响（Cornelis & Peter，2017）。故而，本研究推断正是绿色广告的信息框架和消费者环境知识之间的交互作用对消费者对绿色广告的真实性感知产生了影响，进而影响了绿色广告的有效性。基于以上推理，提出如下假设：

H2：在信息框架与消费者环境知识的交互效应对绿色广告有效性的影响过程中，真实性感知起到中介作用。

本研究借鉴孙瑾和苗盼（2018）的方法将绿色广告有效性分解为绿色广告态度、绿色产品态度和绿色产品购买意愿三个子构念。其中，绿色广告态度是指消费者对绿色广告偏好倾向的情感类反应；绿色产品态度是指消费者对绿色产品偏好倾向的情感类反应；绿色产品购买意愿则是消费者购买绿色产品的可能性（Wang et al.，2020）。本研究的理论框架如图5-4所示。

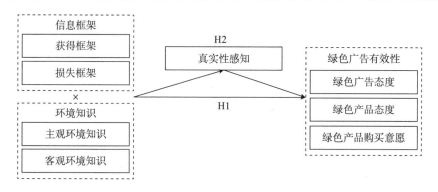

**图 5-4　绿色广告背景下信息框架与环境知识的交互作用对消费者的
影响机制研究的理论框架**

（二）实验一：信息框架与环境知识的交互效应对绿色广告有效性的影响

1. 实验目的

实验一的目的是验证信息框架与环境知识的交互效应对绿色广告有效性的影响，即验证 H1。自变量是信息框架（获得框架、损失框架）和环境知识（主观环境知识、客观环境知识），因变量是绿色广告有效性（绿色广告态度、绿色产品态度和绿色产品购买意愿）。

2. 实验过程

（1）实验设计和被试选择。实验一采用 2（获得框架 vs. 损失框架）×2（主观环境知识 vs. 客观环境知识）的组间实验设计模式。共 249 位通过线下招募的本科学生（其中男性 91 人，平均年龄 20.25 岁）被随机分配到 4 个实验组中，实验地点为中国南方某财经大学消费者行为实验室。

（2）实验材料。实验一采用日常生活中比较常见的可再生纸巾作为绿色产品的实验材料，为避免被试已有经验的影响，设计虚拟的可再生纸巾品牌。信息框架的启动材料借鉴 Septianto 等（2019）的研究，获得框架组和损失框架组信息材料的实质内容一样，区别在于获得框架组突出"收益"，而损失框架组突出"成本"。其信息内容来源于世界自然基金会（World Wide Fund For Nature，WWF）发布的 2018 年世界年度环境报告。主观环境知识的测量借鉴 Raju 和 Mangold（1995）的做法，被试被要求对自身分辨绿色产品的能力、判断绿色产品质量的能力、判断绿色产品所具有的环境效益的能力进行评价。这些项目以 5 分制评分，从非常差"1分"到非常好"5分"。除此之外，被试还需回答三个简短的问题，其中两个问题与个体对绿色产品进行回收的能力有关，使用从非常不熟练"1分"到非常熟练

"5分"的5点量表进行测量，第三个问题衡量了个体向他人推荐购买绿色产品的能力。同样采用5分制评分，从能力很差"1分"到能力很强"5分"。所有6个项目的总分，被视作消费者主观环境知识的度量，范围为6~30，Cronbach's α 值为0.904。客观环境知识的测量借鉴高键等（2016）和 Wang 等（2020）的做法，采用8道判断题进行测量，分别是：①可再生纸巾是可回收垃圾；②农用薄膜和塑料包装是白色污染物；③形成酸雨的主要原因是 CO_2 的过度排放；④废电池能够对环境和人体健康产生危害；⑤绿色食物是以安全、营养、高质量且无污染为特征；⑥焚烧农作物的秸秆不会污染环境；⑦过多的农药对环境不会产生危害；⑧用过的竹筷不是可回收垃圾。绿色广告有效性的测量涉及绿色广告态度、绿色产品态度和绿色产品购买意愿三个变量，其中绿色广告态度参考 MacKenzie 和 Lutz（1989）的做法，采用4个问项测量，分别是：①我觉得这则广告很好；②我觉得这则广告让我愉悦；③我喜欢这则广告；④这则广告的信息让人可信；绿色产品态度借鉴 Lee 和 Ang（2003）的做法，采用3个问项测量，分别是：①我认为可再生的纸巾是一个好产品；②我喜欢可再生的纸巾；③我对可再生的纸巾非常满意；绿色产品购买意愿借鉴 Ajzen（1991）的做法，采用3个问项测量，分别是：①我愿意收集和学习更多关于可再生纸巾的信息；②我想推荐我的亲朋好友一起购买可再生纸巾；③我想向我的家人介绍和推荐可再生纸巾。绿色广告有效性的度量方式采用李克特5点量表，其中"1"表示非常不同意，"5"表示非常同意。

（3）实验程序。被试进入实验室后被随机分配到各个组，随后主试人员告知被试要完成一个消费者行为测试，在测试过程中禁止大家相互交流。首先，请被试观看"芯语"品牌可再生纸巾的平面广告，获得框架组被试拿到的是突出"收益"的实验材料，损失框架组被试拿到的是突出"成本"的实验材料。为保证被试认真阅读了实验材料，我们针对实验材料增加了三道选择题，回答全部正确的被试的数据用于后续的分析，最终共有133人全部答对，其数据可以用于后续分析。其次，测试被试的环境知识水平，主观环境知识组被试拿到的是主观环境知识的测量问卷，客观环境知识组被试拿到的是客观环境知识的测量问题。再次，邀请被试填写"芯语"品牌可再生纸巾广告有效性（广告态度、产品态度和购买意愿）的测量问卷。最后，让被试填写自己的人口统计信息，实验结束对被试表示感谢并赠送价值10元的小礼物。

3. 结果分析

对 H1a 的检验采用单因素 ANOVA 和一般线性模型结合的方式进行，在正式分析前，将主观环境知识数据的均值 3.2759 作为等分点，高于均值为高主观环境知识组，低于均值则为低主观环境知识组。通过进一步的数据分析发现：就信息框架与主观环境知识的交互效应对消费者绿色广告态度的影响来看，其 F（3，54）= 4.923（p = 0.004<0.01），说明各组之间差异显著，在交互效应上，一般线性模型的分析结果显示其 F 值为 10.791（p = 0.002<0.01），说明交互效应显著。对各组均值进行独立样本 t 检验发现，在获得框架下，高主观环境知识组（M = 3.4773，SD = 0.8765，n = 11）在绿色广告态度上的得分显著高于低主观环境知识组（M = 2.7344，SD = 0.7330，n = 16），t（25）= -2.390，p = 0.025<0.05，Cohen's d = 0.919；在损失框架下，高主观环境知识组（M = 3.1164，SD = 0.6399，n = 15）在绿色广告态度上的得分显著低于低主观环境知识组（M = 3.7813，SD = 0.9525，n = 16），t（29）= 2.264，p = 0.031<0.05，Cohen's d = -0.819。对于信息框架与主观环境知识的交互效应对消费者绿色产品态度的影响，通过单因素 ANOVA 方法分析同样发现各组之间存在显著差异［F（3，54）= 3.746，p = 0.016<0.05］，在交互效应上，一般线性模型的分析结果显示其 F 值为 11.145（p = 0.002<0.01），说明交互效应显著。对各组均值进行独立样本 t 检验发现，在获得框架下，高主观环境知识组（M = 4.2424，SD = 0.5791，n = 11）在绿色产品态度上的得分显著高于低主观环境知识组（M = 3.4792，SD = 0.9187，n = 16），t（25）= -2.435，p = 0.022<0.05，Cohen's d = 0.994；在损失框架下，高主观环境知识组（M = 3.4889，SD = 0.8807，n = 15）在绿色产品态度上的得分显著低于低主观环境知识组（M = 4.1875，SD = 0.8071，n = 16），t（29）= 2.305，p = 0.029<0.05，Cohen's d = -0.827。对于信息框架与主观环境知识的交互效应对消费者绿色产品购买意愿的影响，通过单因素 ANOVA 方法分析同样发现各组之间存在显著差异［F（3，54）= 3.192，p = 0.031<0.05］，在交互效应上，一般线性模型的分析结果显示其 F 值为 9，205（p = 0.004<0.01），说明交互效应显著。对各组均值进行独立样本 t 检验发现，在获得框架下，高主观环境知识组（M = 4.000，SD = 0.7303，n = 11）在绿色产品购买意愿上的得分显著高于低主观环境知识组（M = 3.2917，SD = 0.7330，n = 16），t（25）= -2.094，p = 0.047<0.05，Cohen's d = 0.968；在损失框架下，高主观环境知识组（M = 3.0667，SD = 0.6808，n = 15）在绿色产品购买意愿上的得分显著低于低主观环境知识组（M = 3.8542，SD = 1.1924，n = 16），t（25）= 2.276，p = 0.032<0.05，Cohen's d = -0.811。因此，H1a 获得支持具体的影响示意图如图 5-5 所示。

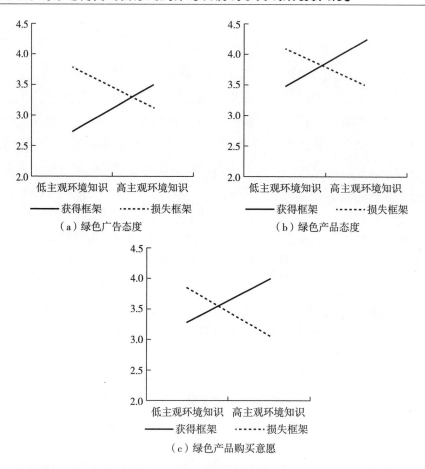

图5-5　信息框架与主观环境知识的交互效应对绿色广告有效性的影响

　　由于对被试客观环境知识与主观环境知识水平的测量采用不同的方式，所得结果的数据类型存在差异，故而在检验 H1b 时采用分组线性回归的方法。就信息框架与客观环境知识的交互效应对绿色广告有效性的影响来看，在获得框架下，消费者的客观环境知识对绿色广告的态度产生显著的负向影响（β=−0.360，t=−2.251，p=0.031<0.05，R^2=0.130，Adjust R^2=0.104，ΔR^2=0.130，F-change=5.069）；而在损失框架下，消费者的客观环境知识对绿色广告的态度产生显著的正向影响（β=0.403，t=2.682，p=0.011<0.05，R^2=0.163，Adjust R^2=0.140，ΔR^2=0.163，F-change=7.194）。采用非标准化参数斜率 Z 值对交互效应进行检验发现，Z 值为−3.425<−1.96，p<0.001，说明信息框架与客观环境知识的交互效应对消费者绿色广告态度的影响是显著的。同时结果还表明，在

获得框架下，消费者的客观环境知识对绿色产品的态度同样产生显著的负向影响（$\beta=-0.373$，$t=-2.346$，$p=0.025<0.05$，$R^2=0.139$，Adjust $R^2=0.114$，$\Delta R^2=0.139$，F-change$=5.503$）；而在损失框架下，消费者的客观环境知识对绿色产品的态度产生显著的正向影响（$\beta=0.462$，$t=3.173$，$p=0.003<0.01$，$R^2=0.214$，Adjust $R^2=0.193$，$\Delta R^2=0.214$，F-charge$=10.064$）。比较线性回归路径差异，Z 值为$-3.390<-1.96$，$p<0.01$，说明信息框架与客观环境知识的交互效应对消费者绿色产品态度的影响是显著的。另外，在获得框架下，消费者的客观环境知识对消费者的绿色产品购买意愿同样产生显著的负向影响（$\beta=-0.362$，$t=-2.264$，$p=0.030<0.05$，$R^2=0.131$，Adjust $R^2=0.105$，$\Delta R^2=0.131$，F-change$=5.127$）；而在损失框架下，消费者的客观环境知识对消费者的绿色产品购买意愿产生显著的正向影响（$\beta=0.391$，$t=2.583$，$p=0.014<0.05$，$R^2=0.153$，Adjust $R^2=0.130$，$\Delta R^2=0.153$，F-change$=6.671$）。比较线性回归路径差异，Z 值为$-3.161<-1.96$，$p<0.01$，说明信息框架与客观环境知识的交互效应对消费者绿色产品购买意愿的影响是显著的，因此，H1b 获得支持。具体的影响示意图如图 5-6 所示。

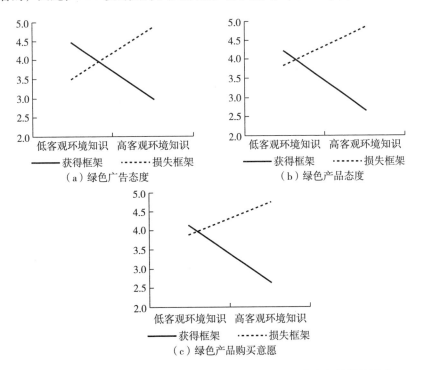

图 5-6　信息框架与客观环境知识的交互效应对绿色广告有效性的影响

4. 讨论

实验一验证了 H1，即信息框架与环境知识的交互效应对绿色广告有效性具有显著的影响。具体而言，在绿色广告信息的获得框架下，相比于较低主观环境知识水平的消费者，具有较高主观环境知识水平的消费者会在广告态度、产品态度和产品购买意愿上给予绿色广告非常正向的反馈；而这一点在消费者具有较高的客观环境知识水平后，则产生相反的结果，即消费者在获得框架下，客观环境知识越多，其在广告态度、产品态度和产品购买意愿上越会对绿色广告给予负向的反馈。这也说明相比于主观环境知识较多的消费者，此类消费者显得更为理性，些许技术进步带来的收益可能还无法促使其认可产品的绿色属性。而在损失框架下，相比具有较高主观环境知识水平的消费者，具有较低主观环境知识水平的消费者更可能在广告态度、产品态度和产品购买意愿上给予绿色广告正向的反馈，这与消费者依据客观环境知识做出的反应恰恰相反。这也说明了对于绿色产品的漠不关心者，损失总是比收益更加让人警醒。虽然实验一探讨了信息框架和环境知识的交互效应对绿色广告有效性产生的影响，然而对其内在的机制却没有进行深入的分析和探讨。因此，实验二将进一步探讨该影响的内部机制。

（三）实验二：真实性感知的中介作用

1. 实验目的

实验二仍以获得框架和损失框架作为信息框架的分类，在再次验证 H1 的基础上，通过量表测量真实性感知的中介作用，即验证 H2。自变量是信息框架（获得框架、损失框架）和环境知识（主观环境知识、客观环境知识），因变量是绿色广告有效性（绿色品牌态度、绿色产品态度和绿色产品购买意愿），中介变量是真实性感知。

2. 实验过程

（1）实验设计及被试选择。实验二同样采用 2（获得框架 vs. 损失框架）×2（主观环境知识 vs. 客观环境知识组）的组间实验设计模式。共 408 位 MBA 学生（其中男性 151 人，平均年龄 26.96 岁）被随机分配到 4 个实验组中，实验地点为中国南方某财经大学消费者行为实验室。所有参与本实验的被试在完成实验后可获得价值 10 元的小礼物作为酬谢。

（2）实验材料。实验二采用节水洁具作为绿色产品的实验材料，为避免被试已有经验的影响，设计虚拟的节水洁具品牌。信息框架的启动方式采用 Baek和 Yoon（2017）的启动方式。获得框架组和损失框架组的信息材料的实质内容一样，区别在于获得框架组突出"得到"，而损失框架组突出"失去"，其信息来源为 Baek 和 Yoon（2017）所使用的实验素材。环境知识的测量借鉴 Dursun 等（2019）对主观环境知识和客观环境知识的操纵策略。其中，主观环境知识量表由 Carmi 等（2015）和 Pablo（2015）两个研究中关于主观环境知识的 5 个问项组成，所有的问项都以节水为背景，分别是：①我认为我了解造成水资源浪费的原因；②我觉得我知道解决水资源浪费的办法；③我对水资源浪费问题非常了解；④我在节能方面比一般人懂得都多；⑤我相信我知道如何减少能源消耗。问项的度量方式采用李克特 5 点量表，其中"1"代表完全不认同，"5"代表完全认同。客观环境知识量表参考 Pablo 等（2015）关于节水和节能的问项，分别是：①下列哪种行为会浪费水资源；②下列选项中哪种能源不是可再生能源；③淋浴大约 5 分钟要用多少水；④在中国，一个人平均每天要使用多少水；⑤洗澡时填满一个浴缸需要多少水；⑥产品的碳足迹是指什么；⑦温室效应是指什么；⑧下列哪种行为可以缓解温室气体排放。度量采用单项选择题（每题三个选项），答对得 1 分，打错或未答为"0"分，所有题目相加后为被试的客观环境知识分数。真实性感知的测量借鉴 Napoli 等（2014）和 Morhart 等（2015）的做法，设置 9 个问项，分别是：①质量是该品牌的核心；②品牌以最严格的标准制造产品，公司所做的一切旨在提高节水质量；③该品牌以最严格的质量标准制造；④品牌仍然忠实于其崇高的价值观；⑤该品牌坚持其原则；⑥这个品牌兑现了它的承诺；⑦这个品牌的产品广告宣传是可信的；⑧这个品牌的名字是值得信赖的；⑨这个品牌没有虚构任何它不具备的属性。绿色广告有效性的测量采用与实验一同样的方式。真实性感知和绿色广告有效性问题的度量采用李克特 5 点量表，其中"1"表示非常不同意，"5"表示非常同意。

（3）实验程序。被试进入实验室后被随机分配到各个组，随后主试人员告知被试要完成一个消费者行为测试，在测试过程中禁止大家相互交流。首先，请被试观看"新雅"品牌节水洁具的平面广告，获得框架组被试拿到的是突出"得到"的实验材料，损失框架组被试拿到的是突出"失去"的实验材料。其次，测量被试的环境知识水平，主观环境知识组被试拿到的是主观环境知识的测量问卷，客观环境知识组被试拿到的是客观环境知识的测量问卷。再次，邀请被试填写真实性感知和"新雅"牌节水洁具广告有效性（绿色广告态度、绿色产品态度和绿色产品购买意愿）的测量问卷。最后，让被试填写自己的人口统计信息，实验结束对被试表示感谢。

3. 结果分析

采用 ANOVA 和一般线性模型对 H1 再次进行检验。在信息框架与主观环境知识对绿色广告有效性的影响分析上，首先对主观环境知识进行分组数据处理，取均值 3.5789 作为分界点，高于均值为高主观环境知识组，低于均值为低主观环境知识组。

通过进一步分析发现，在信息框架与主观环境知识的交互效应对消费者绿色广告态度的影响上，F（3,236）= 6.119，p = 0.001<0.01，说明各组之间存在显著差异。一般线性模型的结果显示，主观环境知识和信息框架的交互效应对消费者绿色广告态度的影响显著，交互项的 F 值为 17.045，p<0.001。采用独立样本 t 检验对各组之间的差异进行进一步分析发现，在获得框架下，相比于低主观环境知识组（M = 3.1815，SD = 0.6268，n = 73），高主观环境知识组的消费者（M = 3.6979，SD = 0.7666，n = 48）具有更高的绿色广告态度 [t（119）= -4.055，p<0.001，Cohen's d = -0.738]；而在损失框架下，相比于低主观环境知识组（M = 3.6632，SD = 0.9318，n = 72），高主观知识组的消费者（M = 3.2500，SD = 1.0847，n = 47）具有更低的绿色广告态度 [t（117）= 2.215，p = 0.029<0.05，Cohen's d = 0.409]。信息框架与主观环境知识的交互效应对消费者绿色产品态度的影响与对消费者绿色广告态度的影响类似，其 F（3,236）= 7.572，p = <0.001，说明各组之间存在显著差异。一般线性模型的结果显示，主观环境知识和框架效应的交互效应对消费者绿色产品态度的影响显著，交互项的 F 值为 21.343，p<0.001。采用独立样本 t 检验对各组之间的差异进行进一步分析发现，在获得框架下，相比于低主观环境知识组（M = 3.1689，SD = 0.5587，n = 73），高主观环境知识组的消费者（M = 3.7292，SD = 0.7101，n = 48）具有更高的绿色产品态度 [t（119）= -4.840，p<0.001，Cohen's d = -0.849]；而在损失框架下，相比于低主观环境知识组（M = 3.3.6574，SD = 0.8881，n = 72），高主观环境知识组的消费者（M = 3.2340，SD = 1.0562，n = 47）具有更低的绿色广告态度 [t（117）= 2.3575，p = 0.020<0.05，Cohen's d = 0.434]。在信息框架与主观环境知识的交互效应对消费者绿色产品购买意愿的影响上，F（3,236）= 8.936，p≤0.001，说明各组之间存在显著差异。一般线性模型的结果显示，主观环境知识和信息框架的交互效应对消费者绿色产品购买意愿的影响显著，交互项的 F 值为 23.175，p<0.001。采用独立样本 t 检验对各组之间的差异进行进一步分析发现，在获得框架下，相比于低主观环境知识组（M = 3.0959，

SD＝0.5786，n＝73），高主观环境知识组的消费者（M＝3.7083，SD＝0.8269，n＝48）具有更高的绿色产品购买意愿［t（119）＝－4.794，p＜0.001，Cohen's d＝－0.858］；而在损失框架下，相比于低主观环境知识组（M＝3.6991，SD＝0.8688，n＝72），高主观环境知识组的消费者（M＝3.2553，SD＝1.0750，n＝47）具有更低的绿色产品购买意愿［t（117）＝2.477，p＝0.015＜0.05，Cohen's d＝0.454］。以上结论再次验证了H1a。

此处检验信息框架与客观环境知识的交互效应对绿色广告有效性的影响与实验一采用分组线性回归的方法。在获得框架下，消费者的客观环境知识对绿色广告态度（β＝－0.246，t＝－2.240，p＝0.028＜0.05，R^2＝0.060，Adjust R^2＝0.048，ΔR^2＝0.060，F－change＝5.019）、绿色产品态度（β＝－0.222，t＝－2.006，p＝0.048＜0.05，R^2＝0.049，Adjust R^2＝0.037，ΔR^2＝0.049，F－change＝4.025）和绿色产品购买意愿（β＝－0.246，t＝－2.239，p＝0.028＜0.05，R^2＝0.060，Adjust R^2＝0.048，ΔR^2＝0.060，F－change＝5.012）都产生了显著的负向影响。而在损失框架下，消费者的客观环境知识对绿色广告态度（β＝0.232，t＝2.209，p＝0.031＜0.05，R^2＝0.054，Adjust R^2＝0.043，ΔR^2＝0.054，F－change＝4.879）、绿色产品态度（β＝0.294，t＝2.856，p＝0.005＜0.01，R^2＝0.087，Adjust R^2＝0.078，ΔR^2＝0.097，F－change＝8.159）和绿色产品购买意愿（β＝0.305，t＝2.971，p＝0.004＜0.01，R^2＝0.093，Adjust R^2＝0.083，ΔR^2＝0.093，F－change＝8.830）产生了显著的正向影响（见图5-8）。运用非标准化参数斜率Z值对交互效应进行检验发现，Z值分别为－3.135、－3.451、－3.689，其绝对值都大于1.96，表明交互效应显著。以上结果再次验证了H1。

在中介效应分析上，采用Hayes（2013）所提出的Process 3.5对真实性感知进行分析，因为考虑到将信息框架和主观环境知识的交互效应作为研究变量，其中消费者的主观环境知识、真实性感知、绿色广告态度、绿色产品态度以及绿色产品购买意愿是连续变量，而信息框架为分类变量，故而选择Model 8作为分析模型，同时考虑交互效应对因变量和中介变量的双重影响，设置Bootstrap抽样次数为5000次，置信区间为95%。结果显示：信息框架与主观环境知识的交互效应对真实性感知存在显著的影响，其效应值为－0.5229（SE＝0.1392，t＝－3.7568，p＝0.0002＜0.001，LLCI＝－0.7971，ULCI＝－0.2487，R^2＝－0.084，ΔR^2＝0.0548）。这说明消费者在主观环境知识和不同信息框架的影响下，对绿色产品真实性的感知是存在差异的，相比于损失框架，消费者的主观环境知识在获得框架下更容易提升其对绿色产品的真实性感知。在真实性感知对信息框架与消费者主观环境知识对绿色广告有效性影响的中介效应上，结果显示：在获得框架下，真实性感知在主观环境知识对绿色广告态度（LLCI = 0.2037，ULCI = 0.4937）、绿色产品态度（LLCI = 0.1801，ULCI = 0.4470）与绿色产品购买意愿（LLCI = 0.1804，ULCI = 0.4606）的影响中都显示出了显著的间接效应，部分证明了H2；在损失框架下，真实性感知在主观环境知识对绿色广告态度（LLCI = −0.2526，ULCI = 0.1557）、绿色产品态度（LLCI = −0.2354，ULCI = 0.1413）与绿色产品购买意愿（LLCI = −0.2321，ULCI = 0.1390）影响中的间接效应则不显著。综上所述，在不同的情况下，真实性感知在消费者的心理路径中所体现的作用是存在差异的，即在获得框架下，真实性感知在消费者主观环境知识对绿色广告有效性影响中的部分中介效应成立，而在损失框架下，这种中介效应则是不显著的。

同样采用 Process 3.5 中的 Model 8 对真实性感知在信息框架与客观环境知识的交互效应对绿色广告有效性影响的中介效应进行检验。5000 次 Bootstrap 抽样结果显示：信息框架与客观环境知识的交互效应对真实性感知存在显著的影响，其效应值为 0.3320（SE = 0.0974，t = 3.4091，p = 0.0008<0.001，LLCI = 0.1397，ULCI = 0.5243，R^2 = 0.068，ΔR^2 = 0.066）。这同样证明了消费者在客观环境知识和不同信息框架的影响下，对绿色产品真实性的感知是存在差异的，相比于获得框架，消费者的客观环境知识在损失框架下更容易提升其对绿色产品的真实性感知。而在真实性感知对信息框架效应与客观环境知识的交互效应对绿色广告有效性影响的中介效应上，结果显示：在获得框架下，真实性感知在消费者客观环境知识对绿色广告态度（LLCI = −0.3150，ULCI = −0.0653）、绿色产品态度（LLCI = −0.2899，ULCI = −0.0588）和绿色产品购买意愿（LLCI = −0.2741，ULCI = −0.0575）的影响中的中介作用显著；在损失框架下，真实性感知在消费者客观环境知识对绿色广告态度（LLCI = 0.0244，ULCI = 0.2494）、绿色产品态度（LLCI = 0.0210，ULCI = 0.2361）和绿色产品购买意愿（LLCI = 0.0180，ULCI = 0.2308）影响中的中介作用同样显著。H2 同样获得部分支持。

4. 讨论

实验二再次验证了实验一所得到的研究结果，即在损失框架下，消费者的主观环境知识水平负向影响绿色广告有效性，而客观环境知识正向影响绿色广告有效性；在获得框架下，消费者的主观环境知识能够正向影响绿色广告有效性，而客观环境知识能够负向影响绿色广告有效性。同时在获得框架下，真实性感知无论是在主观环境知识还是在客观环境知识对绿色广告有效性影响中的中介效应都是显著的，而在损失框架下，真实性感知虽然在客观环境知识对绿色广告有效性影响中的中介效应显著，但是在主观环境知识对绿色广告有效性影响中的中介效应却是不显著的。以上结果证实了消费者的不同环境知识类型和绿色广告信息框架的交互效应对绿色广告有效性的影响，其逻辑是通过提高消费者对广告真实性的感知，进而提升绿色广告对消费者的说服力。这也与 Shoenberger 等（2020）、Sung（2021）和 Spina 等（2018）提出的真实性是提升广告效果和消费者购买意愿的关键变量的观点相一致。虽然实验二的研究结果与理论推演存在部分差异，但是这正说明了主观环境知识和客观环境知识对消费者行为决策的影响差异。主观环境知识反映消费者的主观信心，面对绿色广告信息的损失框架，消费者更多的是依据自身的情况对绿色产品进行主观判断，而非客观感知其真实性。反之，客观环境知识反映消费者的客观认知，引导消费者客观感知绿色产品的真实性。

（四）结论、贡献及启示

1. 研究结论

如何使绿色广告更加有效，之前的研究已经从多个角度给出了不同的结论。然而，这些研究或是从绿色广告的信息框架效应角度，或是从消费者受绿色广告刺激的心理机制角度讨论这一问题，都是仅关注此问题的一个方面，难以对这个问题进行相对完整和更具说服力的解释。本研究以此出发，力图将绿色广告的外在刺激（框架效应：获得框架 vs. 损失框架）和内在知识（环境知识：主观环境知识 vs. 客观环境知识）纳入同一个框架里进行分析，以得出一些关于提升绿色广告有效性的较为新颖的结论。通过两个实验，本研究证明了绿色广告的信息框架会与消费者内在的环境知识产生交互效应，进而影响绿色广告的有效性。实验一得出：在获得框架下，消费者的主观环境知识会正向影响绿色广告有效性，而客观环境知识会负向影响绿色广告有效性；而在损失框架下，消费者的主观环境知识会负向影响绿色广告有效性，而客观环境知识会正向影响绿色广告有效性。实验二进一步验证了实验一的结论，同时论证了真实性感知在信息框架与环境知识的交互效应对绿色广告有效性影响中的中介效应，特别指出在损失框架下，真实性感知在主观环境知识对绿色广告有效性影响中的中介效应不显著。以上结果再次证明，对具有不同环境知识水平的消费者应采用不同的信息框架，以提升绿色广告有效性。

2. 理论贡献

首先，本研究将环境知识区分为主观环境知识和客观环境知识，解释了以往研究在环境知识作用上产生的矛盾。环境知识对绿色消费行为的影响是正向的、负向的还是无显著关系，学者们得出了不同的研究结论。本研究通过从主观和客观两个方面对环境知识进行区分，认为客观环境知识反映消费者对绿色环境问题的客观认知，而主观环境知识反映消费者对绿色环境问题的主观信心，并通过实证检验区分了主观环境知识和客观环境知识在影响消费者接受和认可绿色广告过程中存在的差异。相关研究结论能够在一定程度上解释之前研究存在的冲突，深化了对环境知识这一构念的认识，拓宽了现有对环境知识的研究视野。

其次，本研究探索了绿色广告的信息框架和消费者环境知识之间的交互效应对绿色广告有效性的匹配关系，进一步完善了关于绿色广告有效性的已有研究结论。已有的研究或是单从信息框架方面，或是单从环境知识方面探讨了如何使绿色广告有效，本研究整合了以上思想，指出绿色广告的有效性受到绿色广告的信息框架（获得框架 vs. 损失框架）和消费者自身环境知识（主观 vs. 客观）的交互作用的影响，并区分了在信息框架和环境知识不同的匹配组合下绿色广告有效性的差异。

最后，本研究分析了真实性感知在信息框架与环境知识交互效应对绿色广告有效性影响关系间的中介效应。本研究再次确认了真实性感知对于消费者通过绿色广告认可绿色产品的重要性，探讨了信息框架和环境知识不同的匹配组合下真实性感知对绿色广告有效性的中介效应，可引导现有研究聚焦"真实性"这一影响绿色广告有效性的关键变量。可见，本研究结论进一步深化了学界对绿色广告和绿色产品相关问题的认识、明确了新的研究着眼点。

3. 营销启示

本研究的营销启示主要有如下三点：首先，本研究能够为企业定制化投放绿色广告提供理论指导。目前企业通过定制化广告推广产品的方式大都是以采集消费者的行为数据为依托，运用机器学习、深度学习等算法向消费者推荐与之搜索相关联的广告和产品，虽然这提高了消费者搜索产品的效率，但是缺乏对消费者行为产生的深层次心理原因的认知。消费者对绿色广告和产品的心理认知建立在消费者已有的知识基础上，而本研究得到的关于绿色广告信息框架和消费者环境知识交互效应对绿色广告有效性的影响的结论，能够弥补企业在推行定制化绿色广告时底层算法所存在的对消费者心理认知的不足。企业可以借助工具对消费者的环境知识水平从主观和客观两个方面进行测量，选择能有效促进消费者对广告产生正向反应的广告框架模式，进而提升绿色广告的有效性和消费者对绿色产品的购买意愿。其次，本研究突出了消费者既定环境知识对绿色广告有效性的重要性。无论是基于对环境客观认知的客观环境知识，还是基于消费者自信的主观环境知识，都是消费者认可绿色广告，并进行绿色产品购买决策的关键影响因素。因而，企业在绿色产品的推广过程中，应在营销职能之外，充分发挥对消费者的绿色教育职能，提升消费者对于绿色产品的客观认知，增强消费者选择绿色产品时的主观信心。最后，企业应在绿色广告设计过程中，将提升消费者对于产品真实性的感知放在重要地位。消费者对绿色广告所宣传的绿色产品或行为的真实性的感知是其对广告给予良性评价的重要影响因素，尤其是在消费者的客观环境知识日益提升的情况下。因此，企业在向消费者传递其绿色产品所具有的价值时，应充分展示产品所具有的绿色属性的真实性，并让消费者能够凭借自身的环境知识识别和认可这一真实性。

第二节　公众获知策略对消费者绿色产品价格敏感度的影响研究

一、问题提出

随着生态环境恶化对人们生活的影响不断加深，如何从消费视角降低对环境的影响得到社会和学界的广泛关注，以低碳环保为标志的绿色产品也日益受到消费者的青睐。已有研究分别从情感、意愿和能力视角，分析消费者接受和选择绿色产品的心理机制，隐含的内在逻辑是当消费者受到相应的情感刺激、具有对应的能力以及较强的消费意愿时，绿色产品的选择和购买便顺理成章。然而在现实生活中，绿色产品的推广和销售步履维艰，一个最为核心的问题便是相比于一般产品，绿色产品的价格往往更为高昂，这严重阻碍了消费者对绿色产品的选择和采用。那么，在不降低绿色产品价格的基础上，如何降低消费者对绿色产品价格的敏感程度，便成为"破局"的关键。

价格敏感度（Price Sensitive）是指在产品价格上涨后，个体在产品购买数量、购买可能性和支付意愿上的变动程度（Wakefield & Inman，2003）。已有研究发现，影响价格敏感度的因素大致可分为企业因素和消费者因素两类。企业因素包括产品质量（Rao & Monroe，1989）、品牌信誉（Erdem et al.，2002）、产品国别身份（Gao et al.，2018）、单位定价（Yao & Oppewal，2016）等；消费者因素包括社会背景、收入状况（Wakefield & Inman，2003）以及顾客满意度（Low et al.，2013）等。对于一般商品而言，消费者在对产品的价格敏感度较低时，其购买数量、购买可能性和支付意愿会显著高于其对产品的价格敏感度较高时。故而，对于消费者的购买决策，价格敏感度极为重要（Dodds et al.，1991）。而从绿色产品购买的决策过程来看，消费者购买绿色产品行为的产生不仅是其个人决策过程的行为体现，更是一种社会互动的结果。与消费者进行社会互动的对象包括其所属社会群体（陈凯、彭茜，2014）、身边的重要他人（劳可夫，2013），甚至是更为广泛的普通公众。消费者的绿色产品购买行为被公众知晓是这种社会互动的开端，并直接影响消费者后续行为的产生和发展。可以说，正是诸如此类消费者与公众的互动程度的差异构成了消费者购买绿色产品的不同情境。而不同的情境，正是影响消费者价格敏感度的重要因素（Wakefield & Inman，2003）。

基于此，本节试图从消费者的绿色产品决策是否被公众知晓这一情境入手，引入公众获知（Public Recognition）这一构念，分析公众获知对消费者绿色产品价格敏感度的影响，以及消费者绿色产品价格敏感度与自我建构和时间距离等变量的关系。故而本节的研究整体安排如下：首先，对重要构念及构念间的关系进行理论回顾，并提出研究假设；其次，在实验一中采用实验法讨论公众获知和绿色产品价格敏感度之间的关系，以及自我建构的调节效应；再次，在实验二 A 中采用问卷调查法和实验法结合的方式进一步论证实验一所验证的假设，并为实验二 B 建立数据库基础，在实验二 B 中验证并讨论独立型自我建构以及时间距离对消费者绿色产品价格敏感度的溢出效应和倒 U 形调节效应；最后，对研究取得的研究结论进行归纳和总结，并提出具体的管理启示，讨论研究存在的不足及未来的研究设想。

二、理论基础及研究假设

公众获知是指个体采取某项行为决策或进行某项行为时被他人得知的程度（Simpson et al.，2018）。公众获知可以是正式的，如以捐赠人名字给建筑物命名

（Harbaugh，1998），或在报纸和杂志上刊登某人的名字（Argo et al.，2006；Basil et al.，2009）等；也可以是非正式的，如捐赠行为被他人知晓（White & Peloza，2009）等。从印象管理理论视角来看，消费者的行为被公众获知的程度越高，其越能意识到自身行为在被他人观察和评价，故而越会关注自身的形象，并力求给他人留下较好的印象（Argo et al.，2006；Kristofferson et al.，2013）。可见，在行为决策时将消费者置于公众获知的情境下，能够直接影响消费者行为的产生。之前的研究也证明了这一观点，表明当人们被公众获知时，他们可能会做出更多的捐赠行为（Bénabou & Tirole，2006；Karlan & McConnell，2014；Simpson et al.，2018）。

在绿色消费情境下，已有研究从多个角度论证了社会公众对消费者绿色消费行为产生的影响，如规范激活理论认为消费者的绿色消费行为受到社会规范的影响（Rettie et al.，2014），计划行为理论认为消费者的主观规范，即身边的重要他人能够影响消费者的绿色环保行为（高键等，2016；劳可夫，2013）。公众获知产生的效果介于社会规范和主观规范之间，即消费者在社会规范的影响之下，也可能受到其他人的影响，其他人包括主观规范所涉及的身边的重要他人，但更多的是普通公众（如路人等），表现为消费者的绿色产品购买意图或行为被其他消费者观察到，产生的结果是直接影响消费者后续绿色消费的决策行为。就公众获知与消费者对绿色产品的价格敏感度的关系来看，消费者在选择绿色产品的时候，如果其购买绿色产品的意愿或行为（如观察、挑选、查询信息等）被其他消费者所观察到，即使绿色产品的价格相比一般产品更高，消费者出于给他人留下更好印象的目的需要，也极大可能会产生购买绿色产品的行为。此时，消费者对绿色产品的价格敏感度会降低，即公众获知降低了消费者对绿色产品的价格敏感度。基于以上理论与逻辑分析，本研究提出如下假设：

H1：公众获知能够负向影响消费者对绿色产品的价格敏感度。

自我建构（Self-construction）是指个体在认识自我时，会将自我放在何种参照体系中进行认知的一种倾向（Markus & Kitayama，1991）。根据自我与他人之间的社会关系，自我建构被分为独立型自我建构与相依型自我建构两种类型：独立型自我建构的个体更加关注自身的独特性，追求个人的独立自主，与之相对应的自我表征多涉及个人、特质、能力和偏好；相依型自我建构的个体则更加关注自身与他人之间的关系，期望获得良好的人际关系，与之对应的自我表征多涉及人际交往等（Markus & Kitayama，1991）。已有研究发现，不同类型自我建构的个体在许多因素上都存在较为显著的差异。例如，在认知风格上，独立型自我建构个体的认知风格倾向于分析性，即倾向于将事物从环境中分离出来，而相依型自我建构个体的认知风格倾向于整体性，即倾向于将环境看作一个整体（Krishna et al.，2008；Nisbett et al.，2001）；在人际关系上，独立型自我建构的个体更多地体现为以自我为中心，而相依型自我建构的个体更多地体现为以他人为中心（Imamoglu，2003）；在社会比较上，独立型自我建构的个体倾向于产生对比效应；而相依型自我建构的个体则倾向于产生同化效应（Cheng & Lam，2007；Gardner et al.，1999；Stapel & Koomen，2001）；在具体的行为差异上，有研究认为独立型自我建构的个体在与己相关的行为，如储蓄倾向（潘黎等，2013）、消费意愿（曾世强等，2015）、产品危害信息隐藏可能性（Akpinar et al.，2018）以及产品独特性评价（王海忠等，2012）等方面，相比相依型自我构建的个体具有更强的行为意愿。可见，自我建构在不同情境下被启动后，会使个体在认知风格、人际关系、社会比较和消费行为等诸多方面产生截然不同的变化，故而设计不同的情境，能够驱动消费者进入不同的自我建构模式，促进消费者产生对应的行为结果。

在自我建构、公众获知和消费者绿色产品价格敏感度三者之间的关系方面，Gifford 和 Nilsson（2014）认为自我概念是亲环境行为的重要影响因素；熊小明等（2019）发现目标进展信息和未来自我联结的交互对消费者复购环保产品的意愿有积极影响；Mancha 和 Yoder（2015）认为自我建构与影响消费者产生绿色消费意愿的绿色主观规范、环境保护态度和绿色感知行为控制相关；盛光华等（2018）发现在绿色消费情境下，相比于相依型自我建构，独立型自我建构的消费者表现出更低的绿色购买意向。这说明不同情境下自我建构的启动类型不同，其对消费者购买绿色产品的意向的影响也会存在强弱之分。而价格敏感度是消费意愿的重要前因变量（Dodds et al.，1991），所以不同情境下消费者自我建构的启动类型不同，其对绿色产品价格的敏感度也不同。在相依型自我建构条件下，消费者对绿色产品的价格敏感度受到消费者所属社会关系的影响；反之，在独立型自我建构条件下，消费者对绿色产品的价格敏感度受到消费者自身独立需求的影响。而将消费者的绿色环保活动置于公共视野中，即让公众获知，其所产生的绿色消费行为是一种置于社会关系情境的消费行为，故而在不同类型的自我建构条件下，公众获知对消费者绿色产品价格敏感度的影响存在差异。具体而言，当消费者的意愿或行为被公众获知后，相依型自我建构的消费者会从其所属社会关系的角度考虑，降低自身对绿色产品的价格敏感度，而独立型自我建构的消费者则更会从自身内在需求出发，考虑绿色产品所具有的实际效用及其与普通产品相比更为高昂的价格，具有更强的价格敏感度。基于以上理论与逻辑分析，本研究提出如下假设：

H2：自我建构在公众获知影响消费者绿色产品价格敏感度的过程中起调节作用，即相比于相依型自我建构，独立型自我建构的消费者在受到公众获知影响后，对绿色产品具有更强的价格敏感度。

已有研究发现消费者的绿色消费行为发生后，会对其后续行为产生负向的溢出效应。负向的溢出效应主要体现在消费者在进行环保行为后，会产生更强的享乐型消费倾向（吴波等，2016）、对于绿色基金的支持度降低（Truelove et al.，2016）、产生补偿与催化信念（Capstick et al.，2019）、用电量更多（Xu et al.，2018）等方面。对于产生这种现象的原因，部分研究认为应归结为消费者对自身之前亲环境行为的"许可"效应，即个体先前的绿色消费行为会允许其后续的非绿色行为。而从消费者的自我建构角度来看，这种现象的产生可能更受其行为诉求的影响。独立型自我建构的消费者在其前次行为被公众获知后，相比于相依型自我建构的消费者，更多地依据其内心真实的诉求，而非社会关系诉求来决策其是否需要再次做出类似的行为。绿色产品具有环保型特征，消费者对绿色产品的购买和使用符合主流社会意识的期待，从此角度来看，绿色产品同时也是一种社会性产品。然而，绿色产品相比于非绿色产品更为昂贵，这一直是阻碍消费者购买绿色产品的一个关键因素。故而，相比于相依型自我建构的消费者，独立型自我建构的消费者在受到公众获知的影响降低绿色产品价格敏感度并产生绿色购买行为后，其新的绿色产品购买行为决策更易受其个人内在需求的影响，即与前次消费行为相比较，公众获知对消费者绿色产品价格敏感度的影响更弱，表现为行为决策比之前更易受到绿色产品价格的影响，进而延迟购买绿色产品或转而购买价格更为低廉的非绿色产品。基于以上理论与逻辑分析，本研究提出如下假设：

H3：在公众获知的影响下，相比于初次购买绿色产品，具有较强独立型自我建构倾向的消费者再次购买绿色产品时表现出更强的价格敏感度。

解释水平理论（Construal Level Theory，CLT）认为人们对事件的表征有不同的抽象水平。对事件进行抽象的、本质的表征，被称为高解释水平；反之，对事件进行具体的、表面的表征，被称为低解释水平。高解释水平会促进个体对行为目标及其价值的评估；低解释水平则会促进个体对可得性进行评估，即对完成目标的手段及其难易程度进行关注（Fujita et al.，2008；张玥等，2018）。当个体知觉事件的心理距离较远时，倾向于对事件进行高解释水平的表征；当个体知觉事件的心理距离较近时，则倾向于对事件进行低解释水平的表征。一般认为，心理距离包括时间距离、空间距离、社会距离和假设性四个维度。其中，时间距离是较早受到学者关注的，并在消费者的日常决策过程中发挥着重要的作用。解释水平理论认为时间距离通过影响个体对事物或客体的解释水平进而影响个体的偏好、预期、判断及行为（Liberman & Trope，2008；Trope & Liberman，2010）。当时间距离较远时，个体倾向于抽象地解释事件或客体，即目标的价值层面；反之，当时间距离较近时，个体则倾向于具体地解释事件或客体，即目标的可行性层面。

在时间距离与绿色消费行为的关系上，Fujita 等（2008）发现在考虑环保价值属性时，远期购买情境下被试更加积极，而在近期购买情境下，可操作性对消费者评价产品的影响更大。这就意味着消费者在远期更加关注绿色产品的环境价值属性，而在近期则更加关注绿色产品的功能和易得属性（2008）。王财玉等（2017）在对绿色创新产品研究的过程中认为产生上述问题是由于在远期购买绿色产品时消费者处于道德驱动下，而在近期购买绿色产品时，消费者则处于人际驱动下，故而在不同的事件解释水平下，其购买绿色产品的意向存在差异。张玥等（2018）则从事件解释水平与自我控制的关系上从另一个侧面分析了消费者购买行为差异产生的原因，认为在高解释水平下，个体易表现出高的自我控制，从而忽略产品暂时性的立即结果，而从更加全面的角度来权衡产品给自身、群体和社会带来的利益。反映在消费者对绿色产品的价格敏感度上，则体现为在高解释水平下，消费者对绿色产品具有较低的价格敏感度，而在低解释水平下，消费者对绿色产品具有较高的价格敏感度。在本研究中，就公众获知对消费者绿色产品价格敏感度的影响来看，若消费者再次购买绿色产品与初次购买该产品的时间距离较短，即消费者对绿色产品的评价处于低解释水平，则消费者对绿色产品的价格敏感度较高；反之在消费者再次购买绿色产品与初次购买绿色产品的时间距离较长时，则消费者对绿色产品的评价处于高解释水平，即消费者对绿色产品的价格敏感度更低。考虑到消费者在自我建构上的差异，独立型自我建构倾向较强的消费者相比于独立型自我建构倾向较弱的消费者，其更加关注产品给其本身所带来的功能性利益。在消费者初次由于公众获知等社会压力因素影响对绿色产品进行购买后，若再次购买绿色产品与初次购买绿色产品的时间距离较短，则消费者对绿色产品的评价处于低解释水平，表现出更高的价格敏感度，此时若消费者独立型自我建构的倾向较强，则会使这一过程叠加，产生消费者对绿色产品的价格敏感度复合性增强的现象。反之，当再次购买绿色产品与初次购买绿色产品的时间距离较长，则消费者对绿色产品的评价处于高解释水平，表现出相对较低的价格敏感度，此时即使消费者具有较强的独立型自我建构倾向，但是由于消费者对绿色产品的评价处于高解释水平，其自我控制能力更强，故而其对绿色产品的价格敏感度并不会产生显著的改变，即由于这种时间距离上的差异，消费者对绿色产品的价格敏感度表现为一种倒 U 形的变化态势。基于以上理论与逻辑分析，本研究提出如下假设：

H4：在公众获知的影响下，具有较强独立型自我建构倾向的消费者在再次购买绿色产品时的价格敏感度随时间距离变化呈倒 U 形变化趋势，即再次购买绿色产品与初次购买绿色产品的时间距离较短时消费者对绿色产品的价格敏感度显著上升，再次购买绿色产品与初次购买绿色产品的时间距离较长时消费者对绿色产品的价格敏感度显著下降。

综合以上研究假设，得到本研究的研究框架，如图 5-7 所示。

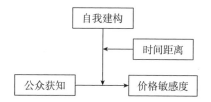

图 5-7　公众获知对消费者绿色产品价格敏感度的影响研究框架

三、实验一

（一）目的与假设

检验在消费者购买绿色产品的过程中，公众获知对消费者绿色产品价格敏感度的影响以及自我建构的调节作用。实验假设为公众获知能够负向影响消费者绿色产品价格敏感度，以及消费者的自我建构在公众获知对消费者绿色产品价格敏感度的影响过程中具有调节效应，即独立型自我建构的消费者相比相依型自我建构的消费者在公众获知的影响下，具有更高的价格敏感度。

（二）方法

1. 被试及设计

采用双因素两水平组间现场实验设计模式，180 位浙江财经大学本科学生

（男性 72 名）参与到实验一中。自变量为公众获知，调节变量为自我建构（自我建构：独立型自我建构、相依型自我建构），因变量为消费者在初次购买绿色产品过程中的价格敏感度。研究情境设计为一次现场植树活动。

2. 材料及程序

第一，被试被告知参加一项真实的植树活动，但是植树所需的树苗需被试自己购买，每株树苗为人民币 10 元。被试可以自由选择参加或不参加，购买或者不购买。有意愿参加本次植树活动的同学按照先后顺序被随机分入 4 个小组，每组 45 人。实验地点为中国南方某高校消费者行为实验室。

第二，主试简单介绍本次植树活动及树苗价格后，启动被试自我建构的过程，参考 Brewer 和 Gardner（1996）、White 和 Argo（2011）以及 White 和 Simpson（2013）的做法，采用不同的实验情境和陈述方式刺激被试的自我概念。在独立型自我建构情境下，陈述强调"我"；在相依型自我建构情境下，陈述强调"我们"。具体刺激陈述文字如下：为了让你（我们）的世界更加绿色，请通过实际行动来支持你（我们）的植树活动。

第三，启动公众获知，参考 Simpson 等（2018）关于公众获知与捐赠行为的研究，采用指导语刺激的方式。由主试发给每位被试一个空白信封，实验组的刺激材料为："本次植树活动采用实名方式，如果您确认参与本次植树活动，那么请把您的购树款放到本信封中，并在信封上签名，我们会保证将您的名字公布到植树人名单中，让所有参与者知晓。"控制组的刺激材料为："本次植树活动采用匿名方式，如果您确认参与本次植树活动，那么请把您的购树款放到本信封中，并保证信封上没有任何记号，我们会保证不会公布您的任何信息，不让任何参与者知晓。"

第四，邀请被试填写绿色产品价格敏感度量表。绿色产品价格敏感度参考 Wakefield 和 Inman（2003）的 3 个问项进行测量，评分采用李克特 5 点量表，其中"1"代表完全不同意、"2"代表不同意、"3"代表一般、"4"代表同意、"5"代表完全同意。这 3 个问项分别是："如果可以支付更低的价格，我愿意付出额外的努力""如果可以以更低的价格买到树苗，那么我可能会放弃参加这次植树活动""我对树苗的价格差异很敏感"。

第五，本次活动所获得的 1800 元树苗款，全部捐赠给所在学校后勤服务中心，用于学校绿化建设。

（三）结果

采用独立样本 t 检验的方法对公众获知和消费者绿色产品价格敏感度之间的

关系进行检验，结果发现：实验组的价格敏感度（M=2.915，SD=0.408，n=45）显著低于控制组的价格敏感度（M=3.437，SD=0.619，n=45），t（178）=-6.681，p<0.001，Cohen's d=-0.996，说明公众获知程度越高，消费者对绿色产品的价格敏感度越低，即 H1 得到验证（见图5-8）。

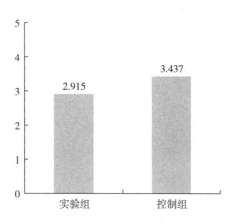

图5-8　实验组和控制组的绿色产品价格敏感度的检验结果

自我建构的交互作用采用双因素方差分析和单变量一般线性模型进行检验。双因素方差分析结果显示，F=26.859，p<0.001，证明组间存在差异。各组间的均值差异如图5-9所示。

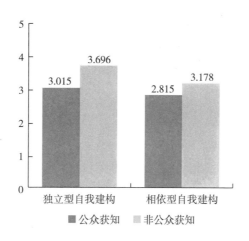

■公众获知　■非公众获知

图5-9　自我建构在公众获知与消费者绿色产品价格敏感度间的调节的验证结果

通过单变量一般线性模型检验发现，公众获知×自我建构的 $F = 4.785$，$p = 0.03 < 0.05$，$R^2 = 0.314$，Adjust $R^2 = 0.302$，说明自我建构在公众获知与消费者绿色产品价格敏感度间的调节作用显著，即 H2 得到验证。调节效应如图 5-10 所示。

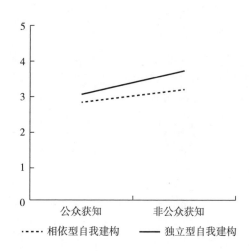

图 5-10　自我建构在公众获知与消费者绿色产品价格敏感度间的调节效应

在控制变量上，男性被试（$M = 3.130$，$SD = 0.673$，$n = 72$）和女性被试（$M = 3.207$，$SD = 0.519$，$n = 108$）在绿色产品的价格敏感度上并无显著差异 $[t (178) = -0.867$，$p = 0.387]$。

（四）讨论

实验一发现消费者在购买绿色产品的过程中，其对绿色产品的价格敏感度受到公众获知显著的负向影响，这说明消费者的行为被社会公众知晓的程度越高，其越易产生符合社会公众期望的行为，受绿色产品价格的影响会降低，进而购买绿色产品。实验一还发现自我建构在公众获知和消费者绿色产品价格敏感度间起到显著的调节作用。与相依型自我建构的消费者相比，独立型自我建构的消费者更加关注自身的需求，从而相对较少地受到其身边其他消费者的影响，表现出较高的绿色产品价格敏感度。实验一选择的研究刺激是植树活动，其对消费者而言属于利他型的消费活动，为进一步提升研究的外部效度，实验二 A 改换测量方式，在增加样本量的同时，将实验刺激由利他型活动——植树，更换为利己型活动——购买空调，以期进一步提升研究的外部效度。

四、实验二 A

（一）目的与假设

本实验在实验一的基础上，采用增加研究样本量和更换测量工具的方法来增强研究的外部效度。其实验假设为公众获知能够负向影响消费者对绿色产品的价格敏感度，以及消费者的自我建构在公众获知对消费者绿色产品价格敏感度的影响过程中具有调节效应，即独立型自我建构的消费者相比相依型自我建构的消费者在公众获知的影响下，具有更高的价格敏感度。同时实验二 A 作为实验二的一部分，为后续实验二 B 提供了样本数据库。

（二）方法

1. 被试及设计

本实验采用问卷调查法来论证研究假设，问卷调查日期为 2019 年 6 月 15 日至 2019 年 6 月 18 日。依据公众获知程度差异，将被试分为两组（公众获知：高 vs. 低），每组共发放问卷 330 份，共发放问卷 660 份，其中有效问卷 603 份（高公众获知组 295 份，低公众获知组 308 份），有效回收率达 91.36%。有效问卷中男性 151 人（25.04%），平均年龄 24.3 岁。研究的自变量是公众获知，因变量是绿色产品价格敏感度，调节变量是自我建构。

2. 材料

借鉴 Simpson 等（2018）的做法，以语言文字刺激的方式启动被试的公众获知。公众获知组与对照组的语言文字启动材料为“假设您计划购买一款空调产品，有普通空调和环保空调两种可以选择，在制冷效果一致的情况下，环保空调的价格要比普通空调高 10%，您现在思考购买哪一款产品，当您选择完毕后，请将您的选择发布（填写）在自己微信的朋友圈（问卷的空白处）”。

自我建构参考 Singelis（1994）编制的自我建构量表（SCS 量表）测量，该量表共 24 道题，其中独立型自我建构（Cronbach's $\alpha = 0.763$）题项与相依型自我建构（Cronbach's $\alpha = 0.835$）题项各为 12 道，以独立型自我建构项目的均值与相依型自我建构项目的均值的差值判断消费者自我建构的类型，若该值为正，则表示相比相依型自我建构，消费者的独立型自我建构更强，若该值为负，则代表相比独立型自我建构，被试的相依型自我建构更强。

绿色产品价格敏感度的测量采用与实验一相同的量表，即参考 Wakefield 和 Inman（2003）的 3 个问项来测量（Cronbach's $\alpha = 0.582$），评分采用李克特 5

点量表，其中"1"代表完全不同意、"2"代表不同意、"3"代表一般、"4"代表同意、"5"代表完全同意。这3个问项分别是："如果可以支付更低的价格，我愿意付出额外的努力""如果可以以更低的价格买到环保空调，那么我可能会放弃这次购买""我对环保空调的价格差异很敏感"。

3. 程序

先由调研员向被试口述启动材料，之后由被试填写调查问卷。除填写问卷外，被试还需提供个人手机号码，以方便在下一阶段的研究中进一步联系。对每份问卷进行编号处理，以方便与实验二B中的数据进行配对对比分析。

（三）结果

采用独立样本t检验测量公众获知对绿色产品价格敏感度的影响。由图5-13可知，对于绿色产品价格敏感度，高公众获知组（M=3.585，SD=0.588，n=295）显著低于低公众获知组（M=3.676，SD=0.482，n=308），t（601）=-2.059，p=0.040<0.05，Cohen's d=-0.169（见图5-11）。再次验证了H1成立。

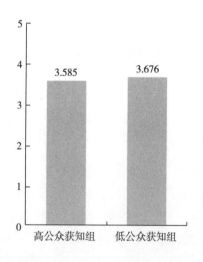

图5-11　高公众获知组和低公众获知组的绿色产品价格敏感度的再次检验结果

与实验一相同，自我建构的交互作用同样采用双因素方差分析和单变量一般线性模型方法进行检验。双因素方差分析结果显示，F=3.481，p=0.016<0.05，证明组间存在差异。各组间的均值差异如图5-12所示。

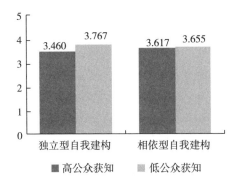

**图 5-12　自我建构在公众获知与消费者绿色产品价格敏感度间的
调节效应的再次验证结果**

通过单变量一般线性模型检验发现，公众获知×自我建构的 $F = 6.040$，$p = 0.014 < 0.05$，$R^2 = 0.017$，Adjust $R^2 = 0.012$，说明自我建构在公众获知与消费者绿色产品价格敏感度间的调节作用显著，再次验证了 H2。调节效应如图 5-13 所示。

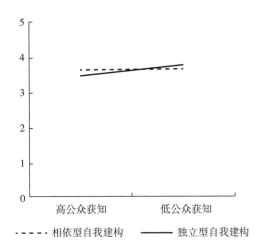

**图 5-13　自我建构在公众获知与消费者绿色产品价格敏感度间的
调节效应的再次验证示意图**

在控制变量上，男性被试（$M = 3.616$，$SD = 0.605$，$n = 159$）和女性被试（$M = 3.638$，$SD = 0512$，$n = 444$）在绿色产品的价格敏感度上并无显著差异

[t（601）= -0.438，p=0.662]。

（四）讨论

实验二 A 运用问卷调查法，并通过增加样本量和更改实验刺激类型的方式，进一步验证了研究的外部效度，并验证了 H1 和 H2。从研究结果可知，无论是对于利己型活动（环保空调）还是利他型活动（植树活动），当消费者面对公众获知时，其对绿色产品的价格敏感度都会显著降低，但是与相依型自我建构的消费者比较，独立型自我建构的消费者表现出更强的价格敏感度，该结论的获得提升了研究主效应的外部效度。实验一和实验二 A 从消费者所面临的情境和被试的个人特质角度分析了公众获知与消费者绿色产品价格敏感度之间的关系，但是这仅是对消费者在单一购买情境下产生购买行为的简单描述。消费者购买绿色产品除了受消费者自身个人特征等因素的影响，还受时间因素的影响，故而实验二 B 分析在初次购买绿色产品与再次购买绿色产品时，消费者的自我建构对公众获知与绿色产品价格敏感度关系的影响差异。

五、实验二 B

（一）目的与假设

实验二 B 采用电话调查的形式收集数据，对本研究的 H3 和 H4 进行实证检验，即在公众获知的影响下，相比于初次购买绿色产品，独立型自我建构的消费者再次购买绿色产品时表现出更强的价格敏感度；具有较强独立型自我建构倾向的消费者在再次购买绿色产品时的价格敏感度随时间距离差异呈倒 U 形变化。

（二）方法

1. 被试及设计

实验二 B 根据实验二 A 获得的被试独立型自我建构倾向的得分，在升序排列的情况下，以 27% 和 73% 为分位点进行组别划分作为抽样样本集合，其中 0~27% 为弱独立型自我建构组，其 27% 分位数取值为 3.1667，共获取 165 人的抽样样本库；73%~100% 为强独立型自我建构组，其 73% 分位数取值为 3.750，共获取 167 人的抽样样本库。在实验二 A 完成的第 7 天和第 15 天后，按照时间距离长（15 天）和短（7 天），分别对被试进行电话问卷调查。

实验二 B 采用 2×2×2 双因素水平测试（公众获知：高 vs. 低；独立型自我建构：强 vs. 弱；时间跨度：7 天 vs. 15 天），共 200 名参与过上轮问卷调查的被试参与了实验二 B 的电话问卷调查，其中男性 45 人，平均年龄 24.5 岁。利用电话邀请被试参与调查。实验正式开始前，由主试向被试介绍实验程序，为了防止被试猜测到本次实验的目的，告知被试此调查为消费者行为调查。本实验不再单独测量被试的独立型自我建构，直接采用实验二 A 的测量得分。

2. 材料

借鉴 Simpson 等（2018）的做法，以语言文字刺激的方式启动被试的公众获知。公众获知组与对照组的语言文字启动材料为"您之前参加了我们进行的市场调研活动，有些内容希望再和您确认一下，假设上次您已经购买了环保空调，但是现在您发现您的家庭只用一台空调是不够的，还需再买一台，同样有环保空调和普通空调两种可以选择，在制冷效果一致的情况下，环保空调的价格要比普通空调高 10%，您现在思考购买哪一款产品，当您选择完毕后，您需要将您的选择发布（告知）在自己微信的朋友圈（电话访问员）"。

绿色产品价格敏感度的测量采用与实验一和实验二 A 相同的研究量表，即参考 Wakefield 和 Inman（2003）的 3 个问项进行测量（Cronbach's $\alpha = 0.800$），评分采用李克特 5 点量表，其中"1"代表完全不同意、"2"代表不同意、"3"代表一般、"4"代表同意、"5"代表完全同意。这三个问项分别是："如果可以支付更低的价格，我愿意付出额外的努力""如果可以以更低的价格买到环保空调，那么我可能就会放弃这次购买""我对环保空调的价格差异很敏感"。

（三）结果

采用配对样本 t 检验的方法对独立型自我建构的溢出效应进行检验。研究发现（见图 5-14）：弱独立型自我建构/低公众获知组的被试在首次实验和 7 天后的重复实验中的绿色产品价格敏感度分别为 3.720（SD = 0.2487，n = 25）和 3.787（SD = 0.3835，n = 25），其 t（25）= -1.155，p = 0.260，说明弱独立型自我建构/低公众获知的消费者在首次实验和 7 天后重复实验中的绿色产品价格敏感度差异不显著，即弱独立型自我建构的溢出效应不显著；而弱独立型自我建构/高公众获知组的被试在首次实验和 7 天后的重复实验中其绿色产品价格敏感度分别为 3.733（SD = 0.3333，n = 25）和 3.653（SD = 0.3906，n = 25），其 t（25）= -1.695，p = 0.110，说明弱独立型自我建构/高公众获知的消费者在首次实验和 7 天后重复实验中的绿色产品价格敏感度差异不显著，即弱独立型自我建构的溢出效应不显著。而就强独立型自我建构/低公众获知组的被试来看，其绿色产品的价格敏感度在首次实验和 7 天后的重复实验中存在显著差异，其均值分别为 4.093（SD = 0.5972，n = 25）和 4.707（SD = 0.3766，n = 25），其

t（25）＝－7.374，p＝0.000<0.001，说明强独立型自我建构在 7 天后的重复实验中的负向溢出效应显著，即初次购买后强独立型自我建构/低公众获知的消费者对绿色产品的价格敏感度会显著提升；强独立型自我建构/高公众获知组的被试，其绿色产品的价格敏感度在首次实验和 7 天后的重复实验中存在显著差异，其均值分别为 4.080（SD＝0.4114，n＝25）和 4.560（SD＝0.3564，n＝25），其 t（25）＝－7.493，p＝0.000<0.001，说明强独立型自我建构在 7 天后的重复实验中出现负向的溢出效应，即初次购买后强独立型自我建构/高公众获知的消费者对绿色产品的价格敏感度会显著提升，验证了 H3。

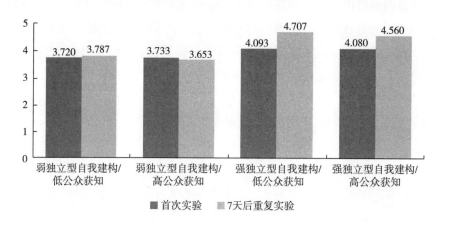

图 5-14　初次购买 7 天后重复实验的独立型自我建构的溢出效应均值比较

是否存在类似的效应？继续在初次购买后的第 15 天重复进行检验，研究发现（见图 5-15）：弱独立型自我建构/低公众获知组的被试在首次实验和 15 天后的重复实验中的绿色产品价格敏感度分别为 3.600（SD＝0.3600，n＝25）和 3.707（SD＝0.4443，n＝25），其 t（25）＝－2.551，p＝0.018<0.05，说明弱独立型自我建构/低公众获知的消费者在首次实验和 15 天后重复实验中的绿色产品价格敏感度差异显著，即弱独立型自我建构的溢出效应显著；而弱独立型自我建构/高公众获知组的被试在首次实验和 15 天后的重复实验中的绿色产品价格敏感度分别为 3.493（SD＝0.5103，n＝25）和 3.533（SD＝0.4714，n＝25），其 t（25）＝－0.901，p＝0.376，说明弱独立型自我建构/高公众获知的消费者在首次实验和 15 天后重复实验中的绿色产品价格敏感度差异不显著，即弱独立型自我建构的溢出效应不显著。而就强独立型自我建构/低公众获知组的被试来看，

其绿色产品的价格敏感度在首次实验和 15 天后的重复实验中存在显著差异，其均值分别为 3.813（SD = 0.6316，n = 25）和 4.053（SD = 0.3766，n = 25），其 t（25）= −3.068，p = 0.005<0.01，说明强独立型自我建构在 15 天后的重复实验中的负向溢出效应显著，即初次购买后强独立型自我建构/低公众获知的消费者对绿色产品的价格敏感度会显著提升；强独立型自我建构/高公众获知组的被试，其绿色产品的价格敏感度在首次实验和 15 天后的重复实验中存在显著差异，其均值分别为 4.000（SD = 0.6383，n = 25）和 4.173（SD = 0.6605，n = 25），其 t（25）= −2.487，p = 0.020<0.05，说明强独立型自我建构在 15 天后的重复实验中出现负向的溢出效应，即初次购买后强独立型自我建构/高公众获知的消费者对绿色产品的价格敏感度会显著提升，H3 成立。

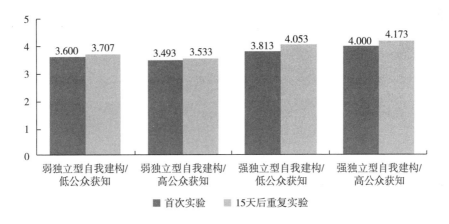

图 5-15 初次购买 15 天后重复实验的独立型自我建构的溢出效应均值比较

对 H4 的检验采用独立样本 t 检验的方法，来比较 7 天后重复实验和 15 天后重复实验结果之间的差异。研究发现（见图 5-16）：弱独立型自我建构/低公众获知组被试的绿色产品价格敏感度，在 7 天后重复实验中的均值为 3.787（SD = 0.3835），15 天后重复实验中的均值为 3.707（SD = 0.444），t（50）= 0.682，p = 0.499>0.05，说明弱独立型自我建构/低公众获知组被试的绿色产品价格敏感度在 7 天后的重复实验与 15 天后的重复实验中没有差异；弱独立型自我建构/高公众获知组的被试在 7 天后重复实验和 15 天后重复实验中的绿色产品价格敏感度的均值分别为 3.653（SD = 0.3906）和 3.533（SD = 0.4714），t（50）= 0.980，p = 0.332>0.05，说明弱独立型自我建构/高公众获知组被试的绿色产品价格敏感度在 7 天后的重复实验与 15 天后的重复实验中没有差异。以上两组的研究数据表明，在弱独立自我建构的条件下，无论消费者是否启动公众获知，消费者的绿色产品价格敏感度在不同的时间距离上都没有显著的差异。

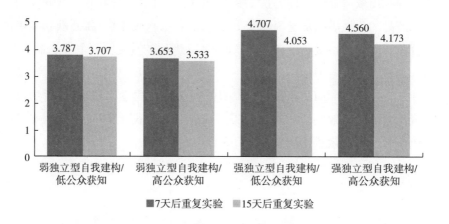

图 5-16　时间距离的溢出效应均值比较

强独立型自我建构/低公众获知组的被试在 7 天后重复实验和 15 天后重复实验中的绿色产品价格敏感度的均值分别为 4.707（SD＝0.3766）和 4.053（SD＝0.5584），t（50）＝4.850，p＝0.000＜0.001，说明强独立型自我建构的消费者在低公众获知的情况下，于初次购买绿色产品 7 天后和 15 天后选择再次购买绿色产品时的绿色产品价格敏感度存在显著差异，消费者在初次购买绿色产品 7 天后的绿色产品价格敏感度显著高于 15 天后的绿色产品价格敏感度，消费者的绿色产品价格敏感度随时间距离呈现出典型的倒 U 形变化趋势，H4 初步得到验证。强独立型自我建构/高公众获知组的被试在 7 天后重复实验和 15 天后重复实验中的绿色产品价格敏感度的均值为 4.560（SD＝0.3564）和 4.173（SD＝0.6605），t（50）＝2.576，p＝0.013＜0.05，说明了强独立型自我建构的消费者在高公众获知的情况下，于初次购买绿色产品 7 天后和 15 天后选择再次购买绿色产品时的绿色产品价格敏感度存在显著差异，消费者在初次购买绿色产品 7 天后的绿色产品价格敏感度显著高于 15 天后的绿色产品价格敏感度，消费者的绿色产品价格敏感度同样随时间距离呈现倒 U 形变化趋势，H4 再次得到验证。

（四）讨论

实验二 B 研究发现，具有较强独立型自我建构倾向的消费者在公众获知的影响下，初次购买绿色产品所展现出的绿色产品价格敏感度，与再次购买绿色产品所展现出的绿色产品价格敏感度之间的差异显著，即独立型自我建构倾向较强的消费者在受公众获知所带来的社会压力的影响购买绿色产品后，会更加关注自身的内在需求，且同时不会更多地受所属社会群体压力的影响，具体表现为消费者在重复购买绿色产品的过程中对绿色产品的价格更加敏感，而这一现象则未在低独立型自我建构倾向的消费者身上得到体现。在加入时间距离这一变量后，具有较强独立型自我建构倾向的消费者在公众获知的影响下，其再次购买绿色产品时的绿色产品价格敏感度随时间距离的变化呈现出典型的倒 U 形变化趋势，即初次购买如果与再次购买的时间距离较短，消费者的绿色产品价格敏感度会显著上升，但是如果初次购买与再次购买的时间距离较长，则相比于时间距离较短的情况下，其绿色产品的价格敏感度会显著降低。本研究认为，产生这种现象是由于消费者在时间距离较短的情况下，其行为决策评价处于低解释水平，表现为消费者更加关注自身的立即结果，而对于与一般产品相比较具有更高价格的绿色产品，消费者会对其产生较高的价格敏感度；反之，在时间距离较长时，消费者的行为决策评价处于高解释水平，自我控制更强，其会忽略产品的立即结果，而从更加全面的角度来权衡产品给自身、群体和社会带来的利益，进而表现出更低的绿色产品价格敏感度。

六、研究讨论及展望

（一）研究结论

现有对绿色消费行为的研究多分析绿色消费行为的形成机制及其前因变量，将心理机制的激活与绿色消费行为的产生视为顺理成章，而将价格这一影响消费者选择的重要变量视为区别绿色产品与非绿色产品的既定条件，在研究中予以忽略。但是，在实践中绿色产品的营销与推广步履维艰，价格仍是困扰消费者选择绿色产品的重要因素。本研究试图在不降低绿色产品价格的基础上，通过降低消费者对绿色产品的价格敏感度，促进消费者购买绿色产品。本研究通过引入公众获知这一变量，构建公众获知与绿色产品价格敏感度的理论模型，并从消费者个人特质和解释水平的角度探寻了公众获知对绿色产品价格敏感度的影响。研究获得如下结论：首先，公众获知能够负向影响消费者对于绿色产品的价格敏感度（实验一与实验二 A），即公众获知程度越高，消费者对于绿色产品的价格敏感度越低。其次，自我建构在公众获知和绿色产品价格敏感度间起到了显著的调节作用。与相依型自我建构的消费者相比较，独立型自我建构的消费者更加关注自身的需求，从而较少地受到其身边其他消费者的影响，表现出更高的绿色产品价格敏感度。最后，独立型自我建构倾向较强的消费者在公众获知与绿色产品价格敏感度的关系中，存在较强的溢出效应（实验二B），即再次购买绿色产品时消费者的绿色产品价格敏感度要显著高于初次购买时的绿色产品价格敏感度。这说明具有较高独立型自我建构倾向的消费者在再次购买绿色产品时相比初次购买会更加关注绿色产品的价格，表现出更低的绿色产品购买意愿。引入时间距离这一变量后，随着时间距离的变化，独立型自我建构倾向较强的消费者在公众获知的影响下，其绿色产品的价格敏感度呈现倒U形变化趋势，即初次购买绿色产品与再次购买绿色产品的时间距离较短时，其绿色产品价格敏感度提升，当时间距离较长时，其绿色产品价格敏感度降低（实验二B）。这说明消费者的决策模式处于不同的解释水平下，具有较高独立型自我建构倾向的消费者受到自控能力的影响，对绿色产品表现出不同的价格敏感度。

（二）研究价值与启示

本研究具有如下三个方面的价值：第一，本研究为绿色消费行为研究提供了新的研究切入点。本研究改变以往绿色消费行为研究将价格作为控制变量的做法，从价格敏感度角度出发，分析消费者所处的公众获知情境对消费者绿色产品价格敏感度的影响，明确了绿色消费过程中绿色产品价格敏感度的重要性。第二，本研究引入公众获知这一变量，并通过分析在公众获知的影响下，相依型自我建构与独立型自我建构两种不同特质的消费者在绿色产品价格敏感度上的差异，拓展了绿色消费行为的研究边界。第三，本研究通过引入时间距离这一研究变量，探求得到不同时间距离下具有较强独立型自我建构倾向的消费者的绿色产品价格敏感度的变化路径，丰富了现有理论对消费者绿色产品价格敏感度的认识。

本研究的启示如下：首先，企业在产品营销过程中不应仅关注通过改变绿色产品的价格来获得消费者的青睐，而应更加关注如何降低消费者对绿色产品的价格敏感度，从而避免绿色产品在产品竞争中陷入"价格战"的泥潭，以获得更多的利润提升企业的生存和发展能力。其次，厂商在产品营销过程中应设计消费者感知情境，运用公众获知等手段增加消费者对购买绿色产品的社会期望的感知，使消费者感知到自身若不购买绿色产品则会面临的社会压力，从而使绿色产品购买成为消费者联系自身与朋友、公众及所属社会群体的纽带。最后，企业在鼓励消费者再次购买绿色产品的过程中，应根据消费者绿色产品价格敏感度的变化曲线，选择合适的推荐购买时间切入点，从而提升消费者的购买意愿。

（三）研究不足与展望

本研究分析了公众获知对消费者绿色产品价格敏感度的影响，以及自我建构和时间距离在公众获知与消费者绿色产品价格敏感度之间的交互作用，但仍存在几点不足：第一，本研究主要立足于确立变量间的边界条件，而对公众获知影响消费者绿色产品价格敏感度的机制缺乏探讨。第二，为了让变量之间的关系显现得更为清晰，同时保证研究设计的精简化，本研究在加入时间距离这一变量后，仅探讨了在初次购买后 7 天和 15 天重复购买时的消费者绿色产品价格敏感度，缺少对更短时间距离（如 1 天）或更长时间距离（如 30 天）下的消费者绿色产品价格敏感度的探讨。第三，由于研究篇幅和研究问题的聚焦，本研究仅探讨了消费者独立型自我建构倾向的强弱在公众获知对绿色产品价格敏感度影响过程中的交互和溢出效应，而没有对相依型自我建构倾向的消费者进行进一步的探讨。

未来的研究在继续对诸如公众获知这类情境变量对消费者绿色消费行为或其前因变量，如价格敏感度的影响及其关系机制进行探讨，同时进一步细化消费者的个人特质，从而获得更加具有解释力的理论模型，提供更加细化的政策建议。

第三节　环境焦虑策略对消费者绿色产品购买行为意向的影响研究

一、问题提出

环境焦虑（Environmental Anxiety，EA）是个体面对环境污染问题时表现出的一种基本的情绪反应，具体表现为当预感到环境污染问题所带来的潜在威胁时，个体在主观上感受到的紧张、忧虑、烦恼等心理反应（Etkin，2009）。在我国环境保护形势严峻，水污染、噪声污染等环境污染问题突出的当下，社会公众的环境焦虑现象普遍存在。已有研究表明，高焦虑的个体对负向信息（如环境污染问题）表现出更强的注意倾向，且难以从负向信息中脱离（高鹏程、黄敏儿，2008）。若个体的焦虑一直保持较高的水平，则可能引发焦虑障碍等精神障碍问题，给其身心带来不良影响，并继而影响其社会决策行为（古若雷等，2015）。

环境焦虑产生的根本原因是环境污染问题日益严峻，而缓解环境污染问题的一个重要手段则是鼓励和推进消费者的亲环境行为。亲环境行为（Pro-Environmental Behavior，PEB）是指个人不仅应尽可能地降低对环境造成的损害，同时也应积极采取对环境有益的行为（Steg & Vlek，2009）。典型的亲环境行为包括能源节约、废物回收以及绿色购买等（Huang，2016）。已有的研究发现，影响亲环境行为的因素可以细分为18类，包括童年经历、世界观、自我控制感、社会阶层以及文化背景因素等（Gifford & Nilsson，2014），相关研究多关注人口统计学变量和心理变量，而心理变量则是目前学者们研究的重点。王建明和吴龙昌（2015）将心理变量分为认知心理变量和情感心理变量，其中情感心理变量要比认知心理变量对亲环境行为具有更强的影响。

环境焦虑作为一种消极的情绪类心理变量，直接反映的是个体对于环境问题的负向情感。当个体受到环境污染问题影响而启动负向情感后，是否会引发后续的亲环境行为，以缓解自身环境焦虑所带来的不适？对该问题，目前学术界尚没有给出具有说服力的解释，特别是对环境焦虑这一构念的研究无论是国内还是国外都甚少，而环境焦虑却是当前我国社会公众面对环境污染问题所普遍存在的消极情绪。本研究借助注意控制理论（Attentional Control Theory，ACT），引入环境焦虑这一构念，以期对我国消费者面对环境污染问题的心理进行更为深入的刻画，弥补相关理论的不足。在对亲环境行为的研究中，许多学者认为亲环境行为是一个多维构念（Larson et al.，2015），并将亲环境行为视为一个纵向的行为过程链。但自我差异理论（Self-Discrepancy Theory，SDT）认为人类会尝试维持自身心理资产的稳定性。当自我差异较大时，个体会努力自我调节并产生恢复他们期望的状态的动机，这种自我调节的努力可以体现在消费行为的不同方面（Mandel et al.，2017）。这意味着消费者在产生亲环境行为的横向动机上可能会产生差异，即当消费者的自我差异水平不同时，环境焦虑影响个体亲环境行为的内在动机可能不同，那么个体内在的心理机制又是怎样的？本研究基于自我差异理论，将亲环境行为分为补偿性亲环境行为和促进性亲环境行为，以期从横向的角度探讨看似相同的亲环境行为内在的不同动机及心理机制。本节通过两个子研究来回答上述问题：研究一探讨环境焦虑对亲环境行为的影响；研究二探讨自我差异下的环境焦虑对不同的亲环境行为影响的差异，及其不同的心理机制。

二、理论基础与假设提出

（一）亲环境行为

在亲环境行为的研究中，内在个人因素和外在环境因素同样被识别为影响亲环境行为的两类重要的变量（Ertz et al.，2016）。内在个人因素包含环境态度、社会规范、动机以及价值观等变量，以从个体的内在心理机制角度预测亲环境行为的产生（Gifford & Nilsson，2014；Miao & Wei，2013）。内在个人因素的研究框架主要为计划行为理论（Theory of Planned Behavior，TPB）以及价值观—信念—规范理论（Value-Belief-Norm Theory，VBN）等。计划行为理论认为，行为态度、主观规范和感知行为控制通过影响个体的行为意图进而影响实际行为的产生。Bamberg（2003）确认了行为意图在其他心理变量与亲环境行为的关系间起到中介效应，同时认为除行为态度和感知行为控制外，个人的道德规范是影响行为意图的第三个重要变量。Klöckner（2013）认为行为意图、感知行为控制以及习惯能够直接影响实际的亲环境行为的产生，而行为态度、个人和社会规范、感知行为控制又能直接影响行为意图，进而影响个体的实际行为，指出 VBN 理论中的规范—行动的关系链无法得到数据的有力支持。Morren 和 Grinstein（2016）运用计划行为理论对亲环境行为的影响因素进行跨国比较研究时发现：利己主义盛行的国家，消费者对亲环境行为的意图往往更能够转化为实际行为，同时环境态度能够显著影响亲环境行为意向，而感知行为控制只能部分影响消费者的亲环境行为意向。许多研究认为，个体的亲环境行为不仅受到内在心理因素的影响，同时也受到背景与环境因素的影响（Ertz et al.，2016；Lewin，1939），这些背景与环境因素包括人际关系、政府法律法规、回收设施便利性等。外在环境因素的研究框架主要为 ABC 理论，其理论核心是通过刺激消费者对背景以及环境线索的感知，从而改变消费者的态度，进而产生亲环境行为（Steg & Vlek，2009；Stern，2000）。Guagnano 等（1995）认为，由于背景与环境因素能够刺激消费者在忙碌、财富以及权力等方面的感知，故而对预测亲环境行为的产生是有效的。可见，亲环境行为产生的内因是消费者内在个人因素，而其产生的外因则是消费者感知到的外在环境因素，两者共同刺激并影响消费者亲环境行为的产生。

在环境焦虑和亲环境行为的关系上，许多学者认为消极情感能够引起亲环境行为（Meneses，2010；Song，et al.，2012；王建明、吴龙昌，2015），而环境焦虑是个体由环境污染问题所引发的一种特殊的消极情绪，也是内在消极情感的外在反映。个体的环境焦虑水平较高，会导致其后续社会决策能力及行为的变化（古若雷等，2015）。Bamberg（2003）进一步证实了个体对环境问题的焦虑对亲环境行为而言是一个重要的间接变量，两者间的关系通过道德、社会规范、愧疚感和归因过程来调节。根据注意控制理论，个体的焦虑水平上升时，会增强对刺激驱动系统的影响，而降低对目标导向系统的影响，也就意味着当消费者的环境焦虑水平上升时，其更易受到外在环境，特别是环境污染问题的刺激，从而增强对环境污染问题的关注，进而产生亲环境行为以缓解自身行为给环境造成的影响。基于以上理论与逻辑分析，本研究提出如下假设：

H1：环境焦虑能够显著正向影响亲环境行为。

（二）自我差异与补偿性/促进性亲环境行为

自我差异是指个体在现实自我和理想自我间出现认知上的不协调（Barnett & Womack，2015；Higgins，1987）。这种不协调可以表现在社会地位（Harmon - Jones et al.，2009）、智力（Kim & Gal，2014；Kim & Rucker，2012）、权力感（Rucker & Galinsky，2008；Rucker & Galinsky，2009）以及社会群体归属感（Dommer et al.，2013；Wan et al.，2014）等多个方面。Mandel 等（2017）认为自我差异产生的原因主要有如下三个方面：首先是个体在自我概念上获得负向反馈。Gao 等（2009）发现对自身智力不自信的消费者在购物时会比对自身智力自信的消费者更愿意选择与智力水平相关的产品。其次是个体在与他人地位的社会比较间获得负向反馈（Gao et al.，2009）。Rochins（1991）发现在广告中看到体型苗条的模特形象则会降低广告观看者的自尊。Rucher 和 Galinsky（2009）发现相比较权力感较强的消费者，那些权力感较弱的消费者会更愿意购买体现权力的产品。最后是个体在参与目标社会群体间获得负向反馈。Charles 等（2009）发现经济弱势群体相比较其他群体，更愿意在珠宝和汽车等代表更高社会地位的产品上投入金钱。

在自我差异与消费行为的关系上，Mandel 等（2007）认为当消费者的自我差异较大时，为了降低自我差异，消费者在消费行为上易出现补偿倾向。补偿性消费行为是指为了弥补某种心理缺失或自我威胁而发生的消费行为，是一种替代的心理需求满足工具（郑晓莹、彭泗清，2014）。而当自我差异较小时，消费者则会根据自我需求和期望，以及所属社会身份的要求进行与之相对应的消费行为。本研究认为，消费者相同的亲环境行为，由于自我差异的影响会存在不同的行为动机。当消费者在与亲环境相关的社会身份得到其所属社会群体的负向反馈时，其产生的亲环境行为会带有补偿倾向，以弥补由负向反馈所带来的心理缺失。而当消费者在与亲环境相关的社会身份没有获得所属社会群体的负向反馈，甚至获得正向反馈时，其产生的亲环境行为会带有促进倾向，即产生的行为是对之前行为的肯定和提升。基于此，本研究将亲环境行为根据行为动机的差异，分为补偿性亲环境行为和促进性亲环境行为。其中，补偿性亲环境行为是指个体为弥补他人或所属社会群体对其环保行为给予负向反馈的心理缺失而进行的亲环境行为；促进性亲环境行为是指个体在获得他人及所属社会群体对其环保行为给予正向反馈后而继续进行的亲环境行为。

在消费者的环境焦虑对影响亲环境行为的过程中，自我差异较大的个体会考虑其之前的行为给环境造成的伤害，同时感知到他人以及所属社会群体对其之前的行为的负向评价，故而在之后会产生亲环境行为，以补偿由非亲环境行为所造成的心理缺失以及维护自身在社会群体中的社会身份形象，即个体自我差异较大时，环境焦虑能够正向影响个体的补偿性亲环境行为；反之，当个体自我差异较小时，环境焦虑对亲环境行为的影响受个体内在的心理期望和目标，以及其在所属社会群体中的身份决定，产生的行为是对其之前行为的认可和提升，即个体自我差异较小时，环境焦虑能够正向影响个体的促进性亲环境行为。基于以上理论与逻辑分析，本研究提出如下假设：

H2：自我差异在环境焦虑对亲环境行为的影响中起调节作用。

H2a：当消费者自我差异较大时，环境焦虑能够显著正向影响补偿性亲环境行为。

H2b：当消费者自我差异较小时，环境焦虑能够显著正向影响促进性亲环境行为。

（三）自豪感/愧疚感的中介作用

Vinning（1992）认为情感是影响亲环境行为的重要潜在变量，而自豪感和愧疚感作为一对特殊的情感，在亲环境行为的产生中发挥着重要的作用（Bissing-Olson et al.，2016）。自豪感是指一种与成就感和自我价值感相关的积极情感（Antonetti & Maklan，2014）；愧疚感则是一种个体感受到负向结果反馈时所产生的消极情感（Baumeister et al.，1995）。在自豪感、愧疚感与亲环境行为的关系研究中，许多学者发现自豪感和愧疚感影响亲环境行为的心理路径是存在差异的，自豪感会促使个体的行为向追求个人标准和价值目标的方向转变，并进而能够影响消费者后续亲环境行为的参与意愿（Verbeke et al.，2004）。特别是在消费者被视为一个环保主义者的时候，自豪感会使其对亲环境行为产生强烈的自我认同，而愧疚感则不会（Lacasse，2016）。Bissing-Olson 等（2016）同样发现了愧疚感和自豪感对消费者产生持续性亲环境行为的影响差异，与自豪感相关的亲环境行为能够引发消费者后续持续产生亲环境行为，而与愧疚感相关的亲环境行为则与消费者后续持续产生的亲环境行为无关。这也就意味着在不同情境下，消费者的自豪感或愧疚感被启动后，其产生亲环境行为的心理路径是存在差异的。本研究认为这种差异主要体现在，当消费者自我差异较大时，其环境焦虑水平上升会使其对自身之前的非亲环境行为进行反思，受社会群体或他人对其非亲环境行为的负向反馈的影响产生愧疚感，为缓解愧疚感所以产生补偿性亲环境行为；而当消费者自我差异较小时，其环境焦虑水平的上升会使其对其之前的亲环境行为进行反思，受社会群体或他人对其亲环境行为给予的正向反馈的影响产生自豪感，其后续的亲环境行为带有明显的自我认同的促进倾向，即产生促进性亲环境行为。基于以上理论与逻辑分析，本研究提出如下假设：

H3a：消费者自我差异较小时，自豪感在环境焦虑和亲环境促进行为间起显著的中介作用。

H3b：消费者自我差异较大时，愧疚感在环境焦虑和亲环境补偿行为间起显著的中介作用。

三、研究一：环境焦虑对亲环境行为的影响

研究一的目的是验证环境焦虑能够显著正向影响亲环境行为（H1）。采用单因素两水平（环境焦虑：低 vs. 高）被试间设计方法，目的是启动被试的低或高环境焦虑，检验环境焦虑对亲环境行为的影响。自变量为环境焦虑，因变量为亲环境行为意向。同时，为了降低被试之前的亲环境行为及当前的环境状况给研究的结果带来的影响，测量被试之前的亲环境行为及实验时的 PM2.5 的浓度作为研究的控制变量。

（一）预实验

正式实验前，对环境焦虑的启动方式和主实验中所涉及的实验素材进行了前测。首先，选取十幅空气污染程度不一的环境图片，随机挑选 10 名浙江财经大学本科一年级学生观看这些图片，之后对自我焦虑程度进行自评打分，1 分为最低，10 分为最高。选出分数最低的 3 张图片（低环境焦虑）和分数最高的 3 张

图片（高环境焦虑）作为后续预测试的实验材料。其次，64 名大学生（男生 18 人）被随机分为两组（环境焦虑：低 vs. 高），其中低环境焦虑组的被试被要求在观看一组之前自我焦虑程度评分较低的图片后，写出 1~5 个形容天气晴朗的词语；高环境焦虑组的被试被要求在观看一组之前自我焦虑程度评分较高的图片后，写出 5 个形容环境污染的词语。最后，使用 Spielberger 和 Sydeman（2010）开发的状态特质焦虑量表（STAI）中的状态焦虑部分来测量被试的焦虑水平。状态焦虑量表由 20 个题项组成，包括 10 道反向题项，评分采用 4 级量表，"1" 为完全没有，"2" 为有些，"3" 为中等程度，"4" 为非常明显。

分析结果发现，高环境焦虑组在操纵实验后的环境焦虑程度（M = 2.01，SD = 0.399，n = 32）显著高于低环境焦虑组在预实验后的环境焦虑程度（M = 1.73，SD = 0.425，n = 32），t（62）= 2.726，p<0.01，cohen's d = 0.679，实验地当时的 PM2.5 的浓度为 53 微克/立方米，空气质量为良，证明实验材料有效，可以用于正式实验。

（二）实验材料及流程

正式实验共有 205 名大学生（男生 67 人）参与，所有人被随机分配到两个组（环境焦虑：低 vs. 高），先被要求观赏环境焦虑启动图片并填写 5 个形容词汇（与预实验相同），然后填写状态焦虑量表（Cronbach'α = 0.932）、亲环境行为意向量表和亲环境行为量表。亲环境行为意向量表借鉴 Lee 等（2014）开发的亲环境行为意向量表（Cronbach'α = 0.944），共 11 个题项，采用李克特 5 点量表进行测量，"1" 为完全不同意，"5" 为完全同意。亲环境行为量表借鉴 Bamberg 和 Möser（2007）的亲环境行为问卷，采用 10 道是否题来测量，"1" 表示是，"0" 表示否。

（三）结果分析

（1）操纵检验：高环境焦虑组在操纵检验后的环境焦虑程度（M = 3.01，SD = 0.403，n = 102）显著高于低环境焦虑组（M = 2.08，SD = 0.495，n = 103），t（203）= 14.581，p<0.001，cohen's d = 2.060，实验地当时的 PM2.5 的浓度为 69 微克/立方米，空气质量为良，说明实验材料选取成功。

（2）在对亲环境行为意向的检验中发现（见图 5-17），高环境焦虑组的亲环境行为意向（M = 4.08，SD = 0.647，n = 102）显著高于低环境焦虑组（M = 3.66，SD = 0.807，n = 103），t（203）= 4.134，p<0.001，cohen's d = 0.574，说明被试的环境焦虑升高，其亲环境行为意向也得到提高。同时在对控制变量的

分析中发现，各实验组被试之前的亲环境行为的差异均不显著 [t（203）=
-0.422，p=0.674]，说明其不会影响分析的结果。

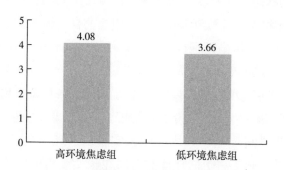

图 5-17　环境焦虑对亲环境行为意向的影响

（四）讨论

研究一发现，当消费者的环境焦虑提升时，其亲环境行为意向提升，H1 得
到验证。但是当消费者的环境焦虑提升后，由于消费者存在不同的自我差异，所
以其产生亲环境行为的动机可能存在差异，同时其内在的心理机制也不同。为了
对不同自我差异情况下，环境焦虑影响亲环境行为的边界条件和内在机制进行分
析，笔者设计并实施了如下研究。

四、研究二：自我差异与亲环境提升/补偿行为的关系

研究二的目的是验证自我差异在环境焦虑对亲环境行为的影响中起调节作用
（H2），以及消费者内在的心理机制。采用双因素两水平（环境焦虑：低 vs. 高；
自我差异：小 vs. 大）被试间实验设计方法，目的是在被试自我差异大或小的条
件下，检验环境焦虑对亲环境行为的影响。自变量为环境焦虑，中介变量为愧疚
感和自豪感，因变量为促进性亲环境行为意向和补偿性亲环境行为意向，调节变
量为自我差异，同时为了降低被试之前的亲环境行为以及当前的环境状况给研究
的结果带来的影响，同时测量被试之前的亲环境行为及实验时的 PM2.5 的浓度
作为研究的控制变量。

（一）实验材料及流程

360 名大学生（男生 137 人）参与正式实验，所有人被随机分为 4 组（环境
焦虑高 vs. 低×自我差异大 vs. 小）。对被试环境焦虑的启动沿用本节研究一中的

操控方式，而对于自我差异的启动则借鉴 Gao 等（2009）对自我信心的操控，主要从自我概念确认的角度来激活被试的自我差异。另外，借鉴 Spielberger 和 Sydeman（2010）的状态焦虑量表、Antonetti 和 Maklan（2014）的愧疚感与自豪感量表以及 Bamberg 和 Möser（2007）的亲环境行为量表来测量被试的环境焦虑、促进动机、补偿动机、愧疚感、自豪感、亲环境行为意向以及之前的亲环境行为。其中，状态焦虑量表采用 4 级量表测量，"1"为完全没有，"2"为有些，"3"为中等程度，"4"为非常明显；亲环境行为量表采用 10 道是否题来测量，"1"表示是，"0"表示否；其余量表均采用李克特 5 级量表进行测量，"1"为完全不同意，"5"为完全同意。对于补偿性亲环境行为意向和促进性亲环境行为意向，尚没有研究工具可对这两个构念进行直接的测量，为了验证补偿性亲环境行为意向和促进性亲环境行为意向的因变量效应，笔者通过以下方式对这两个构念进行测量。对补偿性亲环境行为意向的测量参考金晓彤等（2017）对自我补偿性动机的研究，这里编制了 3 个题项对补偿性亲环境行为进行测量（Cronbach's α = 0.808）：①做出环保行为会让我在挫折后感觉好一些；②如果我的环保主义者的身份并不被身边的人认同，那么进行亲环境行为可以得到一定的补偿；③做出环保行为可以让我得到心理上的补偿。对于促进性亲环境行为意向的测量，虽然学界对自我促进动机的测量研究较多，形成了 HSW 量表（Taylor & Gollwitzer，1995），但是尚无对促进性亲环境行为意向的测量。本研究结合 HSW 量表和 Ajzen（1991）的行为意向量表，编制了 4 个题项对促进性亲环境行为意向进行测量（Cronbach's α = 0.928）：①相比以前，我更加愿意收集和学习关于环境保护的信息；②相比以前，我更加愿意推荐我的亲戚朋友来参与环境保护活动；③相比以前，我更加愿意将环境保护的信息和经验推荐给我的家人；④相比以前，我更加愿意参与环境保护行动。

在正式实验中，被试首先观赏环境焦虑启动图片并根据图片内容填写 5 个形容词汇（与本节的研究一相同），然后填写状态焦虑量表；其次根据组别被要求写两段不超过 100 字的文字，第一段文字要求被试描述自身在环境保护方面的成功（失败）经历，第二段文字要求被试对前文所述经历进行自我评价并打分，"1"为最低分，"7"为最高分；最后继续填写愧疚感和自豪感量表、促进性亲环境行为意向与补偿性亲环境行为意向量表、亲环境行为量表。

（二）结果分析

（1）操纵检验：高环境焦虑组在操纵检验后的环境焦虑程度（M = 2.89，

SD＝0.438，n＝180）显著高于低环境焦虑组（M＝1.89，SD＝0.507，n＝180），t（358）＝20.165，p<0.001，cohen's d＝2.111；大自我差异组在操纵检验后的自我差异（M＝3.04，SD＝0.723，n＝180）显著高于小自我差异组（M＝2.76，SD＝0.979，n＝180），t（358）＝3.144，p<0.01，cohen's d＝0.325，实验地当时的PM2.5的浓度为57微克/立方米，空气质量为良，说明实验材料选取成功。

（2）假设检验：采用两因素方差分析方法分析环境焦虑与自我差异的交互作用，当因变量为补偿性亲环境意向时，环境焦虑与自我差异的交互作用显著（F＝4.857，p<0.05），同时如表5-1所示，当自我差异较大时，环境焦虑对补偿性亲环境行为意向具有显著的正向影响（β＝0.319，t＝4.436，p<0.001），H2a得到支持；当因变量为促进性亲环境行为意向时，环境焦虑与自我差异的交互作用不显著（F＝2.229，ns），同时环境焦虑无论在自我差异较大（β＝0.111，t＝1.465，ns）和自我差异较低（β＝0.011，t＝0.148，ns）两种状态下都不显著，H2b没有得到支持。另外，在自我差异较小的情况下，环境焦虑对补偿性亲环境行为意向的影响同样不显著（β＝0.121，t＝1.628，ns）。

表5-1　多群组回归分析统计

	大自我差异				小自我差异			
	促进性亲环境行为意向		补偿性亲环境行为意向		促进性亲环境行为意向		补偿性亲环境行为意向	
	估计值	t	估计值	t	估计值	t	估计值	t
控制变量								
前亲环境行为	−0.035	−0.464	−0.137	−1.909	0.126	1.680	0.135	1.813
自变量								
环境焦虑	0.111	1.465	0.319***	4.436	0.011	0.148	0.121	1.628
R^2	0.012		0.107		0.016		0.036	
调整后 R^2	0.001		0.097		0.005		0.025	
ΔR^2	0.012		0.099		0.000		0.014	
F 值	2.145		19.675		0.022		2.650	

注：＊＊＊表示p<0.001，＊＊表示p<0.01，＊表示p<0.05。

在环境焦虑对亲环境行为意向的中介效应的分析中，当自我差异较小时，环境焦虑对补偿性亲环境行为意向和促进性亲环境行为意向的总效应不显著，故无须进一步探讨其内在中介机制（Baron & Kenny，1986），所以 H3a 未获支持。对于自我差异较大时，愧疚感在环境焦虑与补偿性亲环境行为意向间的中介效应，采用 Bootstrap 的方法来检验（Hayes，2013），通过 5000 次 Bootstrap 结果发现，在自我差异较大的情况下，愧疚感在环境焦虑与补偿性亲环境行为意向间的中介效应显著（Indirect Effect = 0.084，LLCI = 0.0065，ULCI = 0.1876），故而 H3b 被证实。

（三）讨论

研究二发现在自我差异较大的情况下，环境焦虑能够显著正向影响补偿性亲环境行为意向，同时愧疚感在其中产生了显著的中介效应。而无论是在自我差异较大还是自我差异较小的情况下，环境焦虑都无法显著影响促进性亲环境行为意向，以及在自我差异较小的情况下，环境焦虑对补偿性亲环境行为意向的影响也不显著。这说明就消费者而言，当其自我差异受到威胁时，其环境焦虑的程度越高，越能形成具体的亲环境行为意向，这种亲环境行为意向可能并非是主动的，而更多的是从补偿的角度被动地做出亲环境行为，以缓解自我差异受到威胁时所带来的心理不适以及获得更多的社会认同。在此过程中，消费者对之前非亲环境行为的愧疚感，起到了重要的中介作用。

五、结论与展望

本节从注意控制和自我差异的视角研究发现：环境焦虑能够正向影响个体的亲环境行为，同时由于自我差异的存在，个体产生的亲环境行为的内在动机存在明显的差异。当自我差异较大时，环境焦虑能够显著影响个体的补偿性亲环境行为意向，愧疚感在其中产生了重要的中介作用。当自我差异较小时，个体的环境焦虑水平则无法影响其亲环境行为意向的进一步产生。研究结果证明了环境焦虑在一定程度上可以转化为具体的亲环境行为，同时这种亲环境行为意向的产生并非受其内在驱动的影响，而是受到外在社会心理要素的影响。研究中未获得支持的假设，从一个侧面进一步论证了前人关于负向情感相比于正向情感更能够影响亲环境行为的研究结论（庞英等，2017；王建明、吴龙昌，2015）。

本节的研究具有几点启示：首先，相比于正向的情绪，个体对环境问题的适度焦虑能够影响其亲环境行为的产生，故而在产品营销过程中，相比较突出环境优良的好处，不如突出环境污染所带来的负面效果，更能够刺激消费者亲环境行为的产生；其次，个体的自我差异较大时，高环境焦虑感更容易激活消费者的愧疚感，进而使其产生补偿性亲环境行为，在具体的情况下可以进一步突出个体在环境保护方面的不足，从而提升个体做出亲环境行为的意向。这些启示无论对政府推广绿色发展政策还是企业开展绿色营销活动都具有较为重要的意义。

本节的研究同时也存在几点不足：第一，仅从环境焦虑这一角度探讨负向情绪与亲环境行为之间的关系，而焦虑情绪仅为负向情绪中的一种，未能从更加全面的视角分析负向情绪与亲环境行为的关系；第二，虽然将亲环境行为意向分为促进性亲环境行为意向和补偿性亲环境行为意向，但是这一划分维度并不能全面概括亲环境行为意向；第三，在自我差异的视角下，仅论证了环境焦虑能够正向影响补偿性亲环境行为意向，同时愧疚感在其中产生中介效应，而环境焦虑与促进性亲环境行为意向的关系却没有得到数据的证实，其中存在哪些未知的影响变量还需要进行进一步的理论探索和总结。

第四节　本章小结

本章采用广告信息策略、公众获知策略和环境焦虑策略三种基于消费者所处环境的柔性干预政策来分析消费者生活方式绿色化的机制。在第一节里，我们讨论了绿色广告的信息框架与消费者环境态度、环境知识的交互效应对绿色广告有效性的影响。第一节的研究一探求了影响绿色广告有效性的外部刺激和消费者的心理特征，同时考虑了信息框架和环境态度的交互效应以及处理流畅性的中介作用。结果表明，当消费者具有强烈的环境态度时，获得框架下的绿色广告比损失框架下的绿色广告更显著地影响消费者对绿色广告和产品的态度以及他们的亲环境行为意向。相反，如果消费者的环境态度较弱，损益框架的绿色广告比收益框架的信息更显著地影响他们对绿色广告和产品的态度，但不影响他们的亲环境行为。研究还发现，处理流畅性在信息框架和环境态度对绿色广告有效性的交互作用中起中介作用。第一节的研究二利用两个实验实证考察了绿色广告的信息框架（获得框架与损失框架）与消费者的环境知识（主观环境知识与客观环境知识）之间的交互效应对绿色广告有效性的影响。研究结果显示：绿色广告的框架效应会与消费者内在的环境知识产生交互效应，进而使绿色广告的有效性表现出差异。在实验一中，这种差异体现在：在获得框架下，消费者的主观环境知识会正向影响绿色广告有效性，而客观环境知识会负向影响绿色广告有效性；在损失框架下，消费者的主观环境知识会负向影响绿色广告有效性，而客观环境知识会正向影响绿色广告有效性。实验二进一步验证了实验一的结论，同时论证了真实性感知在信息框架与环境知识的交互效应对绿色广告有效性影响中的调节效应，特别指出在损失框架下，真实性感知在主观环境知识对绿色广告有效性影响中的中介效应不显著。第二节选择公众获知策略来分析消费者绿色产品价格敏感度的变化，研究的重点是公众获知对消费者绿色产品价格敏感度的作用，以及影响这一作用的因素。通过三项实验，分析公众获知与绿色产品价格敏感度之间的关系，以及自我建构和时间距离对这一关系的调节作用。实验一发现公众获知显著负向影响消费者的绿色产品价格敏感度。当公众获知被激活时，独立型自我建构的消费者比相依型自我建构的消费者对绿色产品的价格更敏感。实验二证实了实验一的结论，并发现当公众获知被激活时，相比于初次购买绿色产品，独立型自我建构的消费者再次购买绿色产品时表现出更强的价格敏感度。

以上研究从公共政策创新的角度探寻了促使消费者生活方式绿色化的机制，而这种机制最终将会作用于消费者对于绿色环境问题的获得感。

第六章 研究总结与政策建议

本章对全书的研究结论进行总结，第一节总结质性研究的主要结论，第二节总结量性研究的主要结论，第三节提出生活方式绿色化促进获得感提升的公共政策思路，第四节对未来的研究进行展望。

第一节 质性研究结论

根据第三章的质性研究结果，本书发展和建构出生活方式绿色化促进获得感提升的公共政策—消费者生活方式绿色化—获得感提升整合模型，其内容可以概括为环境心理和群体因素对消费者实际获得感产生显著影响，即两者构成了在生活方式绿色化过程中消费者获得感提升的主要影响变量，情感归属在其中产生中介作用。下面进一步对该整合模型进行阐释：

一、质性研究的整合模型总结

（一）环境心理与消费者获得感之间的关系

环境心理与消费者获得感之间的关系是非常密切的。在前文对整合模型的阐释中，我们强调两者之间的关系体现在如下三个方面：首先，环境意识。环境意识的提升，使消费者对生态价值的感知成为衡量其获得感的一个关键因素。其次，绿色价值权衡。价值始终是消费者购买商品最为重要的影响因素，与传统产品相比较，绿色产品胜在绿色价值，这就使绿色产品的绿色属性成为消费者权衡绿色产品价值的关键要素，成为绿色产品是否能够被消费者选择的影响因素。最后，适度消费。适度消费意味着哪怕消费者购买的都是绿色产品，但是由于铺张和浪费最终也会带来非绿色的效果，而适度消费能够在满足自身需求的同时最大程度地降低自身行为对环境产生的危害，实现个人消费与社会价值、个人价值和绿色价值的统一。

（二）群体因素与消费者获得感之间的关系

群体因素也是制约消费者获得感产生的关键因素。消费者不是独立存在的，他的周围有家人、朋友、同事、同学，甚至是陌生人，消费者自身也是某个社会群体中的一员，其自身的行为会受到群体的影响（Wu et al.，2019）。所以消费者有时会由于社会群体的压力或是示范行为会影响消费者的判断（Deutsch & Gerard，1955；Rettie et al.，2014），导致消费者可能会产生某些并不是其内在真实诉求的行为，但是这些能够符合所属社会群体的期望和认同。消费者得到的社会认同结果会进一步加深自身对进行该行为的信心和动机，当这些行为得到了消费者所期待的社会结果时，会成为其从社会角度提升获得感的重要影响因素。

（三）情感归属对消费者获得感的影响

消费者所面临的群体因素和环境心理因素最终会表现为消费者面对某个特殊情境时的情感归因反应，这种情感归因反应是由消费者所处的客观环境和个人特质等因素决定的（Brunsting et al.，2021）。也会直接影响消费者对当前所面临的负向或正向环境的反思，甚至是对风险因素的态度和接下来的行动（Böhm & Pfister，2008）。而不同情感归属背景下，消费者对于获得感诉求可能会存在差异，如在环境污染的背景下，消费者从情感上表现为对环境的关心，在情感归因上表现为认同每个人都应为环境改善作出贡献，与此同时消费者对于获得感的诉求表现为对环境改善所得到的优良生态环境的客观获得和在优良生活环境下愉悦生活的主观获得。

二、质性研究的分解模型总结

在质性研究构建的模型确认了生活方式绿色化与获得感提升具有较强的理论和逻辑关系的基础上，可进一步将本书的研究重点，即生活方式绿色化促进获得感提升的机制及公共政策的创新研究细化为两个方面：一方面是生活方式绿色化的内在机制如何发挥作用，另一方面是如何通过公共政策创新驱动消费者生活方式绿色化。下面将对这两个方面进行更为具体的阐述。

（一）第一个方面：消费者生活方式绿色化的内在实现机制

通过分析消费者生活方式绿色化的内在实现机制，我们得到如下结论。首先，消费者生活方式绿色化是消费者对绿色价值进行权衡的结果，价值权衡始终贯穿于消费者生活方式绿色化的过程中。消费者的价值权衡首先体现在，面对一般产品和绿色产品，消费者是否愿意为了环保价值而承受更高的产品价格。现有研究发现，绿色产品的价格一般要比一般产品高 15% 以上，会使消费者难以抉择，特别是当消费者具有较好的环境意识时更是如此。一边是需要支付更高的价格，另一边是环保效益，消费者最终做出的选择始终是消费者生活方式绿色化水平和自身获得感提升的重要影响因素。

如果消费者进行了价值权衡，那么其践行绿色生活方式一定是经过深思熟虑的、是理性的选择，体现在如下方面：第一，绿色生活方式是长期的行为累积，而非短时间的行为改变，如果只凭一时兴起难以持续，表现为消费者长期偏好绿色产品环境问题；第二，消费者能够知晓自身行为是否符合所属社会群体及身边重要他人的期望，这种期望同时也是一种压力，引导个体做出符合所属社会群体期望的行为；第三，消费者能感知自身是否具有践行绿色生活方式的能力。

消费者的生活方式绿色化是对行为的理性选择，那么必然会经历从旧行为到新行为的转变过程。本书不同于传统研究对消费者生活方式绿色化进行切片研究，而是要从过程的角度分析消费者如何中断旧有行为，以及为什么绿色生活方式及其相关行为能够接续。这其中隐含着一个基本的逻辑，即在消费者的某些行为中断后，若新的行为对消费者没有足够的吸引力，无法产生其旧有行为所产生的利益，那么消费者最终还是会回到旧有的行为路径上去，消费者生活方式的绿色转变行为就不会发生，即使发生也难以持续，只能是行为的偶发性转变和恢复，无法成为行为习惯。所以消费者生活方式绿色化的条件是从流新行为产生的价值能够抵补消费者旧有行为中断所产生的价值断层，这也是消费者生活方式绿色化能否持续的关键。

（二）第二个方面：消费者生活方式绿色化的外部促进机制

在质性研究中，我们发现驱动消费者生活方式绿色化的外部因素可以归纳为两类。一类是消费者与其所属社会群体互动时所产生的社会比较和社会压力效应，这种外在的社会比较和社会压力会影响消费者选择绿色产品和以消费绿色产品为代表的绿色生活方式。消费者所感知到的社会比较和社会压力可能来自身边的重要他人，如父母、伴侣或亲密朋友，也有可能来自陌生的其他消费者，当消费者的购买行为被其他人所关注，而其自身能够感知到这种关注的时候，其行为中的自主性就会被大大削弱，而具有更多的社会性。消费者感知到的社会压力和社会比较越多，越会产生自身行为被他人认可的动机，即使消费者所关注的他人其实并没有对消费者的行为产生任何的心理或生理反应。

另一类是消费者在日常生活中会受到与生活方式绿色化相关的广告宣传的影响。传统的绿色广告往往采用的是"大水漫灌"的方法，即增加广告播放量达到向消费者宣传的目的，但是其忽略了很重要的一点，就是消费者在个人特质、环境心理、知识水平之间是存在显著差异的，传统的做法往往难以打动人心。因此针对消费者的个体差异，定制化的广告手段成为推动消费者生活方式绿色化的重要抓手，特别是在大数据和云计算等技术业已成熟的当下，通过机器学习和深度学习等算法获知消费者的差异性，定制化地推送广告，可提升绿色广告的效力。定制化的绿色广告政策与消费者的个人特质之间产生合力，最终将推动消费者生活方式绿色化。

两类外部因素不仅能够驱动消费者的生活方式绿色化，还能够影响消费者的获得感，其中情感归属起到了重要的调节效应。外部因素构建了一个情境，在这个情境下消费者的情感被启动，即对所处的情境产生情感类反应，并最终做出具体的行为决策，这是情感归属作为中介变量的一个突出表现。同时，情感归属也可以单独作为一个政策工具来提升或降低消费者的获得感，比如在环境污染的情境下，消费者对环境问题会产生焦虑感，在环境得到改善后，消费者会更加珍惜环境改善的客观获得，这也可以成为公共政策创新的一个重要切入点。

第二节　量性研究结论

一、基于消费者环境心理的生活方式绿色化的机制模型研究的结果

第四章采用两阶段的研究框架，来探讨消费者生活方式绿色化的机理。第一阶段侧重于从绿色感知价值入手，分析消费者生活方式绿色化的过程及边界条件。第二阶段借助量化工具，以消费者的量化自我为突破口动态分析消费者生活方式绿色化的机制。具体结果如下：

（一）基于绿色感知价值的消费者生活方式绿色化机制研究结果

第四章第一节采用三个独立的研究来讨论消费者生活方式绿色化的实现机制，以及绿色感知价值在其中产生的作用。

在基于计划行为理论的绿色感知价值形成机制的研究中，我们认为消费者的绿色消费行为是理性的，且受到客观环境的限制，基于此本书提出深思熟虑的消费者能否获得更多绿色感知价值这一问题。我们以计划行为理论为理论框架，分析绿色消费中消费者的环境态度、主观规范与感知行为控制对绿色感知价值的影响。实证研究发现：①环境态度对绿色感知价值的影响不显著；②主观规范和感知行为控制能够显著正向影响绿色感知价值；③主观规范在环境态度与绿色感知价值间起完全中介作用。研究结论较好地说明了绿色消费行为下消费者绿色感知价值的生成机制，有助于指导差异化的绿色营销活动的开展。

在基于绿色感知价值的生活方式绿色转化过程的研究中，我们认为居民生活方式与消费行为的绿色互动是生活方式绿色化的必由之路。我们从绿色感知价值和绿色产品涉入度角度切入，通过构建生活方式与绿色消费意愿的心理转化模型，以购买节能灯泡为例，基于765份消费者调研数据，运用PLS-SEM方法探索生活方式转化为绿色消费意愿的机理。研究结果表明：消费者的时尚意识、领导意识与发展意识对消费者感知绿色产品的价值，以及形成绿色消费意愿都具有积极的影响，绿色感知价值在时尚意识、领导意识和发展意识对绿色消费意愿的影响中产生间接效应。绿色产品涉入度在消费者绿色感知价值对绿色消费意愿的影响过程中起到负向的调节作用。

在基于计划行为理论的生活方式绿色转化边界的研究中，我们认为生活方式绿色化对推进我国经济供给侧结构性改革提供了稳定的绿色需求，但目前对生活方式绿色化的机理以及其内部与外部的调节因素的研究缺少。我们基于计划行为理论，构建了生活方式与绿色消费意愿的双重交互模型，通过实证检验发现：①生活方式维度中的时尚意识、领导意识、价格意识及发展意识对绿色消费意愿具有显著的正向影响；②主观规范在时尚意识和发展意识与绿色消费意愿的关系中起到正向的交互作用；③感知行为控制在时尚意识和价格意识与绿色消费意愿的关系中起到正向的交互作用。

通过以上三个研究，我们从计划行为理论和绿色感知价值多个角度对消费者生活方式绿色化的过程进行了刻画，帮助我们进一步厘清了生活方式绿色化的内部机理。

（二）基于量化自我过程视角的生活方式绿色转变机制研究结果

在从量化自我过程视角分析消费者生活方式绿色化路径的过程中，我们发现量化情景虽然已经成为消费者在日常生活中的一种常态化情景，然而现有研究仍停留在分析消费者是否应参与量化行为，而对量化行为对消费者生活方式，特别是生活方式绿色转变的影响缺乏认识和理解。第四章第二节通过两个实验，实证考察了量化自我对消费者生活方式绿色转变的影响。结果显示：第一，相比非量化情景，量化情景能够帮助消费者产生更强的生活方式绿色转变意愿，同时消费者只有更为积极地参与并沉浸于量化情景，这种转变意愿才更强烈。第二，消费者对量化结果的感知不一致和自尊水平之间的交互作用显著地影响了消费者对于旧有行为的中断意愿。在量化过程中，无论是消费者产生积极的感知不一致还是消极的感知不一致，高自尊水平的消费者要比低自尊水平的消费者对之前的行为产生更强的中断意愿，但是值得注意的是高自尊水平的消费者在产生消极的感知不一致时，会比产生积极感知不一致时具有更强的旧有行为中断意愿，这也说明消极的感知不一致更能够激发消费者的自尊，进而产生更强的行为意愿。第三，在旧有行为中断到新的绿色生活方式接续的过程中，自主需要、能力需要和归属需要产生了显著的中介作用。当量化情景促使消费者对旧有行为产生中断意愿之后，只有满足了消费者对自主、归属和能力的需要，才能使消费者产生绿色生活方式接续意愿。第四章第二节的最后对该节研究的理论贡献和启示进行了归纳，并对推广绿色产品和推动绿色治理提出了具有针对性的政策建议。

通过以上对消费者生活方式绿色化机理的研究，我们可以归纳出生活方式绿色化的本质在于行为转变和价值权衡，这两点贯穿于消费者生活方式绿色化的各个环节，也是制定公共管理政策的重要标靶。

二、基于公共干预政策的消费者生活方式绿色化机制模型研究的结果

在基于公共干预政策的消费者生活方式绿色化机制的研究中，根据质性研究所涉及的公共干预政策，从柔性管理的角度提出如下三个公共干预政策，具体而言：

（一）广告信息策略对消费者行为决策的影响研究结果

在广告信息策略对消费者行为决策的研究中，我们分析了两种不同的消费者个人特质与广告信息框架的交互效应对绿色广告效果的影响。这两种不同的个人

特质，分别是环境态度和环境知识。

在信息框架与环境态度的交互效应对绿色广告有效性的影响研究中，本书探讨了绿色广告对消费者的外在刺激和影响绿色广告效果的消费者的内在心理特征。考虑信息框架与环境态度的交互作用及处理流畅性的中介作用的研究结果显示，当消费者具有强烈的环境态度时，绿色广告的获得框架相比损失框架对消费者的绿色广告态度、绿色产品态度和亲环境行为意向的影响更显著，而当消费者的环境态度较弱时，损失框架相比获得框架对消费者的绿色广告态度、绿色产品态度的影响更显著，但对消费者亲环境行为意向的影响两者无明显差异。处理流畅性在信息框架、环境态度对绿色广告有效性的影响中起中介作用。

在信息框架与环境知识的交互效应对绿色广告有效性的影响研究中，利用两个实验实证考察了绿色广告的信息框架（获得框架与损失框架）与消费者环境知识（主观环境知识与客观环境知识）的交互效应对绿色广告有效性的影响。研究结果显示：绿色广告的信息框架会与消费者内在的环境知识产生交互效应，进而使绿色广告在有效性上表现出差异。在获得框架下，消费者的主观环境知识会正向影响绿色广告有效性，而客观环境知识会负向影响绿色广告有效性；在损失框架下，消费者的主观环境知识会负向影响绿色广告有效性，而客观环境知识会正向影响绿色广告有效性。检验真实性感知在信息框架与环境知识对绿色广告有效性影响中的作用发现，在损失框架下，真实性感知在主观环境知识对绿色广告有效性影响中的中介效应不显著。

（二）公众获知策略对消费者绿色产品价格敏感度的影响研究结果

公众获知策略是基于质性研究中关于社会因素对消费者生活方式绿色化和获得感提升的影响所提出的公共干预政策，本书从消费者的日常消费情境出发，构建了公众获知与消费者绿色产品价格敏感度之间的研究模型。第五章第二节试图通过降低消费者对绿色产品的价格敏感度来促进消费者对绿色产品的购买，引入公众获知这一情境化概念，通过三个实验分析公众获知对消费者绿色产品价格敏感度的影响，以及消费者自我建构和时间距离在其中的交互与溢出效应。通过研究发现，公众获知能够显著负向影响消费者的绿色产品价格敏感度，同时相比相依型自我建构的消费者，独立型自我建构的消费者在公众获知的影响下表现出更高的绿色产品价格敏感度；独立型自我建构倾向较强的消费者在公众获知的影响下，相比于初次购买绿色产品，再次购买绿色产品时表现出更高的价格敏感度，而这种价格敏感度在初次购买与再次购买之间时间距离的影响下，呈现出倒 U 形的变化趋势。

（三）环境焦虑策略对消费者绿色产品购买行为意向的影响研究结果

环境焦虑策略是基于质性研究中的情感归属因素所设计的公共干预策略。本书基于注意控制理论和自我差异理论，分析了自我差异视角下的环境焦虑对消费者亲环境行为意向的影响机制。研究发现：当自我差异较大时，个体的环境焦虑能够显著影响其补偿性亲环境行为意向，愧疚感在其中产生了显著的中介效应，同时个体的环境焦虑对促进性亲环境行为意向的影响不显著；而当自我差异较小时，环境焦虑无论对促进性亲环境行为意向还是补偿性亲环境行为意向的影响都不显著。

第三节　生活方式绿色化促进获得感提升的公共政策思路

围绕以上研究结果，本书认为生活方式绿色化促进获得感提升可以从如下几个方面进行：

一、基于消费者的绿色价值权衡情境设计生活方式绿色化促进获得感提升的公共干预政策

消费者在生活方式绿色化过程中的绿色价值权衡是本书提出的重要观点，理性的消费者始终在寻找最优的行为决策，这种决策符合自身的期望和偏好、身边重要他人的期待且自身有能力来完成。因此，在生活方式绿色化的全过程中突出绿色产品所具有的价值，使消费者在比较非绿色生活方式和绿色生活方式时，将绿色生活方式排在消费者行为价值的前列，成为消费者进行行为决策的首选，是推进生活方式绿色化，并提高获得感的关键。

实现这样的目标，就公共干预政策来说，需要一个合理的切入点。对于具有不同生活方式绿色化水平的消费者，促使他们推进生活方式绿色化的侧重点也不同，即利用所谓的定制化工具，对消费者生活方式绿色化的发展阶段进行干预。

（一）生活方式绿色化的初期，公共干预政策应关注行为转变

消费者在生活方式绿色化的初期面临的主要问题是如何将旧有的非绿色消费行为转化为新的绿色消费行为，因此公共政策应考虑如何使消费者中断其旧有的非绿色消费行为。此时公共干预政策的目标是让消费者充分认识到非绿色消费行为相比绿色消费行为所带来的负面影响，增加其进行价值权衡的综合考量因素。通过消费者增强其环境意识，提升其将环境相关的政府决策更好地出现在消费者的绿色价值权衡中，促使消费者的行为向绿色方向转变。

（二）生活方式绿色化的中期，公共干预政策应关注行为维持

消费者在生活方式绿色化的中期面临的主要问题是如何维持新的绿色生活方式，而不恢复旧有的非绿色生活方式。因此，公共政策应考虑如何提升绿色生活方式对消费者的吸引力，使其在再次的价值权衡过程中仍然认同生活方式绿色化所取得的成果，认可在绿色方面取得的获得感。这一阶段，公共干预政策应让消费者理解自身的绿色生活方式所具有的意义，以及如果自身不践行绿色生活方式，将会给社会带来消极的影响，从而从根本上避免消费者恢复旧有的非绿色生活方式，提升绿色生活方式及其相关行为的可持续性。

（三）生活方式绿色化的后期，公共干预政策应关注行为创新

消费者在生活方式绿色化的后期面临的主要问题是如何随着技术的发展进一步创新和转换行为。值得注意的是，随着环保技术的提升，之前的环境保护行为可能逐渐成为危害环境的行为，原来的绿色行为可能也会被新的绿色行为所取代。因此，公共政策应让消费者认识到其应该学习新的环境保护知识，提升其创新绿色生活方式的能力，从而保证消费者生活方式的绿色水平始终处于迭代上升的趋势中。

二、基于消费者的社会群体因素设计生活方式绿色化促进获得感提升的公共干预政策

推进消费和社会群体因素的紧密联系，是一个非常重要的侧重点。随着量化情景逐渐深入到消费者生活中的方方面面，如何借助量化情景推动消费者生活方式绿色化已经成为政府和企业关注的重要问题，本书的研究结论能够给政府和企业在量化情景下制定促进消费者生活方式绿色化的公共政策和管理政策提供一些借鉴。

（一）将量化情景设计嵌入居民生活方式绿色化的过程中

本书明确了绿色化的量化情景对消费者的生活方式绿色化起到积极的作用，政府在推进我国居民生活方式绿色化这一重大工程中，可以尝试设计量化情景，使消费者对自身与绿色、低碳和环保相关的行为活动进行量化、数据汇集、群体比较，鼓励和帮助消费者产生、确认自身对环境的友好性行为，促使消费者建立生活方式绿色化的心理自信，并最终逐渐摆脱非绿色生活方式，形成稳定、持续和不断跃迁的绿色生活方式。

（二）通过量化情景设计搭建生产和消费、供给与需求的桥梁

量化情景的广泛使用不仅意味着对绿色量化工具提供者的厂商有了新的市场机遇，同时消费者绿色生活方式行为的不断深化和需求的逐步旺盛也能拓展到我国与绿色相关的周边产业，不仅能够为现有绿色产业提供持续发展的绿色需求动能，同时还能推动传统非绿色产业为迎合市场的绿色化需求向绿色化生产方式上进行转变，从需求侧促进传统产业的绿色系统化结构转变。

（三）将量化情景设计贯穿消费者行为转变的全生命周期

本书通过分析量化自我过程对消费者生活方式绿色转变过程的影响，指出以往对于促进消费者生活方式绿色转变的研究仅聚焦于消费者的单次绿色行为，但这种行为的产生可能带有偶发性和难以持续性，并不意味着绿色生活方式的持续形成和不断改进，因此企业通过构建量化情景等营销手段对消费者旧有的非绿色生活方式进行干预，在消费者中断旧有的行为习惯之后，还需要持续进行更加深入的营销刺激使消费者持续践行绿色生活方式。这也意味着企业在开展营销活动时不能仅关注消费者的单次消费行为，而应从消费者生命周期的角度分析消费者生活方式绿色化的初期行为转变、中期行为维持和长期行为持续等不同阶段的心理与行为特点，围绕这些特点不断巩固和提升消费者生活方式的绿色化水平，形成不反弹、可持续的良性发展态势。

（四）在量化情景中凸显满足消费者差异化需要的重要性

本书认为在推进消费者生活方式绿色化和获得感提升的过程中，量化情景可以作为一个重要的公共政策管理载体，在量化情景中消费者生活方式绿色化的基础是其基本的心理需要被满足，企业可以从分析消费者的自主需要、能力需要和归属需要入手，针对性地设计产品，提升绿色生活方式的吸引力，以实现绿色生活方式全民普及和获得感提升的最终目标。

三、基于消费者的情感归属设计生活方式绿色化促进获得感提升的公共干预政策

情感归属是推动消费者生活方式绿色化和获得感提升的重要因素，本书认为设计不同的情境有助于消费者的生活方式绿色化。

（一）消极情感可能要比积极情感更能够激活消费者生活方式绿色化的行动力

通过研究发现，与积极情绪相比，环境焦虑这种消极情绪能够更有效地刺激消费者产生亲环境行为意向，这与 Wang 和 Wu（2015）的观点一致。因此，比起向消费者传输改善环境的信息，公共干预政策强调环境污染的有害影响更能刺激消费者的生活方式绿色化。消费者的环境焦虑可以在短期内控制和影响他们的行为，其产生的亲环境行为是为了减小环境焦虑给其身体和心理带来的负面影响。从这个角度来看，让消费者产生环境焦虑，有助于提高他们的环境意识，做出亲环境行为。

（二）细分情感心理路径，构建不同情境下的情感体验

虽然消费者普遍存在环境焦虑，但他们产生亲环境行为的心理路径是不同的。部分消费者由于担心环境污染，会产生促进性亲环境行为以让环境向更积极的方向发展，而另一部分消费者则因为之前的非环境行为不符合他们所属的社会群体的共识产生补偿性亲环境行为。当社会群体的价值共识为亲环境行为，且消费者的亲环境行为满足社会群体的价值标准，则其产生的自我差异较小，若消费者的行为不符合其社会群体的价值标准，其自我差异就会较高，为了缩小这一差距，消费者将产生补偿性亲环境行为。因此，公共管理政策的设计应突出两种不同的政策制定情境：一种是亲环境行为对社会的积极影响；另一种是如果消费者不做出亲环境行为可能会给社会带来的危害，以驱使消费者产生亲环境行为。

四、基于消费者的环境信息获取设计生活方式绿色化促进获得感提升的绿色广告策略

虽然传统的"广撒网"式的绿色广告策略可以快速传递产品信息，但要保证产品信息的准确传递或激活消费者对绿色产品的认知并不容易。本书的研究对提高绿色广告的有效性具有实际意义，建议在定制广告的背景下，根据消费者环境态度的差异，提升品牌资产。首先，企业可以利用大数据算法等方法判定受众

的环保态度，为后期绿色广告的精准投放奠定基础。绿色广告要想更有效地影响消费者对绿色产品和品牌的态度，产生更强的行为变化意向，就不能只关注广告的投放范围而忽视反馈。其次，企业可以根据消费者环境态度变化的时间序列，调整广告信息框架，以增强消费者购买绿色产品的意愿。例如，当消费者的环境态度较弱时，投放损失框架的广告以使消费者对绿色产品产生更积极的态度。当消费者的环保意识随着使用这些绿色产品而提高时，可以使用收益框架的广告增强消费对绿色产品和品牌的忠诚度。最后，厂商可以根据消费者的环境态度组织广告的语言，以提高消费者的处理流畅性，帮助他们做出购买绿色产品的选择。

第四节 未来研究展望

推动我国居民生活方式绿色化和获得感提升是一项任重道远的历史工程，本书虽对生活方式绿色化的内在机制进行了分析，从绿色广告、公众获知以及环境焦虑三个角度创新性地提出了公共政策解决办法，但仍存在一定的局限，未来需进一步探讨。在对生活方式绿色化促进获得感提升的机制进行探求方面，本书仅从价值权衡的角度对消费者生活方式绿色化的机制和获得感产生的机制进行了研究，未来可从其他角度切入，以深入理解生活方式绿色化促进获得感提升的机理。

参考文献

［1］Abrahamse W, Steg L, Vlek C, Rothengatter T. （2007）. The Effect of Tailored Information, Goal Setting, and Tailored Feedback on Household Energy Use, Energy-related Behaviors, and Behavioral Antecedents. *Journal of Environmental Psychology*, 27 （4）: 265-276.

［2］Ageev I A, Ageeva V V. （2015）. Urban Lifestyle as an Element of Consumption Ideal and Economic Wellbeing: Meaning-changing Transformation from Soviet Period to Modernity. *Procedia-Social and Behavioral Sciences* （166）: 24-29.

［3］Ahuvia A, 阳翼. （2005）. "生活方式"研究综述: 一个消费者行为学的视角. 商业经济与管理 （8）: 32-38.

［4］Aiken L S, West S G. （1991）. *Multiple Regression: Testing and Interpreting Interactions*. Newbury Park, CA: Sage.

［5］Ajzen I. （2001）. Nature and Operation of Attitudes. *Annual Review of Psychology* 52 （1）: 27-58.

［6］Ajzen I. （1991）. The Theory of Planned Behavior. *Organizational Behavior and Human Decision Processes*, 50 （2）: 179-211.

［7］Akpinar E, Verlegh P W J, Smidts A. （2018）. Sharing Product Harm Information: The Effects of Self-construal and Self-relevance. *International Journal of Research in Marketing*, 35 （2）: 319-335.

［8］Alba J W, Wesley H J. （2000）. Knowledge Calibration: What Consumers Know and What They Think They Know. *Journal of Consumer Research*, 27 （2）: 123-156.

［9］Almalki M, Gray K, Martin-Sanchez F. （2016）. Activity Theory as a

Theoretical Framework for Health Self-Quantification: A Systematic Review of Empirical Studies. *Journal of Medical Internet Research*, 18 (5): 131-148.

［10］Alter A L, Oppenheimer D M. (2006) . Predicting Short - term Stock Fluctuations by Using Processing Fluency. *Proceedings of the National Academy of Sciences*, 103 (24): 9369-9372.

［11］Amatulli C, De Angelis M, Peluso A M, et al. (2017) . The Effect of Negative Message Framing on Green Consumption: An Investigation of the Role of Shame. *Journal of Business Ethics*, 157 (4): 1111-1132.

［12］Antonetti P, Maklan S. (2014) . Feelings that Make a Difference: How Guilt and Pride Convince Consumers of the Effectiveness of Sustainable Consumption Choices. *Journal of Business Ethics*, 124 (1): 117-134.

［13］Argo J J, White K, Dahl D W. (2006) . Social Comparison Theory and Deception in the Interpersonal Exchange of Consumption Information. *Journal of Consumer Research*, 33 (1): 99-108.

［14］Axon S. (2017) . "Keeping the Ball Rolling": Addressing the Enablers of, and Barriers to, Sustainable Lifestyles. *Journal of Environmental Psychology* (52): 11-25.

［15］Baek T H, Yoon S. (2017) . Guilt and Shame: Environmental Message Framing Effects. *The Journal of Advertising*, 46 (3): 440-453.

［16］Bamberg S. (2003) . How does Environmental Concern Influence Specific Environmentally Related Behaviors? A New Answer to an Old Question. *Journal of Environmental Psychology*, 23 (1): 21-32.

［17］Bamberg S, Möser G. (2007) . Twenty Years after Hines, Hungerford, and Tomera: A New Meta-analysis of Psycho-social Determinants of Pro-environmental Behaviour. *Journal of Environmental Psychology*, 27 (1): 14-25.

［18］Bandura A. (1992) . On Rectifying the Comparative Anatomy of Perceived Control: Comments on "Cognates of Personal Control". *Applied and Preventive Psychology*, 1 (2): 121-126.

［19］Banerjee S, Gulas C S, Iyer E. (1995) . Shades of Green: A Multidimensional Analysis of Environmental Advertising. *Journal of Advertising*, 24 (2): 21-31.

［20］Barnett M D, Womack P M. (2015) . Fearing, not Loving, the Reflection: Narcissism, Self-esteem, and Self-discrepancy Theory. *Personality & Individual Differences* (74): 280-284.

［21］Baron R M, Kenny D A. (1986) . The Moderator-mediator Variable Distinction in Social Psychological Research: Conceptual, Strategic, and Statistical Considerations. *Journal of Personality and Social Psychology*, 51 (6): 1173-1182.

［22］Barr S, Gilg A. (2006) . Sustainable Lifestyles: Framing Environmental Action in and Around the Home. *Geoforum*, 37 (6): 906-920.

［23］Basil D Z, Runte M S, Easwaramoorthy M, et al. (2009) . Company Support for Employee Volunteering: A National Survey of Companies in Canada. *Journal of Business Ethics*, 85 (2): 387-398.

［24］Bastian B, Kuppens P, Roover K D, et al. (2014) . Is Valuing Positive Emotion Associated with Life Satisfaction? *Emotion*, 14 (4): 639-645.

［25］Baumeister R F, Stillwell A M, Heatherton T F. (1995) . Personal Narratives about Guilt: Role in Action Control and Interpersonal Relationships. *Basic & Applied Social Psychology*, 17 (112): 173-198.

［26］Baxter J, Gram-Hanssen I. (2016) . Environmental Message Framing: Enhancing Consumer Recycling of Mobile Phones. *Resources, Conservation and Recycling* (109): 96-101.

［27］Bénabou R, Tirole J. (2006) . Incentives and Prosocial Behavior. *American Economic Review*, 96 (5): 1652-1678.

［28］Binder M, Blankenberg A -K, Welsch H. (2020) . Pro-environmental Norms, Green Lifestyles, and Subjective Well-Being: Panel Evidence from the UK. *Social Indicators Research*, 152 (3): 1029-1060.

［29］Binder M, Blankenberg A K. (2017) . Green Lifestyles and Subjective Well-being: More about Self-image than Actual Behavior? *Journal of Economic Behavior & Organization* (137): 304-323.

［30］Bissing-Olson M J, Fielding K S, Iyer A. (2016) . Experiences of Pride, not Guilt, Predict Pro-environmental Behavior when Pro-environmental Descriptive Norms are More Positive. *Journal of Environmental Psychology* (45): 145-153.

［31］Biswas A, Roy M. (2015) . Leveraging Factors for Sustained Green Consumption Behavior Based on Consumption Value Perceptions: Testing the Structural Model. *Journal of Cleaner Production* (95): 332-340.

［32］Böhm G, Pfister, H R. (2008). Anticipated and Experienced Emotions in Environmental Risk Perception. *Judgment and Decision Making*, 3 (1): 73-86.

［33］Bollen K A, Stine R A. (1992). Bootstrapping Goodness-of-Fit Measures in Structural Equation Models. *Sociological Metheods Research*, 21 (2): 205-209.

［34］Brandon G, Lewis A. (1999). Reducing Household Energy Consumption: A Qualitative and Quantitative Field of Study. *Journal of Environmental Psychology*, 19 (11): 75-85.

［35］Brennan R, Henneberg S C. (2008). Does Political Marketing Need the Concept of Customer Value? *Marketing Intelligence & Planning*, 26 (6/7): 559-572.

［36］Brewer M B, Gardner W. (1996). Who is this "We"? Levels of Collective Identity and Self Representations. *Journal of Personality and Social Psychology*, 71 (1): 83-93.

［37］Brough A R, Wilkie J E B, Ma J, et al. (2016). Is Eco-Friendly Unmanly? The Green-Feminine Stereotype and Its Effect on Sustainable Consumption. *Journal of Consumer Research*, 43 (4): 567-582.

［38］Brunsting N C, Zachry C, Liu J, et al. (2021). Sources of Perceived Social Support, Social-Emotional Experiences, and Psychological Well-Being of International Students. *The Journal of Experimental Education*, 89 (1): 95-111.

［39］Capstick S, Whitmarsh L, Nash N, et al. (2019). Compensatory and Catalyzing Beliefs: Their Relationship to Pro-environmental Behavior and Behavioral Spillover in Seven Countries. *Frontiers in Psychology*, (10): 963.

［40］Carlson J P, Vincent L H, Hardesty D M, et al. (2009). Objective and Subjective Knowledge Relationships: A Quantitative Analysis of Consumer Research Findings. *Journal of Consumer Research*, 35 (5): 864-876.

［41］Carmi N, Arnon S, Orion N. (2015). Transforming Environmental Knowledge Into Behavior: The Mediating Role of Environmental Emotions. *The Journal of Environmental Education*, 46 (3): 183-201.

［42］Chan R Y K. (2001). Determinants of Chinese Consumers' Green Purchase Behavior. *Psychology & Marketing*, 18 (4): 389-413.

［43］Chang C C, Lin B C, Chang S S. (2011). The Relative Advantages of Benefit Overlap Versus Category Similarity in Brand Extension Evaluation: The Moderating Role of Self-regulatory Focus. *Marketing Letters*, 22 (4): 391-404.

［44］Chang H, Zhang L, Xie G X. (2015). Message Framing in Green Advertising: The effect of Construal Level and Consumer Environmental Concern. *International Journal of Advertising*, 34 (1): 158-176.

［45］Charles K K, Hurst E, Roussanov N. (2009). Conspicuous Consumption and Race. *Social Science Electronic Publishing*, 124 (2): 425-467.

［46］Chen M F, Tung P J. (2014). Developing an Extended Theory of Planned Behavior Model to Predict Consumers' Intention to Visit Green Hotels. *International Journal of Hospitality Management* (36): 221-230.

［47］Cheng R W Y, Lam S F. (2007). Self-construal and Social Comparison Effects. *British Journal of Educational Psychology*, 77 (1): 197-211.

［48］Cialdini R B, Kallgren C A, Reno R R. (1991). A Focus Theory of Normative Conduct: A Theoretical Refinement and Reevaluation of the Role of Norms in Human Behavior. *Advances in Experimental Social Psychology*, 24 (1), 201-234.

［49］Cinelli M D, LeBoeuf R A. (2020). Keeping It Real: How Perceived Brand Authenticity Affects Product Perceptions. *Journal of Consumer Psychology*, 30 (1): 40-59.

［50］Cohen J. (1988). *The Significance of a Product Moment r s*. Mahwah, NJ: Lawrence Erlbaum.

［51］Conner M, Armitage C J. (2010). Extending the Theory of Planned Behavior: A Review and Avenues for Further Research. *Journal of Applied Social Psychology*, 28 (15): 1429-1464.

［52］Cornelis E, Peter P C. (2017). The Real Campaign: The Role of Authenticity in the Effectiveness of Advertising Disclaimers in Digitally Enhanced Images. *Journal of Business Research*, 77 (8): 102-112.

［53］Crawford K, Lingel J, Karppi T. (2015). Our Metrics, Ourselves: A Hundred Years of Self-tracking from the Weight Scale to the Wrist Wearable Device. *European Journal of Cultural Studies*, 18 (4/5): 479-496.

［54］De Barcellos M D, Krystallis A, De Melo Saab M S, et al. (2011) . Investigating the Gap between Citizens' Sustainability Attitudes and Food Purchasing Behaviour: Empirical Evidence from Brazilian Pork Consumers. *International Journal of Consumer Studies*, 35 (4): 391-402.

［55］De Medeiros J F, Ribeiro J L D, Cortimiglia M N. (2016) . Influence of Perceived Value on Purchasing Decisions of Green Products in Brazil. *Journal of Cleaner Production* (110): 158-169.

［56］Deci E L, Ryan R M. (2008) . Facilitating Optimal Motivation and Psychological Well - being Across Life's Domains. *Canadian Psychology*, 49 (1): 14-23.

［57］Deci E L, Ryan R M. (2008) . Self-Determination Theory: A Macrotheory of Human Motivation, Development, and Health. *Canadian Psychology*, 49 (3): 182-185.

［58］Detweiler J B, Bedell B T, Salovey P, et al. (1999) . Message Framing and Sunscreen Use: Gain-framed Messages Motivate Beach-goers. *Health Psychology*, 18 (2): 189-196.

［59］Deutsch M, Gerard H B. (1955) . A Study of Normative and Informational Social Influences upon Individual Judgment. *The Journal of Abnormal and Social Psychology*, 51 (3): 629-636.

［60］Divine R L, Lepisto L. (2005) . Analysis of the Healthy Lifestyle Consumer. *Journal of Consumer Marketing*, 22 (4/5): 275-283.

［61］Dodds W B, Monroe K B, Grewal D. (1991) . Effects of Price, Brand, and Store Information on Buyers' Product Evaluations. *Journal of Marketing Research*, 28 (3): 307-319.

［62］Dommer S L, Swaminathan V, Ahluwalia R. (2013) . Using Differentiated Brands to Deflect Exclusion and Protect Inclusion: The Moderating Role of Self-Esteem on Attachment to Differentiated Brands. *Journal of Consumer Research*, 40 (4): 657-675.

［63］Dursun I, Kabadayi T E, Tuğer A T. (2019) . Overcoming the Psychological Barriers to Energy Conservation Behaviour: The Influence of Objective and Subjective Environmental Knowledge. *International Journal of Consumer Studies*, 43 (4):

402-416.

［64］ Eagles P F J, Demare R. (1999) . Factors Influencing Children's Environmental Attitudes. *The Journal of Environmental Education*, 30 (4): 33-37.

［65］ Erdem T, Swait J, Louviere J. (2002) . The Impact of brand Credibility on Consumer Price Sensitivity. *International Journal of Research in Marketing*, 19 (1): 1-19.

［66］ Erez M, Zidon I. (1984) . Effect of Goal Acceptance on the Relationship of Goal Difficulty to Performance. *Journal of Applied Psychology*, 69 (1): 69-78.

［67］ Ertz M, Karakas F, Sarigöllü E. (2016) . Exploring Pro-environmental Behaviors of Consumers: An Analysis of Contextual Factors, Attitude, and Behaviors. *Journal of Business Research*, 69 (10): 3971-3980.

［68］ Etkin A. (2009) . Functional Neuroanatomy of Anxiety: A Neural Circuit Perspective. *Current Topics in Behavioral Neurosciences* (2): 251-277.

［69］ Etkin J. (2016) . The Hidden Cost of Personal Quantification. *Journal of Consumer Research*, 42 (6): 967-984.

［70］ Ewert A, Place G, Sibthorp J I M. (2005) . Early-Life Outdoor Experiences and an Individual's Environmental Attitudes. *Leisure Sciences*, 27 (3): 225-239.

［71］ Eysenck M W, Derakshan N, Santos R, et al. (2007) . Anxiety and Cognitive Performance: Attentional Control Theory. *Emotion*, 7 (2): 336-353.

［72］ Fishbein M, Ajzen I. (1975) . *Belief, Attitude, Intention, and Behavior: An Introduction to Theory and Research Reading*. Reading MA: Addison Wesley.

［73］ Frick J, Kaiser F G, Wilson M. (2004) . Environmental Knowledge and Conservation Behavior: Exploring Prevalence and Structure in a Representative Sample. *Personality & Individual Differences*, 37 (8): 1597-1613.

［74］ Fritz K, Schoenmueller V, Bruhn M. (2017) . Authenticity in Branding-exploring Antecedents and Consequences of Brand Authenticity. *European Journal of Marketing*, 51 (2): 324-348.

［75］ Frumkin H. (2019) . Health Professionals should Promote Environmentally Sustainable Lifestyles. *BritishI Medical Journal* (367): l6554.

［76］ Fujita K, Eyal T, Chaiken S, et al. (2008) . Influencing Attitudes toward Near and Distant Objects. *Journal of Experimental Social Psychology*, 44 (3): 562-572.

[77] Gable P, Harmon-Jones E. (2010) . The Motivational Dimensional Model of Affect: Implications for Breadth of Attention, Memory, and Cognitive Categorisation. *Cognition and Emotion*, 24 (2): 322-337.

[78] Gadenne D, Sharma B, Kerr D, et al. (2011) . The Influence of Consumers' Environmental Beliefs and Attitudes on Energy Saving Behaviours. *Energy Policy*, 39 (12): 7684-7694.

[79] Gallagher K M, Updegraff J A. (2011) . Health Message Framing Effects on Attitudes, Intentions, and Behavior: A Meta-analytic Review. *Annals of Behavioral Medicine*, 43 (1): 101-116.

[80] Gallarza M G, Gil-Saura I, Holbrook M B. (2011) . The Value of Value: Further Excursions on the Meaning and Role of Customer Value. *Journal of Consumer Behaviour*, 10 (4): 179-191.

[81] Gao H, Zhang Y, Mittal V. (2018) . How Does Local-Global Identity Affect Price Sensitivity? *Journal of Marketing*, 81 (3): 62-79.

[82] Gao J, Wang J, Wang J. (2020) . The Impact of Pro-environmental Preference on Consumers' Perceived Well-being: The Mediating Role of Self-Determination Need Satisfaction. *Sustainability*, 12 (1): 436.

[83] Gao J, Zhao J, Wang J, et al. (2021) . The Influence Mechanism of Environmental Anxiety on Pro-environmental Behaviour: The Role of Self-discrepancy. *International Journal of Consumer Studies*, 45 (1): 54-64.

[84] Gao L, Wheeler S C, Shiv B. (2009) . The "Shaken Self": Product Choices as a Means of Restoring Self-View Confidence. *Journal of Consumer Research*, 36 (1): 29-38.

[85] Gardner W L, Gabriel S, Lee A Y. (1999) . "I" Value Freedom, but "We" Value Relationships: Self-Construal Priming Mirrors Cultural Differences in Judgment. *Psychological Science*, 10 (4): 321-326.

[86] Gershoff A D, Frels J K. (2015) . What Makes It Green? The Role of Centrality of Green Attributes in Evaluations of the Greenness of Products. *Journal of Marketing*, 79 (1): 97-110.

［87］Gibbons F X, Eggleston T J, Benthin A C. (1997). Cognitive Reactions to Smoking Relapse: The Reciprocal Relation Between Dissonance and Self - Esteem. *Journal of Personality & Social Psychology*, 72 (1): 184-195.

［88］Gifford R, Nilsson A. (2014). Personal and Social Factors that Influence Pro-environmental Concern and Behaviour: A Review. *International Journal of Psychology*, 49 (3): 141-157.

［89］Goldsmith R E, Feygina I, Jost J T. (2013). The Gender Gap in Environmental Attitudes: A System Justification Perspective. In Alston M, Whittenbury K. (Eds.), *Research, Action and Policy: Addressing the Gendered Impacts of Climate Change*. Dordrecht: Springer Netherlands, 159-171.

［90］Gollwitzer P M. (1999). Implementation Intentions: Strong Effects of Simple Plans. *American Psychologist*, 54 (7): 493-503.

［91］Gollwitzer P M, Heckhausen H, Ratajczak H. (1990). From Weighing to Willing: Approaching a Change Decision through pre - or postdecisional Mentation. *Organizational Behavior & Human Decision Processes*, 45 (1): 41-65.

［92］Granzin K L, Olsen J E. (1991). Characterizing Participants in Activities Protecting the Environment: A Focus on Donating, Recycling, and Conservation Behaviors. *Journal of Public Policy & Marketing*, 10 (2): 1-27.

［93］Greaves M, Zibarras L D, Stride C. (2013). Using the Theory of Planned Behavior to Explore Environmental Behavioral Intentions in the Workplace. *Journal of Environmental Psychology* (34): 109-120.

［94］Grob A. (1995). A Structural Model of Environmental Attitudes and Behaviour. *Journal of Environmental Psychology*, 15 (3): 209-220.

［95］Groot J I M D, Steg L. (2010). Relationships between Value orientations, Self-determined Motivational Types and Pro-environmental Behavioural Intentions. *Journal of Environmental Psychology*, 30 (4): 368-378.

［96］Guagnano G A, Stern P C, Dietz T. (1995). Influences on Attitude-Behavior Relationships: A Natural Experiment with Curbside Recycling. *Environment & Behavior*, 27 (5): 699-718.

［97］Guardia J, Ryan R M, Couchman C E, et al. (2000). Within-person Variation in Security of Attachment: A Self-determination Theory Perspective on Attachment, Need Fulfillment, and Well-being. *Journal of Personality & Social Psychology*, 79 (3): 367-384.

[98] Hagger M S, Chatzisarantis N L D. (2005). First – and higher – order Models of Attitudes, Normative Influence, and Perceived Behavioural Control in the Theory of Planned Behaviour. *The British Journal of Social Psychology* (44): 513-535.

[99] Hair J F, Hult G T, Ringle C M, et al. (2012). *A Primer on Partial Least Squares Structural Equation Modeling (PLS-SEM)*. Los Angeles: Sage Publications Inc.

[100] Harbaugh W T. (1998). The Prestige Motive for Making Charitable Transfers. *The American Economic Review*, 88 (2): 277-282.

[101] Harmon-Jones C, Schmeichel B J, Harmon-Jones E. (2009). Symbolic Self-Completion in Academia: Evidence from Department Web Pages and Email Signature Files. *European Journal of Social Psychology*, 39 (2): 311-316.

[102] Harter S. (1978). Effectance Motivation Reconsidered Toward a Developmental Model. *Hum Dev*, 21 (1): 34-64.

[103] Hayes A F. (2013). *Introduction to Mediation, Moderation, and Conditional Process Analysis: A Regression-based Approach*. New York: Guilford Press.

[104] Hayes A F. (2018). *Introduction to Mediation, Moderation, and Conditional Process Analysis: A Regression-Based Approach* (2nd ed.). New York: Guilford Press.

[105] Hayes B C. (2001). Gender, Scientific Knowledge, and Attitudes toward the Environment: A Cross-National Analysis. *Political Research Quarterly*, 54 (3): 657-671.

[106] Hedlund-de Witt A, De Boer J, Boersema J J. (2014). Exploring inner and outer Worlds: A Quantitative Study of Worldviews, Environmental Attitudes, and Sustainable Lifestyles. *Journal of Environmental Psychology* (37): 40-54.

[107] Higgins T E. (1987). Self-discrepancy: A Theory Relating Self and Affect. *Psychological Review*, 94 (3): 319-340.

[108] Holbrook M B. (1994). *The Nature of Consumer Value*. Newbury Park: Sage Publications.

［109］Holbrook M B. （1999）. *Introduction to Consumer Value*. London：Routledge.

［110］Huang H. （2016）. Media Use, Environmental Beliefs, Self-efficacy, and Pro-environmental behavior. *Journal of Business Research*, 69 （6）：2206-2212.

［111］Hur W M, Kim Y, Park K. （2013）. Assessing the Effects of Perceived Value and Satisfaction on Customer Loyalty：A "Green" Perspective. *Corporate Social Responsibility and Environmental Management*, 20 （3）：146-156.

［112］Imamoglu E O. （2003）. Individuation and Relatedness：Not Opposing but Distinct and Complementary. *Genetic, Social, and General Psychology Monographs*, 129 （4）：367-402.

［113］Iyer E, Banerjee S B. （1993）. Anatomy of Green Advertising. *Advances in Consumer Research* （20）：494-501.

［114］Jacob J, Jovic E, Brinkerhoff M B. （2009）. Personal and Planetary Well-being：Mindfulness Meditation, Pro-environmental Behavior and Personal Quality of Life in a Survey from the Social Justice and Ecological Sustainability Movement. *Social Indicators Research*, 93 （2）：275-294.

［115］Janiszewski C, Meyvis T. （2001）. Effects of Brand Logo Complexity, Repetition, and Spacing on Processing Fluency and Judgment. *Journal of Consumer Research*, 28 （1）：18-32.

［116］Jiang S Q, Lu M, Sato H. （2012）. Identity, Inequality, and Happiness：Evidence from Urban China. *World Development*, 40 （6）：1190-1200.

［117］Jin H J, Han D H. （2014）. Interaction between Message Framing and Consumers' Prior Subjective Knowledge Regarding Food Safety Issues. *Food Policy* （44）：95-102.

［118］Karlan D, McConnell M A. （2014）. Hey Look at Me：The Effect of Giving Circles on Giving. *Journal of Economic Behavior & Organization* （106）：402-412.

［119］Kim J H, Song H. （2020）. The Influence of Perceived Credibility on Purchase Intention via Competence and Authenticity. *International Journal of Hospitality Management* （90）：102617.

［120］Kim K, Park J S. （2010）. Message Framing and the Effectiveness of

DTC Advertising: The Moderating Role of Subjective Product Knowledge. *Journal of Medical Marketing*, 10 (2): 165–176.

[121] Kim S -H, Huang R. (2021) . Understanding Local Food Consumption from an Ideological Perspective: Locavorism, Authenticity, Pride, and Willingness to Visit. *Journal of Retailing and Consumer Services* (58): 102330.

[122] Kim S, Gal D. (2014) . From Compensatory Consumption to Adaptive Consumption: The Role of Self-Acceptance in Resolving Self-Deficits. *Journal of Consumer Research*, 41 (2): 526–542.

[123] Kim S, Rucker D D. (2012) . Bracing for the Psychological Storm: Proactive versus Reactive Compensatory Consumption. *Journal of Consumer Research*, 39 (4): 815–830.

[124] Kim S H, Seock Y -K. (2019) . The Roles of Values and Social Norm on Personal Norms and Pro-environmentally Friendly Apparel Product Purchasing Behavior: The Mediating Role of Personal Norms. *Journal of Retailing and Consumer Services* (51): 83–90.

[125] Kim W -H, Malek K, Roberts K R. (2019) . The Effectiveness of Green Advertising in the Convention Industry: An Application of a Dual Coding Approach and the norm Activation Model. *Journal of Hospitality and Tourism Management* (39): 185–192.

[126] Klöckner C A. (2013) . A Comprehensive Model of the Psychology of Environmental Behaviourda Meta -analysis. *Global Environmental Change*, 23 (5): 1028–1038.

[127] Koller M, Floh A, Zauner A. (2011) . Further Insights into Perceived Value and Consumer Loyalty: A "Green" Perspective. *Psychology & Marketing*, 28 (12): 1154–1176.

[128] Kollmuss A, Agyeman J. (2002) . Mind the Gap: Why do People Act Environmentally and What are the Barriers to Pro-environmental Behavior?*Environmental Education Research*, 8 (3): 239–260.

[129] Koshksaray A A, Franklin D, Kambiz H H. (2015) . The Relationship between E-lifestyle and Internet Advertising Avoidance. *Australasian Marketing Journal*, 23 (1): 38–48.

［130］Krishna A, Zhou R, Zhang S. (2008). The Effect of Self-Construal on Spatial Judgments. *Journal of Consumer Research*, 35 (2): 337-348.

［131］Kristofferson K, White K, Peloza J. (2013). The Nature of Slacktivism: How the Social Observability of an Initial Act of Token Support Affects Subsequent Prosocial Action. *Journal of Consumer Research*, 40 (6): 1149-1166.

［132］Kuhlemeier H, Van Den Bergh H, Lagerweij N. (1999). Environmental Knowledge, Attitudes, and Behavior in Dutch Secondary Education. *The Journal of Environmental Education*, 30 (2): 4-14.

［133］Lacasse K. (2016). Don't be Satisfied, Identify! Strengthening Positive Spillover by Connecting Pro-environmental Behaviors to an "Environmentalist" Label. *Journal of Environmental Psychology* (48): 149-158.

［134］Larson L R, Stedman R C, Cooper C B, et al. (2015). Understanding the Multi-dimensional Structure of Pro-environmental Behavior. *Journal of Environmental Psychology* (43): 112-124.

［135］Lee A Y, Aaker J L. (2004). Bringing the Frame Into Focus: The Influence of Regulatory Fit on Processing Fluency and Persuasion. *Journal of Personality and Social Psychology*, 86 (2): 205-218.

［136］Lee Y k, Kim S, Kim M s, et al. (2014). Antecedents and Interrelationships of Three Types of Pro-environmental Behavior. *Journal of Business Research*, 67 (10): 2097-2105.

［137］Lee Y H, Ang K S. (2003). Brand Name Suggestiveness: A Chinese Language Perspective. *International Journal of Research in Marketing*, 20 (4): 323-335.

［138］Leissner L. (2020). Green Living and the Social Media Connection: The Relationship between Different Media Use Types and Green Lifestyle Politics among Young Adults. *Journal of Environmental Media*, 1 (1): 33-57.

［139］Lemos A, Wulf G, Lewthwaite R, et al. (2017). Autonomy Support Enhances Performance Expectancies, Positive Affect, and Motor Learning. *Psychology of Sport and Exercise* (31): 28-34.

［140］Levin I P, Schneider S L, Gaeth G J. (1998). All Frames Are Not Created Equal: A Typology and Critical Analysis of Framing Effects. *Organizational Be-

havior and Human Decision Processes, 76 (2): 149-188.

[141] Lewin K. (1939). Field Theory and Experiment in Social Psychology: Concepts and Methods. *American Journal of Sociology*, 44 (6): 868-896.

[142] Liao S, Ma Y Y. (2009). Conceptualizing Consumer Need for Product Authenticity. *International Journal of Business and Information*, 4 (1): 89-114.

[143] Liberman N, Trope Y. (2008). The Psychology of Transcending the Here and Now. *Science*, 322 (5905): 1201-1205.

[144] Lin S T, Niu H J. (2018). Green Consumption: Environmental Knowledge, Environmental Consciousness, Social Norms, and Purchasing Behavior. *Business Strategy and the Environment*, 27 (8): 1679-1688.

[145] Liu Y, Hong Z, Zhu J, et al. (2018). Promoting Green Residential Buildings: Residents' Environmental Attitude, Subjective Knowledge, and Social trust Matter. *Energy Policy*, (112): 152-161.

[146] Locke E A, Latham G P. (2006). New Directions in Goal-Setting Theory. *Current Directions in Psychological Science*, 15 (5): 265-268.

[147] Low W S, Lee J D, Cheng S M. (2013). The Link between Customer Satisfaction and Price Sensitivity: An Investigation of Retailing Industry in Taiwan. *Journal of Retailing and Consumer Services*, 20 (1): 1-10.

[148] MacKenzie S B, Lutz R J. (1989). An Empirical Examination of the Structural Antecedents of Attitude toward the Ad in an Advertising Pretesting Context. *Journal of Marketing*, 53 (2): 48-65.

[149] Maheswaran D, Meyers-Levy J. (1990). The Influence of Message Framing and Issue Involvement. *Journal of Marketing Research*, 27 (3): 361-367.

[150] Mancha R M, Yoder C Y. (2015). Cultural Antecedents of Green Behavioral Intent: An Environmental Theory of Planned Behavior. *Journal of Environmental Psychology* (43): 145-154.

[151] Mandel N, Rucker D D, Levav J, et al. (2017). The Compensatory Consumer Behavior Model: How Self-discrepancies Drive Consumer Behavior. *Journal of Consumer Psychology*, 27 (1): 133-146.

[152] Markus H R, Kitayama S. (1991). Cultural Variation in the Self-Concept. In Strauss J, Goethals G R. (Eds.), *The Self: Interdisciplinary Approa-*

ches. New York: Springer, 18–48.

[153] Matharu M, Jain R, Kamboj S. (2020) . Understanding the Impact of Lifestyle on Sustainable Consumption Behavior: A Sharing Economy Perspective. *Management of Environmental Quality: An International Journal*, 32 (1): 20–40.

[154] Meneses G D. (2010) . Refuting fear in heuristics and in recycling promotion. *Journal of Business Research*, 63 (2), 104–110.

[155] Meyerowit B E, Chaiken, S. (1987) . The Effect of Message Framing on Breast Self-Examination Attitudes, Intentions, and Behavior. *Journal of Personality and Social Psychology*, 52 (3): 500–510.

[156] Miao L, Wei W. (2013) . Consumers' Pro-environmental Behavior and the Underlying Motivations: A Comparison between Household and Hotel Settings. *International Journal of Hospitality Managemen* (32): 102–112.

[157] Milfont T L, Duckitt J. (2010) . The Environmental Attitudes Inventory: A Valid and Reliable Measure to Assess the Structure of Environmental Attitudes. *Journal of Environmental Psychology*, 30 (1): 80–94.

[158] Miyake A, Friedman N P, Emerson M J, et al. (2000) . The Unity and Diversity of Executive Functions and Their Contributions to Complex "Frontal Lobe" Tasks: A Latent Variable Analysis. *Cognitive Psychology*, 41 (1): 49–100.

[159] Moorman C, Diehl K, Brinberg D, et al. (2004) . Subjective Knowledge, Search Locations, and Consumer Choice. *Journal of Consumer Research*, 31 (3): 673–680.

[160] Morhart F, Malär L, Guèvremont A, et al. (2015) . Brand Authenticity: An Integrative Framework and Measurement Scale. *Journal of Consumer Psychology*, 25 (2): 200–218.

[161] Morren M, Grinstein A. (2016) . Explaining Environmental Behavior Across Borders: A Meta – analysis. *Journal of Environmental Psychology* (47): 91–106.

[162] Moulard J G, Garrity C P, Rice D H. (2015) . What Makes a Human Brand Authentic? Identifying the Antecedents of Celebrity Authenticity. *Psychology & Marketing*, 32 (2): 173–186.

[163] Muster V, Schrader U. (2011) . Green Work–Life Balance: A New

Perspective for Green HRM. *Zeitschrift Für Personalforschung*, 25 (2): 140-156.

[164] Napoli J, Dickinson S J, Beverland M B, et al. (2014). Measuring Consumer-based Brand Authenticity. *Journal of Business Research*, 67 (6): 1090-1098.

[165] Newton P, Meyer D. (2013). Exploring the Attitudes-Action Gap in Household Resource Consumption: Does "Environmental Lifestyle" Segmentation Align with Consumer Behaviour? *Sustainability*, 5 (3): 1211-1233.

[166] Nisbett R E, Peng K, Choi I, et al. (2001). Culture and Systems of Thought: Holistic Versus Analytic Cognition. *Psychological Review*, 108 (2): 291-310.

[167] Olsen M C, Slotegraaf R J, Chandukala S R. (2014). Green Claims and Message Frames: How Green New Products Change Brand Attitude. *Journal of Marketing*, 78 (5): 119-137.

[168] Oskamp S. (2000). Psychological Contributions to Achieving an Ecologically Sustainable Future for Humanity. *Journal of Social Issues*, 56 (3): 373-390.

[169] Pablo D S, Alexander N, Eduardo S, et al. (2015). Human-Environment System Knowledge: A Correlate of Pro-Environmental Behavior. *Sustainability*, 7 (11): 15510.

[170] Paco A M F D, Raposo M L B. (2010). Green Consumer Market Segmentation: Empirical Findings from Portugal. *International Journal of Consumer Studies*, 34 (4): 429-436.

[171] Pandey S, Chawla D. (2014). E-lifestyles of Indian Online Shoppers: A Scale Validation. *Journal of Retailing and Consumer Services*, 21 (6): 1068-1074.

[172] Paul J, Modi A, Patel J. (2016). Predicting Green Product Consumption Using Theory of Planned Behavior and Reasoned Action. *Journal of Retailing and Consumer Services* (29): 123-134.

[173] Ping W, Qian L, Yu Q. (2014). Factors Influencing Sustainable Consumption Behaviors: A Survey of the Rural residents in China. *Journal of Cleaner Production* (63): 152-165.

[174] Pooley J A, O' Connor M. (2000). Environmental Education and Attitudes: Emotions and Beliefs are What is Needed. *Environment and Behavior*, 32 (5): 711-723.

[175] Pratiwi N P D K, Sulhaini S, Rinuastuti B H. (2018). The Effect of

Environmental Knowledge, Green Advertising and Environmental Attitude toward Green Purchase Intention. *Russian Journal of Agricultural and Socio-Economic Sciences*, 78 (6): 95-105.

[176] Rahman M S, Hossain M I, Hossain G M S. (2019). Factors Affecting Environmental Knowledge and Green Purchase Behavior of Energy Saving Light Users in Bangladesh: An Empirical Study. *International Journal of Academic Research in Economics and Management Sciences*, 8 (3): 364-384.

[177] Raju P S, Mangold S C L G. (1995). Differential Effects of Subjective Knowledge, Objective Knowledge, and Usage Experience on Decision Making: An Exploratory Investigation. *Journal of Consumer Psychology*, 4 (2): 153-180.

[178] Rao A R, Monroe K B. (1989). The Effect of Price, Brand Name, and Store Name on Buyers' Perceptions of Product Quality: An Integrative Review. *Journal of Marketing Research*, 26 (3): 351-357.

[179] Reber R, Schwarz N, Winkielman P. (2004). Processing Fluency and Aesthetic Pleasure: Is Beauty in the Perceiver's Processing Experience? *Personality and Social Psychology Review*, 8 (4): 364-382.

[180] Reber R, Wurtz P, Zimmermann T D. (2004). Exploring "Fringe" Consciousness: The Subjective Experience of Perceptual Fluency and Its Objective Bases. *Consciousness and Cognition*, 13 (1): 47-60.

[181] Rennekamp K. (2012). Processing Fluency and Investors' Reactions to Disclosure Readability. *Journal of Accounting Research*, 50 (5): 1319-1354.

[182] Rettie R, Burchell K, Barnham C. (2014). Social Normalisation: Using Marketing to Make Green Normal. *Journal of Consumer Behaviour*, 13 (1): 9-17.

[183] Richins M L. (1991). Social Comparison and the Idealized Images of Advertising. *Journal of Consumer Research*, 18 (1): 71-83.

[184] Riley G. (2015). Differences in Competence, Autonomy, and Relatedness between Home Educated and Traditionally Educated Young Adults. *International Social Science Review*, 90 (2): 1-27.

[185] Ritter á M, Borchardt M, Vaccaro G L R, et al. (2015). Motivations for Promoting the Consumption of Green Products in an Emerging Country: Exploring

Attitudes of Brazilian Consumers. *Journal of Cleaner Production* (106): 507-520.

[186] Roberts J A. (1996). Green Consumers in the 1990s: Profile and Implications for Advertising. *Journal of Business Research*, 36 (3): 217-231.

[187] Rothschild M L. (1984). Perspectives on Involvement: Current Problems and Future Directions. *Advances in Consumer Research*, 11 (1): 216-217.

[188] Roy J, Pal S. (2009). Lifestyles and Climate Change: Link Awaiting Activation. *Current Opinion in Environmental Sustainability*, 1 (2): 192-200.

[189] Rubin M, Paolini S, Crisp R J. (2010). A Processing Fluency Explanation of Bias Against Migrants. *Journal of Experimental Social Psychology*, 46 (1): 21-28.

[190] Ruckenstein M, Pantzar M. (2017). Beyond the Quantified Self: Thematic Exploration of a Dataistic Paradigm. *New Media & Society*, 19 (3): 401-418.

[191] Rucker D D, Galinsky A D. (2008). Desire to Acquire: Powerlessness and Compensatory Consumption. *Journal of Consumer Research*, 35 (2): 257-267.

[192] Rucker D D, Galinsky A D. (2009). Conspicuous Consumption Versus Utilitarian ideals: How Different Levels of Power Shape Consumer Behavior. *Journal of Experimental Social Psychology*, 45 (3): 549-555.

[193] Scannell L, Gifford R. (2013). Personally Relevant Climate Change: The Role of Place Attachment and Local Versus Global Message Framing in Engagement. *Environment & Behaviour*, 45 (1): 60-85.

[194] Schacter D L, Addis D R, Hassabis D, et al. (2012). The Future of Memory: Remembering, Imagining, and the Brain. *Neuron*, 76 (4): 677-694.

[195] Schipper L, Bartlett S, Hawk D, et al. (1989). Linking life-styles and Energy Use: A Matter of Time? *Annual Review of Energy*, 14 (1): 273-320.

[196] Schultz P W, Zelezny L. (1999). Values as Predictors of Environmental Attitudes: Evidence for Consistency Across 14 Countries. *Journal of Environmental Psychology*, 19 (3): 255-265.

[197] Septianto F, Northey G, Dolan R. (2019). The Effects of Political Ideology and Message Framing on Counterfeiting: The Mediating Role of Emotions. *Journal of Business Research* (99): 206-214.

[198] Shen H, Jiang Y, Adaval R. (2009). Contrast and Assimilation Effects

of Processing Fluency. *Journal of Consumer Research*, 36 (5): 876-889.

[199] Sheng G, Xie F, Gong S, et al. (2019) . The Role of Cultural Values in Green Purchasing Intention: Empirical Evidence from Chinese Consumers. *International Journal of Consumer Studies*, 43 (3): 315-326.

[200] Sheth J N, Newman B I, Gross B L. (1991) . Why We Buy What We Buy: A Theory of Consumption Values. *Journal of Business Research*, 22 (2): 159-170.

[201] Shoenberger H, Kim E, Johnson E K. (2020) . BeingReal about Instagram Ad Models: The Effects of Perceived Authenticity: How Image Modification of Female Body Size Alters Advertising Attitude and Buying Intention. *Journal of Advertising Research*, 60 (2): 197-207.

[202] Simpson B, White K, Laran J. (2018) . When Public Recognition for Charitable Giving Backfires: The Role of Independent Self-Construal. *Journal of Consumer Research*, 44 (6): 1257-1273.

[203] Singelis T M. (1994) . The Measurement of Independent and Interdependent Self-Construals. *Personality and Social Psychology Bulletin*, 20 (5): 580-591.

[204] Sloot D, Jans L, Steg L. (2021) . Is an Appeal Enough? The Limited Impact of Financial, Environmental, and Communal Appeals in Promoting Involvement in Community Environmental Initiatives. *Sustainability*, 13 (3): 1085.

[205] Smyth R, Qian X L. (2008) . Inequality and happiness in urban China. Economics Bulletin, 4 (24): 1-10.

[206] Song H J, Choongki L, Kang S K, et al. (2012) . The Effect of Environmentally Friendly Perceptions on Festival Visitors' Decision-making Process Using an Extended Model of Goal-directed Behavior. *Tourism Management*, 33 (6): 1417-1428.

[207] Sony A, Ferguson D. (2017) . Unlocking Consumers' Environmental Value Orientations and Green Lifestyle Behaviors A Key for Developing Green Offerings in Thailand. *Asia-Pacific Journal of Business Administration*, 9 (1): 37-53.

[208] Sparks P, Shepherd R. (1992) . Self - Identity and the Theory of Planned Behavior: Assesing the Role of Identification with "Green Consumerism". *Social Psychology Quarterly*, 55 (4): 388-399.

[209] Spash C L. (1997) . Ethics and Environmental Attitudes with Implica-

tions for Economic Valuation. *Journal of Environmental Management*, 50（4）: 403-416.

［210］Spence A, Poortinga W, Pidgeon N. （2012）. The Psychological Distance of Climate Change. *Risk Analysis*, 32（6）: 957-972.

［211］Spielberger C D, Sydeman S J. （2010）. *State-Trait Anxiety Inventory and State - Trait Anger Expression Inventory*. In The Corsini Encyclopedia of Psychology. Hoboken: John Wiley & Sons, Inc.

［212］Spina M, Arndt J, Landau M J, et al. （2018）. Enhancing Health Message Framing With Metaphor and Cultural Values: Impact on Latinas' Cervical Cancer Screening. *Annals of Behavioral Medicine*, 52（2）: 106-115.

［213］Stafford M R, Stafford T F, Chowdhury J. （1996）. Predispositions Toward Green Issues: The Potential Efficacy of Advertising Appeals. *Journal of Current Issues & Research in Advertising*, 18（1）: 67.

［214］Stapel D A, Koomen W. （2001）. I, We, and the Effects of Others on Me: How Self-construal Level Moderates Social Comparison Effects. *Journal of Personality and Social Psychology*, 80（5）: 766-781.

［215］Steg L, Vlek C. （2009a）. Encouraging Pro-environmental Behaviour: An Integrative Review and Research Agenda. *Journal of Environmental Psychology*, 29（3）: 309-317.

［216］Stern P C, Kalof L, Dietz T, et al. （1995）. Values, Beliefs, and Proenvironmental Action: Attitude Formation Toward Emergent Attitude Objects. *Journal of Applied Social Psychology*, 25（18）: 1611-1636.

［217］Stern P C. （2000）. New Environmental Theories: Toward a Coherent Theory of Environmentally Significant Behavior. *Journal of Social Issues*, 56（3）: 407-424.

［218］Stinson D A, Logel C, Holmes J G, et al. （2010）. The Regulatory Function of Self - Esteem: Testing the Epistemic and Acceptance Signaling Systems. *Journal of Personality and Social Psychology*, 99（6）: 993-1013.

［219］Sung E. （2021）. The Effects of Augmented Reality Mobile App Advertising: Viral Marketing Via Shared Social Experience. *Journal of Business Research*（122）: 75-87.

[220] Taylor S E, Gollwitzer P M. (1995) . Effects of Mindset on Positive Illusions. *Journal of Personality & Social Psychology*, 69 (2): 213-226.

[221] Taylor S E, Peplau L A. (2006) . *Social Psychology*. New York: Pearson Education Inc.

[222] Trope Y, Liberman N. (2010) . Construal-level theory of psychological distance. *Psychological Review*, 117 (2): 440-463.

[223] Truelove H B, Yeung K L, Carrico A R, et al. (2016) . From Plastic Bottle Recycling to Policy Support: An Experimental Test of Pro-environmental Spillover. *Journal of Environmental Psychology* (46): 55-66.

[224] Tversky A, Kahneman D. (1981) . The Framing of Decisions and the Psychology of Choice. Science, 211 (4481): 453-458.

[225] Van' t Riet J, Cox A D, Cox D, et al. (2016) . Does Perceived Risk Influence the Effects of Message Framing? Revisiting the Link between Prospect Theory and Message Framing. *Health Psychology Review*, 10 (4): 447-459.

[226] Van Esch P, Arli D, Castner J, et al. (2018) . Consumer Attitudes towards Bloggers and Paid Blog Aadvertisements: What' s new? *Marketing Intelligence & Planning*, 36 (7): 778-793.

[227] Verbeke W, Belschak F, Bagozzi R P. (2004) . The Adaptive Consequences of Pride in Personal Selling. *Journal of the Academy of Marketing Science*, 32 (4): 386-402.

[228] Verplanken B, Roy D. (2016) . Empowering Interventions to Promote Sustainable Lifestyles: Testing the Habit Discontinuity Hypothesis in a Field Experiment. *Journal of Environmental Psychology*, 45 (3): 127-134.

[229] Vining J. (1992) . Environmental Emotions and Decisions A Comparison of the Responses and Expectations of Forest Managers, an Environmental Group, and the Public. *Environment & Behavior*, 42 (1): 3-34.

[230] Vlieger L D, Hudders L, Verleye G. (2013) . *The Effectiveness of Green Advertisements: Combining Adbased and Consumer - based Research*. In Rosengren S, Dahlén M, Okazaki S (Eds.), Advances in Adver - tising Research. Wiesbaden: Springer Gabler.

[231] Voorbraak F. (1990) . *The Logic of Objective Knowledge and Rational Be-*

lief. Proceeding of the European Workshop on Logics in Artificial Intelligence, 499–515.

[232] Wakefield K L, Inman J J. (2003). Situational Price Sensitivity: The Role of Consumption Occasion, Social Context and Income. *Journal of Retailing*, 79 (4): 199–212.

[233] Wan E W, Xu J, Ding Y. (2014). To Be or Not to Be Unique? The Effect of Social Exclusion on Consumer Choice. *Journal of Consumer Research*, 40 (6): 1109–1122.

[234] Wang P, Pan J, Luo Z H. (2015). The Impact of Income Inequality on Individual Happiness: Evidence from China. *Social Indicators Research*, 121 (2): 413–435.

[235] Wang J, Wang J, Gao J. (2020). Effect of Green Consumption Value on Consumption Intention in a Pro-Environmental Setting: The Mediating Role of Approach and Avoidance Motivation. SAGE Open, 10 (1): 2158244020902074.

[236] Wang J, Wu L. (2016). The Impact of Emotions on the Intention of Sustainable Consumption Choices: Evidence from a Big City in an Emerging Country. *Journal of Cleaner Production*, (126): 325–336.

[237] Wang Y, Yang C, Hu X, et al. (2020). The Mediating Effect of Community Identity between Socioeconomic Status and Sense of Gain in Chinese Adults. *International Journal of Environmental Research and Public Health*, 17 (5): 1553.

[238] Whitburn J, Linklater W L, Milfont T L. (2019). Exposure to Urban Nature and Tree Planting Are Related to Pro-Environmental Behavior via Connection to Nature, the Use of Nature for Psychological Restoration, and Environmental Attitudes. *Environment and Behavior*, 51 (7): 787–810.

[239] White K, Argo J J. (2011). When Imitation Doesn't Flatter: The Role of Consumer Distinctiveness in Responses to Mimicry. *Journal of Consumer Research*, 38 (4): 667–680.

[240] White K, Peloza J. (2009). Self-Benefit versus Other-Benefit Marketing Appeals: Their Effectiveness in Generating Charitable Support. *Journal of Marketing*, 73 (4): 109–124.

[241] White K, Simpson B. (2013). When Do (and Don't) Normative Ap-

peals Influence Sustainable Consumer Behaviors? *Journal of Marketing*, 77 (2): 78-95.

[242] Woodruff R B. (1997). Customer Value: The Next Source for Competitive Advantage. *Journal of the Academy of Marketing Science*, 25 (2): 139.

[243] Wu E C, Moore S G, Fitzsimons G J. (2019). Wine for the Table: Self-Construal, Group Size, and Choice for Self and Others. *Journal of Consumer Research*, 46 (3): 508-527.

[244] WWF. (2018). China Recycling Paper Sustainable Development Recommendation Report. Retrieved from http://www.wwfchina.org/content/press/publication/2018/.

[245] Xu L, Zhang X, Ling M. (2018). Pro-environmental Spillover under Environmental Appeals and Monetary Incentives: Evidence from an Intervention Study on Household Waste Separation. *Journal of Environmental Psychology* (60): 27-33.

[246] Yan C, Dillard J P, Shen F. (2010). The Effects of Mood, Message Framing, and Behavioral Advocacy on Persuasion. *Journal of Communication*, 60 (2): 344-363.

[247] Yao J, Oppewal H. (2016). Unit Pricing Increases Price Sensitivity Even When Products are of Identical Size. *Journal of Retailing*, 92 (1): 109-121.

[248] Yi S, Baumgartner H. (2008). Motivational Compatibility and the Role of Anticipated Feelings in Positively Valenced Persuasive Message Framing. *Psychology & Marketing*, 25 (11): 1007-1026.

[249] Yu C S. (2011). Construction and Validation of an E-lifestyle Instrument. *Internet Research*, 21 (3): 214-235.

[250] Yu X Y. (2014). Is Environment "a City Thing" in China? Rural-urban Differences in Environmental Attitudes. *Journal of Environmental Psychology* (38): 39-48.

[251] Zeithaml V A. (1988). Consumer Perceptions of Price, Quality, and Value: A Means-End Model and Synthesis of Evidence. *Journal of Marketing*, 52 (3): 2-22.

[252] 曾世强，陈健，吕巍．(2015)．产品地位与自我建构对储蓄和消费选择的影响研究．经济管理 (2)：139-148.

［253］陈凯，彭茜．（2014）．参照群体对绿色消费态度—行为差距的影响分析．中国人口·资源与环境（S2）：458-461.

［254］陈启杰，田圣炳．（2008）．论从消费者主权到可持续消费的转型．上海财经大学学报（5）：81-88.

［255］陈文沛．（2011）．生活方式、消费者创新性与新产品购买行为的关系．经济管理（2）：94-101.

［256］陈转青，高维和，谢佩洪．（2014）．绿色生活方式、绿色产品态度和购买意向关系——基于两类绿色产品市场细分实证研究．经济管理，36（11）：166-177.

［257］程苏，刘璐，郑涌．（2011）．社会排斥的研究范式与理论模型．心理科学进展（6）：905-915.

［258］丁元竹．（2016）．让居民拥有获得感必须打通最后一公里——新时期社区治理创新的实践路径．国家治理（2）：18-23.

［259］董洪杰，谭旭运，豆雪姣，等．（2019）．中国人获得感的结构研究．心理学探新，39（5）：468-473.

［260］杜伟强，曹花蕊．（2013）．物流企业网站服务质量研究综述．物流技术，32（21）：27-29.

［261］段文婷，江光荣．（2008）．计划行为理论述评．心理科学进展，16（2）：315-320.

［262］高键，盛光华．（2017）．消费者趋近动机对绿色产品购买意向的影响机制——基于 PLS-SEM 模型的研究．统计与信息论坛，32（2）：109-116.

［263］高键，盛光华，周蕾．（2016）．绿色产品购买意向的影响机制：基于消费者创新性视角．广东财经大学学报，31（2）：33-42.

［264］高鹏程，黄敏儿．（2008）．高焦虑特质的注意偏向特点．心理学报，40（3）：307-318.

［265］古若雷，施媛媛，杨璟，等．（2015）．焦虑对社会决策行为的影响．心理科学进展，23（4）：547-553.

［266］郭晓凌．（2007）．品牌质量差异、消费者产品涉入程度对品牌敏感的影响研究．南开管理评论（3）：13-18.

［267］郭学静，陈海玉．（2017）．增强人民群众获得感路径研究．价格理论与实践（4）：37-39.

[268] 韩孟．（1988）．财富的创造与社会生产．财经问题研究（6）：38-43.

[269] 何志毅，杨少琼．（2004）．对绿色消费者生活方式特征的研究．南开管理评论（3）：4-10.

[270] 贾真，葛察忠，李晓亮．（2015）．推动生活方式绿色化的政策措施及完善建议．环境保护科学，41（5）：26-30.

[271] 金晓彤，崔宏静．（2013）．新生代农民工社会认同建构与炫耀性消费的悖反性思考．社会科学研究（4）：104-110.

[272] 金晓彤，赵太阳，崔宏静，等．（2017）．地位感知变化对消费者地位消费行为的影响．心理学报，49（2）：273-284.

[273] 景天魁．（2013）．时空社会学：一门前景无限的新兴学科．人文杂志（7）：99-106.

[274] 劳可夫．（2013）．消费者创新性对绿色消费行为的影响机制研究．南开管理评论（4）：106-113.

[275] 劳可夫，王露露．（2015）．中国传统文化价值观对环保行为的影响——基于消费者绿色产品购买行为．上海财经大学学报（哲学社会科学版），17（2）：64-75.

[276] 李东进，张宇东．（2018a）．量化自我的效应及其对消费者参与行为的影响机制．管理科学，31（3）：112-124.

[277] 李东进，张宇东．（2018b）．消费领域的量化自我：研究述评与展望．外国经济与管理，40（1）：3-17.

[278] 李东进，张宇东．（2018c）．消费者为何放弃：量化自我持续参与意愿形成的内在机制．南开管理评论，21（1）：120-133.

[279] 李宏．（2003）．消费者纯粹测量效应及其应用．外国经济与管理，25（4）：45-48.

[280] 梁土坤．（2019）．农村低收入群体经济获得感的内涵、特征及提升对策．学习与实践（5）：78-87.

[281] 马红鸽，席恒．（2020）．收入差距、社会保障与提升居民幸福感和获得感．社会保障研究（1）：86-98.

[282] 马振清，刘隆．（2017）．获得感、幸福感、安全感的深层逻辑联系．国家治理（44）：45-48.

［283］芈凌云，丁超琼，俞学燕，等．（2020）．不同信息框架对城市家庭节电行为干预效果的纵向实验研究．管理评论，32（5）：292-304.

［284］潘黎，吕巍，王良燕．（2013）．储蓄和消费的选择：自我建构对应对目标冲突的影响．管理评论，25（3）：27-37.

［285］潘煜，高丽，王方华．（2009）．生活方式、顾客感知价值对中国消费者购买行为影响．系统管理学报，18（6）：601-607.

［286］庞英，盛光华，张志远．（2017）．环境参与度视角下情绪对绿色产品购买意图调节机制研究．软科学，31（2）：117-121.

［287］申云，贾晋．（2016）．收入差距、社会资本与幸福感的经验研究．公共管理学报，13（3）：100-110.

［288］盛光华，高键．（2016）．生活方式绿色化的转化机理研究——以绿色消费为视角．西安交通大学学报（社会科学版），36（4）：8-16.

［289］盛光华，葛万达，岳蓓蓓．（2018）．贯彻十九大精神建设美丽中国——消费者自我概念对绿色购买行为的影响．商业研究，500（12）：7-16.

［290］盛光华，解芳，曲纪同．（2017）．新消费引领下中国居民绿色购买意图形成机制．西安交通大学学报（社会科学版），37（4）：1-8.

［291］盛光华，岳蓓蓓，龚思羽．（2019）．绿色广告诉求与信息框架匹配效应对消费者响应的影响．管理学报，16（3）：439-446.

［292］史鹏飞．（2020）．从社会心理学视角看获得感．人民论坛（6）：108-109.

［293］孙国晓，张力为．（2013）．加工效能理论到注意控制理论：焦虑——运动表现的新诠释．心理科学进展，21（10）：1851-1864.

［294］孙剑，李锦锦，杨晓茹．（2015）．消费者为何言行不一：绿色消费行为阻碍因素探究．华中农业大学学报（社会科学版）（5）：72-81.

［295］孙瑾，苗盼．（2018）．近筹 vs. 远略——解释水平视角的绿色广告有效性研究．南开管理评论，21（4）：195-205.

［296］谭旭运，张若玉，董洪杰，等．（2018）．青年人获得感现状及其影响因素．中国青年研究（10）：49-57.

［297］谭旭运，董洪杰，张跃，等．（2020）．获得感的概念内涵、结构及其对生活满意度的影响．高等学校文科学术文摘（6）：124-125.

［298］田录梅．（2006）．Rosenberg（1965）自尊量表中文版的美中不足．

心理学探新（2）：88-91.

　［299］田旭明．（2018）．"让人民群众有更多获得感"的理论意涵与现实意蕴．马克思主义研究（4）：71-79.

　［300］王财玉，雷雳，吴波．（2017）．伦理消费者为何"言行不一"：解释水平的视角．心理科学进展，25（3）：511-522.

　［301］王海忠，王骏旸，罗捷彬．（2012）．要素品牌策略与产品独特性评价：自我建构和产品性质的调节作用．南开管理评论，15（4）：111-117.

　［302］王建国，王建明，杜宇．（2017）．绿色消费态度行为缺口的研究进展．财经论丛（11）：95-103.

　［303］王建明．（2007）．消费者为什么选择循环行为——城市消费者循环行为影响因素的实证研究．中国工业经济（10）：95-102.

　［304］王建明，吴龙昌．（2015）．亲环境行为研究中情感的类别、维度及其作用机理．心理科学进展，23（12）：2153-2166.

　［305］王俊秀，刘晓柳．（2019）．现状、变化和相互关系：安全感、获得感与幸福感及其提升路径．江苏社会科学（1）：41-49.

　［306］王浦劬，季程远．（2018）．新时代国家治理的良政基准与善治标尺——人民获得感的意蕴和量度．中国行政管理（1）：6-12.

　［307］王斯敏，张进中．（2015）．怎样理解人民群众的"获得感"．中国领导科学（5）：33.

　［308］王恬，谭远发，付晓珊．（2018）．我国居民获得感的测量及其影响因素．财经科学（9）：120-132.

　［309］温忠麟，叶宝娟．（2014）．有调节的中介模型检验方法：竞争还是替补？心理学报，46（5）：714-726.

　［310］吴波．（2014）．绿色消费研究评述．经济管理，36（11）：178-189.

　［311］吴波，李东进，王财玉．（2016）．绿色还是享乐？参与环保活动对消费行为的影响．心理学报，48（12）：1574-1588.

　［312］吴剑琳，代祺，古继宝．（2011）．产品涉入度、消费者从众与品牌承诺：品牌敏感的中介作用——以轿车消费市场为例．管理评论，23（9）：68-75.

　［313］吴芸．（2015）．全方位推行生活方式绿色化．唯实（10）：59-62.

　［314］辛秀芹．（2016）．民众获得感"钝化"的成因分析——以马斯洛需

求层次理论为视角．中共青岛市委党校青岛行政学院学报，(4)：56-59.

［315］熊小明，黄静，林涛．(2019)．目标进展信息与未来自我联结对环保产品重复购买的影响．管理评论，31（8），146-156.

［316］徐延辉，刘彦．(2021)．社会分层视角下的城市居民获得感研究．社会科学辑刊（2）：88-97，2.

［317］杨爱杰，卢荣．(2015)．生态文明建设过程中生活方式绿色化的实现机制．学习月刊（24）：12-13.

［318］杨金龙，张士海．(2019)．中国人民获得感的综合社会调查数据的分析．马克思主义研究（3）：102-112.

［319］杨伟荣，张方玉．(2016)．"获得感"的价值彰显．重庆社会科学（11）：69-74.

［320］杨晓莉，魏丽．(2017)．社会排斥总是消极的吗？——影响排斥不同行为反应的因素．中国临床心理学杂志，25（6）：1179-1183，1159.

［321］杨智，董学兵．(2010)．价值观对绿色消费行为的影响研究．华东经济管理（10）：131-133.

［322］叶胥，谢迟，毛中根．(2018)．中国居民民生获得感与民生满意度：测度及差异分析．数量经济技术经济研究，35（10）：3-20.

［323］张锋，邹鹏，于渤．(2016)．附属产品促销定价对消费者价格评估的影响：产品涉入度的调节作用．管理评论，28（10）：141-152.

［324］张品．(2016)．"获得感"的理论内涵及当代价值．河南理工大学学报（社会科学版），17（4）：402-407.

［325］张三元．(2017)．绿色生活方式的构建与人的全面发展．中国特色社会主义研究（5）：88-94.

［326］张玥，窦东徽，辛自强．(2018)．解释水平对自我控制的影响．心理科学进展，26（10）：1878-1889.

［327］赵卫华．(2018)．消费视角下城乡居民获得感研究．北京工业大学学报（社会科学版）18（4）：1-7.

［328］赵燕梅，张正堂，刘宁，等．(2016)．自我决定理论的新发展述评．管理学报，13（7）：1095-1104.

［329］赵玉华，王梅苏．(2016)．"让人民群众有更多获得感"：全面深化改革的试金石．中共山西省委党校学报，39（3）：15-17.

［330］郑风田，陈思宇．（2017）．获得感是社会发展最优衡量标准——兼评其与幸福感、包容性发展的区别与联系．学术前沿（2）：60-17.

［331］郑晓莹，彭泗清．（2014）．补偿性消费行为：概念、类型与心理机制．心理科学进展，22（9）：1513-1520.

［332］宗计川，吕源，唐方方．（2014）．环境态度、支付意愿与产品环境溢价——实验室研究证据．南开管理评论，17（2）：153-160.

附　录

附录一　质性研究访谈原文

质性访谈原文	2018-07-30	应小姐

问题一：您认为什么是绿色生活方式，在您的日常生活中有哪些具体的表现和例子？

答：就是低碳节能，少用一次性的餐具，少点外卖，夏天的时候不把空调的温度调得太低。

问题二：您认为您在日常生活中有哪些非绿色的行为？哪些因素制约了您的绿色生活方式转变？

答：开车去上班，原因是现在我们衢州市的公共交通不是很方便，给大气造成了污染。

问题三：如果您认为绿色生活方式是必要的事情，那么您未来想从哪几个方面让自己家庭的生活方式更加绿色呢？

答：①家庭可以减少垃圾袋的使用，买东西时使用自己的袋子。②少吃外卖食品。

问题四：如果让您给您家庭的绿色生活方式进行打分，满分为9分，您会打多少分？

答：6分，我平常开车太多，家里的垃圾袋浪费较严重，剩菜也很多。小区应进行垃圾分类，把可回收的东西列举出来，公共设施没有做好。通行的人可以一起约车，少开车。家里每个房间没必要都有一个垃圾袋，应该节约垃圾袋。

问题五：现在党和国家都在强调改革的目的是提高人民群众的获得感，那么您认为什么是获得感呢？

答：在工作之余可以享受生活去旅游，这就是我认为的获得感。

问题六：就您个人和家庭而言，您认为获得感应该包括哪些内容？

答：一个是物质方面，另一个是精神方面。物质方面主要是我们的家庭收入增加，精神方面主要是精神上的放松。

问题七：就您个人和家庭而言，最为迫切和重要的获得感是什么？

答：最重要的是从精神方面来说，没有时间享受生活，没有时间旅游，没有得到精神的满足感，觉得生活没有新意。

问题八：哪些因素是制约您获得感提升的关键因素？

质性访谈原文	2018-07-30	应小姐

答：现在的社会压力较大，房价物价高，这是物质方面的因素。精神方面主要是内心放不下自己的工作，今天不努力工作，明天就可能得不到更好的生活，那么就得不到精神上的满足感。另外，还有来自家庭方面的压力，放不下家人，难以一个人自由自在地享受生活，这也阻碍了我们的获得感提升。

问题九：您的家庭成员有几位？家庭结构是什么情况？家庭年收入大概多少？

答：小家庭是自己和丈夫，现在还怀着一个小宝宝。大家庭还有公公婆婆、爸爸妈妈以及一个弟弟。家庭年收入在 20 万元左右。

质性访谈原文	2018-07-30	姜女士

问题一：您认为什么是绿色生活方式，在您的日常生活中有哪些具体的表现和例子？

答：绿色生活方式是现在的城市居民讲究绿色饮食、加强运动、作息时间规律、养成健康的生活方式。生活中的具体体现是，很少开私家车，多使用共享单车。

问题二：您认为日常生活中有哪些非绿色的行为？哪些因素制约了您的绿色生活方式转变？

答：社会上乱扔垃圾的现象比较严重，环境的保护意识比较薄弱，对于环境保护社会上存在事不关己、高高挂起的现象。制约因素是小区内没有垃圾分类设施，我们难以进行垃圾分类。

问题三：如果您认为绿色生活方式是必要的事情，那么您未来想从哪几个方面让自己家庭的生活方式更加绿色？

答：早睡早起，养成绿色的生活方式，尽量避免熬夜，加强体育锻炼，消除亚健康。

问题四：如果让您给您家庭的绿色生活方式进行打分，满分为 9 分，您会打多少分？

答：7 分。家里的老人，我的婆婆做得很好，有早睡早起的生活习惯，环保意识也比较强。

问题五：现在党和国家都在强调改革的目的是提高人民群众的获得感，那么您认为什么是获得感呢？

答：获得感我觉得是人的生活一天比一天好，生活水平不断提高。

问题六：就您个人和家庭而言，您认为获得感应该包括哪些内容？

答：获得感是党和国家给我们的感受，家庭最重要的是把孩子培养好。

问题七：就您个人和家庭而言，最为迫切和重要的获得感是什么？

答：把自己的孩子教育好。

问题八：哪些因素是制约您获得感提升的关键因素？

答：素养不高、内涵不够，阻碍了自己的提升空间。

问题九：您的家庭成员有几位？家庭结构是什么情况？家庭年收入大概多少？

答：我家里有 4 口人，我、孩子、老公和婆婆，家庭年收入在 20 万元左右。

质性访谈原文	2018-07-30	郑先生

问题一：您认为什么是绿色生活方式，在您的日常生活中有哪些具体的表现和例子？

答：早睡早起、生活有规律、三餐正常化、每天有运动和休闲生活、家人有独处和聊天的时间。

问题二：您认为日常生活中有哪些非绿色的行为？哪些因素制约了您的绿色生活方式转变？

答：在生活中随手乱扔垃圾，卫生方面保持得不好。绿色生活方式转变主要是自己的思想转变，自身的原因比较关键，但现在，家住在农村，垃圾处理比较简单，只有一个大垃圾桶，公共设施不到位也制约了我的生活方式转变。

问题三：如果您认为绿色生活方式是必要的事情，那么您未来想从哪几个方面让自己家庭的生活方式更加绿色呢？

答：家人的饮食要营养，有合理的作息时间，每天进行一定的运动，或者是隔天运动，保持愉悦的心情。

质性访谈原文	2018-07-30	应小姐

问题四：如果让您给您家庭的绿色生活方式进行打分，满分为9分，您会打多少分？

答：家人打7分，自己打7.5~8分，我在运动方面做得比较好，但有时候饮食的控制不好，会吃夜宵和不健康的食物，因为看电视或受其他因素影响，睡眠时间不合理。

问题五：现在党和国家都在强调改革的目的是提高人民群众的获得感，那么您认为什么是获得感呢？

答：对于男性来说是事业的成就感，对于女性更多的是把孩子培养好，男性和女性应该分开讨论。总的来说，就是生活不断改善。

问题六：就您个人和家庭而言，您认为获得感应该包括哪些内容？

答：个人事业稳定、注重对孩子的培养和家人健康平安。

问题七：就您个人和家庭而言，最为迫切和重要的获得感是什么？

答：还是把孩子培养好，家庭的重心是孩子。

问题八：哪些因素是制约您获得感提升的关键因素？

答：工作以后时间变少了。

问题九：您的家庭成员有几位？家庭结构是什么情况？家庭年收入大概多少？

答：我的家庭有我、我的父母、妻子和儿子，家庭年收入在15万元左右。

质性访谈原文	2018-07-31	冯女士

问题一：您认为什么是绿色生活方式，在您的日常生活中有哪些具体的表现和例子？

答：绿色生活方式就是不影响环境，日常生活中减少使用汽车的次数，以减少尾气排放，在不影响生活的情况下，出行以共享单车为主。

问题二：您认为日常生活中有哪些非绿色的行为？哪些因素制约了您的绿色生活方式转变？

答：非绿色行为比如使用空调、购物会使用一次性的塑料袋、买小东西时过度包装。绿色生活方式转变主要受生活需要制约，有时为了方便而忽略了环保。

问题三：如果您认为绿色生活方式是有必要的事情，那么您未来想从哪几个方面让自己家庭的生活方式更加绿色呢？

答：使用可降解的塑料袋，减少使用私家车，家里种植物，不做破坏环境的事情。

问题四：如果让您给您家庭的绿色生活方式进行打分，满分为9分，您会打多少分？

答：7分。生活需要造成了生活方式非绿色，我也认为绿色行为非常好，以后会尽全力做到绿色生活。

问题五：现在党和国家都在强调改革的目的是提高人民群众的获得感，那么您认为什么是获得感呢？

答：让付出劳动的人有成就感，获得别人的认可，使劳动有意义。

问题六：就您个人和家庭而言，您认为获得感应该包括哪些内容？

答：付出的劳动有回报，通过培养孩子有出色的表现。

问题七：就您个人和家庭而言，最为迫切和重要的获得感是什么？

答：还是以上两方面，劳动有回报、家庭成员有好的成绩或成就。

问题八：哪些因素是制约您获得感提升的关键因素？

答：自身的能力、生活环境。

问题九：您的家庭成员有几位？家庭结构是什么情况？家庭年收入大概多少？

答：家庭成员是我们夫妻和孩子共3口人，老公是公务员，我是普通打工人，做财务方面的工作，家庭年收入在20万元左右。

质性访谈原文	2018-07-31	章女士

问题一：您认为什么是绿色生活方式，在您的日常生活中有哪些具体的表现和例子？

答：绿色生活方式就是不影响他人并对自己有利的生活方式。生活中的表现是，在小区里，车要停到车位里，在家里说话不要太大声，不影响他人，同时节约水电，注意关水龙头，循环利用水。

问题二：您认为日常生活中有哪些非绿色的行为？哪些因素制约了您的绿色生活方式转变？

答：过马路要注意，不闯红灯，不踩踏草坪。

由于赶时间，节约时间造成。

问题三：如果您认为绿色生活方式是必要的事情，那么您未来想从哪几个方面让自己家庭的生活方式更加绿色呢？

答：早睡早起，用水用电要合理，多乘坐公共交通工具，使用共享单车，家里的空调可以不用就尽量不用。

问题四：如果让您给您家庭的绿色生活方式进行打分，满分为9分，您会打多少分？

答：6分。

问题五：现在党和国家都在强调改革的目的是提高人民群众的获得感，那么您认为什么是获得感呢？

答：成就感和获得感我认为是差不多的，是自己内心满足的一种感觉，每个人都有不同的感受，也就是自己内心想要得到的东西经过自己的努力而得到了，进而对生活满意的态度。

问题六：就您个人和家庭而言，您认为获得感体现在哪些方面？

答：主要是在衣食住行。

问题七：就您个人和家庭而言，最为迫切和重要的获得感是什么？

答：最为重要的是一家人的身体健康。

问题八：哪些因素是制约您获得感提升的关键因素？

答：个人的收入不高而医药费太高，农村的医疗保险报销比例不是太高。

问题九：您的家庭成员有几位？家庭结构是什么情况？家庭年收入大概多少钱？

答：我的家庭里有我、我的父母，我的姐姐、姐夫和他们的孩子。家庭年收入在20万元左右。

质性访谈原文	2018-07-31	季先生

问题一：您认为什么是绿色生活方式，在您的日常生活中有哪些具体的表现和例子？

答：少开车、少开空调。

问题二：您认为日常生活中有哪些非绿色的行为？哪些因素制约了您的绿色生活方式转变？

答：私家车使用较多，因为比较方便，工作日时间比较紧张，公共交通不能满足我的需求。

问题三：如果您认为绿色生活方式是必要的事情，那么您未来想从哪几个方面让自己家庭的生活方式更加绿色呢？

答：规划自己的行程少使用私家车、定时使用空调。

问题四：如果让您给您家庭的绿色生活方式进行打分，满分为9分，您会打多少分？

答：6~7分，平常习惯开车，夏天太热以开车为主。

问题五：现在党和国家都在强调改革的目的是提高人民群众的获得感，那么您认为什么是获得感呢？

答：获得感和幸福感差不多吧，就是对工作、家庭比较满意，幸福指数比较高。

问题六：就您个人和家庭而言，您认为获得感应该包括哪些内容？

答：生活更加便利。

问题七：就您个人和家庭而言，最为迫切和重要的获得感是什么？

答：孩子每个阶段都有进步。

问题八：哪些因素是制约您获得感提升的关键因素？

质性访谈原文	2018-07-31	季先生

答：家里的经济条件，对孩子的物质上要有满足。

问题九：您的家庭成员有几位？家庭结构是什么情况？家庭年收入大概多少？

答：我家里共有 4 口人，孩子的爷爷、奶奶、我和女儿。家庭年收入在 15 万元左右。

质性访谈原文	2018-07-31	王先生

问题一：您认为什么是绿色生活方式，在您的日常生活中有哪些具体的表现和例子？

答：我认为绿色生活方式就是低碳的生活方式，比如乘坐公共交通工具、使用可循环利用的物品。

问题二：您认为日常生活中有哪些非绿色的行为？哪些因素制约您的绿色生活方式转变？

答：非绿色的行为是使用一些一次性的、不可循环利用的东西，如塑料制品。个人比较懒，绿色生活方式有时有些烦琐，为了提高效率，可能会放弃一些绿色的方式。

问题三：如果您认为绿色生活方式是必要的事情，那么您未来想从哪几个方面让自己家庭的生活方式更加绿色呢？

答：我觉得在交通方面，如果家庭中有两辆车可以只使用一辆；少点外卖，减少对一次性快餐盒的使用；多种绿色的植物，少破坏绿色的植物，如踩踏草坪、砍树。

问题四：如果让您给您家庭的绿色生活方式进行打分，满分为 9 分，您会打多少分？

答：8.8 分，我有时候会把车停到安全的地方，打车或徒步到达目的地，对一次性餐具的使用也不多，不踩踏草坪，宁可多走几步。

问题五：现在党和国家都在强调改革的目的是提高人民群众的获得感，那么您认为什么是获得感呢？

答：收入变高，国家变得更强大，走出国门以后昂首挺胸的自豪感也是一种获得感。

问题六：就您个人和家庭而言，您认为获得感应该包括哪些内容？

答：通过医疗方面的改革，人民可以获得实实在在的好处。

问题七：就您个人和家庭而言，最为迫切和重要的获得感是什么？

答：我觉得最迫切的是在实业方面，国家的税收能否降低，是获得感提升的影响因素。

问题八：哪些因素是制约您获得感提升的关键因素？

答：改革的相关政策以及政策执行的情况。同时，我们积极主动了解并充分利用这些政策，也可以提升获得感。

问题九：您的家庭成员有几位？家庭结构是什么情况？家庭年收入大概多少？

答：我家有两人，就是我们夫妻俩，家庭年收入在 18 万元左右。

质性访谈原文	2018-08-1	陈同学

问题一：您认为什么是绿色生活方式，在您的日常生活中有哪些具体的表现和例子？

答：使用可以降解的垃圾袋，用淘米水浇家里的花，家里没有自行车但是希望可以有一辆，采用更自然的低碳出行方式。

问题二：您认为日常生活中有哪些非绿色的行为？哪些因素制约了您的绿色生活方式转变？

答：出行很少乘公交车，以开车和打车为主，污染了空气，点外卖使用一次性的东西较多。为追求方便限制了绿色生活方式转变。

问题三：如果您认为绿色生活方式是必要的事情，那么您未来想从哪几个方面让自己家庭的生活方式更加绿色呢？

答：用自行车、电动车代步，在家里添置几盆树木，随手关灯节约用电，空调尽量设置在 26 度，间歇性地开空调，促进身心健康。

质性访谈原文	2018-08-1	陈同学

问题四：如果让您给您家庭的绿色生活方式进行打分，满分为 9 分，您会打多少分？

答：3 分，用电、出行、用水等方面都没有做好。

问题五：现在党和国家都在强调改革的目的是提高人民群众的获得感，那么您认为什么是获得感呢？

答：获得感就是人民的一种幸福感，以前的人吃不饱、穿不暖，现在的生活环境变好了，也是一种获得感。好的环境使我们有更好的体验，子女教育、工作收入方面的改善都会提高我们的获得感。

问题六：就您个人和家庭而言，您认为获得感应该包括哪些内容？

答：获得感要从物质和精神层面来说，物质生活满足生活需求就可以了，不应追求奢靡；精神方面要有良好的道德品质，室友之间要和平相处，提升友谊的获得感。对家庭来说，健康以及和谐的气氛是最为重要的。

问题七：就您个人和家庭而言，最为迫切和重要的获得感是什么？

答：大家互相理解，父母对孩子多一些包容、孩子对父母多一些理解。

问题八：哪些因素是制约您获得感提升的关键因素？

答：生活节奏太快，环境污染严重，功利心较重。

问题九：您的家庭成员有几人？家庭结构是什么情况？家庭年收入大概多少？

答：我家里有我、弟弟和父母，家庭年收入大约为 20 万元。

质性访谈原文	2018-08-1	施同学

问题一：您认为什么是绿色生活方式，在您的日常生活中有哪些具体的表现和例子？

答：绿色生活方式就是环保、低碳的生活方式。我平常出门骑自行车、锻炼身体、少用空调、节约资源。

问题二：您认为日常生活中有哪些非绿色的行为？哪些因素制约了您的绿色生活方式转变？

答：垃圾不分类，因为家门口的垃圾桶没有进行分类，社会基础设施不完善。

问题三：如果您认为绿色生活方式是必要的事情，那么您未来想从哪几个方面让自己家庭的生活方式更加绿色呢？

答：低碳生活，少用私家车，注重环保，节约资源，不浪费资源，并且不破坏环境，少使用塑料制品。

问题四：如果让您给您家庭的绿色生活方式进行打分，满分为 9 分，您会打多少分？

答：7.5 分，老爸爱抽烟，这是不健康的生活方式，我对时间没有分配好，但我平时花钱比较节省，也没有浪费东西。

问题五：现在党和国家都在强调改革的目的是提高人民群众的获得感，那么您认为什么是获得感呢？

答：获得感就是生活比较富足，生活是有收获的，每一天都有新意，付出能得到回报。

问题六：就您个人和家庭而言，您认为获得感应该包括哪些内容？

答：个人在学校学习可以使自身的知识水平、能力得到提升，自己会有获得感，每天都过得比较开心，开心源于对生活的满足。家庭的获得感来源于家庭成员身体健康、亲朋好友之间关系和睦。身体健康是最基本的要求。

问题七：就您个人和家庭而言，最为迫切和重要的获得感是什么？

答：个人最重要的获得感是过得充实。对于校园生活来说就是学到知识，有所收获。

问题八：哪些因素是制约您获得感提升的关键因素？

答：经济原因，我居住的地区的社会保障不到位。家里的房子拆迁后，遇到了一系列的问题，相关问题没有统一的解决方法，如安置房有好有坏，拆迁后的补偿金不统一，有多有少。自己的生活习惯比较差，作息不是很规律，学习不是很上心，阻碍了自我能力的提升，阻碍了获得感的提升。

质性访谈原文	2018-08-1	施同学

问题九：您的家庭成员有几位？家庭结构是什么情况？家庭年收入大概多少？

答：我家有爸爸、妈妈和我。家庭收入在房屋拆迁之前，房租加上父母收入大约有20万元。

质性访谈原文	2018-08-1	方先生

问题一：您认为什么是绿色生活方式，在您的日常生活中有哪些具体的表现和例子？

答：绿色生活方式主要表现为高环保。我们小区有专门的电瓶车停放和充电处，小区内的业主多使用电动车。我经常劝导自己的妻子、女儿少使用私家车，因为家与她们工作、学习的地方较近，我自己离公司较远则选择使用私家车。

问题二：您认为日常生活中有哪些非绿色的行为？

答：我因为上班路途远多开私家车；家里刚装修好，空调开的时间比较长，应该间隔使用；家里使用天然气烧饭、沐浴，没有使用太阳能；买东西喜欢多买一些，导致浪费较大。

问题三：如果您认为绿色生活方式是必要的事情，那么您未来想从几个方面让自己家庭的生活方式更加绿色呢？

答：家里的支出应该有规划，估算每个人的饮食所需以避免买太多东西造成浪费。出行都是靠开车，成本较大，应多使用单车。

问题四：如果让您给您家庭的绿色生活方式进行打分，满分为9分，您会打多少分？

答：4分，家里确实做得不够好，主要表现在以上说的几个方面。

问题五：现在党和国家都在强调改革的目的是提高人民群众的获得感，那么您认为什么是获得感呢？

答：获得感就是人民群众的生活质量不断提高、身体健康。

问题六：就您个人和家庭而言，您认为获得感应该包括哪些内容？

答：获得感包括了衣食住行的几个方面，即家庭每个人的幸福指数、生活水平不断提高，社会的公共设施不断完善，大家可以共享。

问题七：就您个人和家庭而言，最为迫切和重要的获得感是什么？

答：每个人有工作、生活水平不断提高、买房子、享受到生活的乐趣。

问题八：哪些因素是制约您获得感提升的关键因素？

答：年纪大了，身体健康水平不断下降，使获得感降低。

问题九：您的家庭成员有几位？家庭结构是什么情况？家庭年收入大概多少？

答：夫妻和儿子，家庭年收入在20万元左右。

质性访谈原文	2018-08-02	李先生

问题一：您认为什么是绿色生活方式，在您的日常生活中有哪些具体的表现和例子？

答：在日常生活中做到节能、节约用水、垃圾分类、不浪费食物等。我生活中的具体表现是没有故意浪费水。

问题二：您认为在日常生活中有哪些非绿色的行为？哪些因素制约了您的绿色生活方式转变？

答：晚上睡觉时忘记关灯，没有做到对物品的循环利用，比如一水多用，用洗碗水浇花之类。自己潜意识里没有重视绿色生活方式，加上身边人也不重视，所以对绿色生活方式关注不够。

问题三：如果您认为绿色生活方式是必要的事情，那么您未来想从哪几个方面让自己家庭的生活方式更加绿色呢？

答：购买可再生纸、节能家电，出行上选择步行、骑自行车，多乘坐公共交通。

问题四：如果让您给您家庭的绿色生活方式进行打分，满分为9分，您会打多少分？

质性访谈原文	2018-08-02	李先生

答：4分，我认为自己不合格，在出行、用电、用水、垃圾分类方面做得不好，导致在生活中没能体现绿色生活方式。

问题五：现在党和国家都在强调改革的目的是提高人民群众的获得感，那么您认为什么是获得感呢？

答：能够让自己产生信任、依赖、被需要的感觉吧。

问题六：就您个人和家庭而言，您认为获得感应该包括哪些内容？

答：家庭之间相互交流、关心爱护。我本人认为获得感较复杂，较难用语言体现。

问题七：就您个人和家庭而言，最为迫切和重要的获得感是什么？

答：现在没有特别迫切的，可能经济方面的需求较大一点吧。

问题八：哪些因素是制约您获得感提升的关键因素？

答：自身责任感，因为我是在校大学生，没有工作，现如今依赖家庭，希望更独立，减轻家庭负担。

问题九：您的家庭成员有几位？家庭结构是什么情况？家庭年收入大概多少？

答：我的家里有5口人，三代同堂，家庭年收入为10万元。

质性访谈原文	2018-08-02	王小姐

问题一：您认为什么是绿色生活方式，在您的日常生活中有哪些具体的表现和例子？

答：绿色生活方式就是多使用共享工具，在日常生活中不浪费各种资源。我的父母近距离出行以电动车代替私家车，对洗衣服的水进行二次利用，使用可循环利用的饭盒。

问题二：您认为日常生活中有哪些非绿色的行为？哪些因素制约了您的绿色生活方式转变？

答：日常生活中没有做到垃圾分类，吃饭没有光盘，使用很多一次性物品，打印资料时不会选择双面打印；因为赶时间，或者在做其他事情，而忘记做一些细小的绿色事情；绿色意识不强，同时周边宣传不到位，会制约绿色生活方式转变。

问题三：如果您认为绿色生活方式是必要的事情，那么您未来想从哪几个方面让自己家庭的生活方式更加绿色呢？

答：多使用不排放有害气体的交通工具，如自行车，节约用水，不浪费食物，开空调适时关闭，使用空调时关闭门窗。

问题四：如果让您给您家庭的绿色生活方式进行打分，满分为9分，您会打多少分？

答：8分，物品使用较节约没有过度浪费，环保意识较强，扣分项是垃圾不分类。

问题五：现在党和国家都在强调改革的目的是提高人民群众的获得感，那么您认为什么是获得感呢？

答：在物质和精神上获得的某种满足。

问题六：就您个人和家庭而言，您认为获得感应该包括哪些内容？

答：个人方面，事业、学业能够顺利；家庭方面，身体健康、家庭美满。

问题七：就您个人和家庭而言，最为迫切和重要的获得感是什么？

答：个人学业有成；家庭关系和睦和物质生活提高。

问题八：哪些因素是制约您获得感提升的关键因素？

答：对个人而言，外界诱惑无法抵抗，喜欢吃喝；对家庭而言，家庭成员年龄增大出现健康问题。

问题九：您的家庭成员有几位？家庭结构是什么情况？家庭年收入大概多少？

答：我家有3口人，父母和我自己，家庭年收入为12万元。

质性访谈原文	2018-08-02	李女士

问题一：您认为什么是绿色生活方式，在您的日常生活中有哪些具体的表现和例子？

答：节约资源，节约用水用电、不浪费粮食和资源。生活中，不需要用水时关掉水龙头，随手关灯。

续表

| 质性访谈原文 | 2018-08-02 | 李女士 |

问题二：您认为日常生活中有哪些非绿色的行为？哪些因素制约了您的绿色生活方式转变？

答：夏天开空调，可能会开一夜，主要是因为夏天太热不舒适。

问题三：如果您认为绿色生活方式是必要的事情，那么您未来想从哪几个方面让自己家庭的生活方式更加绿色呢？

答：节约用水用电、节约粮食，做饭总是做多，以后会适当减少。

问题四：如果让您给您家庭的绿色生活方式进行打分，满分为9分，您会打多少分？

答：8分，仍有不足需要改进，比如在节约粮食方面，要控制做菜的量。

问题五：现在党和国家都在强调改革的目的是提高人民群众的获得感，那么您认为什么是获得感呢？

答：获得感是一种幸福感。

问题六：就您个人和家庭而言，您认为获得感应该包括哪些内容？

答：分精神和物质两方面：精神方面，社交关系和谐，自己和朋友关系融洽，家庭邻里之间关系和谐；物质方面，得到自己想要的。

问题七：就您个人和家庭而言，最为迫切和重要的获得感是什么？

答：经济水平提升，可以买到更多需要的东西。

问题八：哪些因素是制约您获得感提升的关键因素？

答：物质因素，物质基础决定上层建筑。

问题九：您的家庭成员有几位？家庭结构是什么情况？家庭年收入大概多少？

答：3人，我、我丈夫和孩子，家庭年收入为10万元。

| 质性访谈原文 | 2018-08-03 | 张先生 |

问题一：您认为什么是绿色生活方式，在您的日常生活中有哪些具体的表现和例子？

答：低碳环保，出门多坐公交、骑共享单车。

问题二：您认为日常生活中有哪些非绿色的行为？哪些因素制约了您的绿色生活方式转变？

答：开空调，虽然知道开空调会导致很多污染，但是太热离开空调很难受；出行开车，因为开车很方便。生活便利性和舒适性会制约生活方式的转变，有些不太环保的行为会让人感觉很便利和舒适。

问题三：如果您认为绿色生活方式是必要的事情，那么您未来想从哪几个方面让自己家庭的生活方式更加绿色呢？

答：少开空调，尽量不买包装复杂的商品，听说有些灌装的喷雾会产生有害气体，以后应少用防晒喷雾，改用更绿色的产品。

问题四：如果让您给您家庭的绿色生活方式进行打分，满分为9分，您会打多少分？

答：6分，普遍家庭的状态，没有为了环保做出很大的努力，但也不会特别浪费，因此打个及格分。

问题五：现在党和国家都在强调改革的目的是提高人民群众的获得感，那么您认为什么是获得感呢？

答：获得幸福感、满足感、信任感，不满足于物质生活，同时要更关注精神方面，要打开精神世界，以此来获得满足感。

问题六：就您个人和家庭而言，您认为获得感应该包括哪些内容？

答：精神和物质方面，物质方面现在挺满足，精神方面，希望能够通过沟通来开阔眼界。

问题七：就您个人和家庭而言，最为迫切和重要的获得感是什么？

答：经济水平提升，虽然钱不是最重要的，但仍很必要；环境方面，家附近的道路很脏，导致自己很难受，希望能改善。

问题八：哪些因素是制约您获得感提升的关键因素？

质性访谈原文	2018-08-03	张先生

答：经济水平和环境。

问题九：您的家庭成员有几位？家庭结构是什么情况？家庭年收入大概多少？

答：3人，我、我丈夫和孩子，家庭年收入为10万元。

质性访谈原文	2018-08-03	张女士

问题一：您认为什么是绿色生活方式，在您的日常生活中有哪些具体的表现和例子？

答：绿色出行，少用塑料制品，如保鲜袋和保鲜膜，出行一般乘坐公交车和步行，很少开汽车。

问题二：您认为日常生活中有哪些非绿色的行为？哪些因素制约了您的绿色生活方式转变？

答：我很怕热所以一直开空调，天气太热，开空调感到很舒适。

问题三：如果您认为绿色生活方式是必要的事情，那么您未来想从哪几个方面让自己家庭的生活方式更加绿色呢？

答：我觉得自己现在的生活方式还挺偏向绿色的，以后出行多乘坐公交车，少开空调、多开风扇，养一些绿植。

问题四：如果让您给您家庭的绿色生活方式进行打分，满分为9分，您会打多少分？

答：5分，我觉得自己的家庭还是有一些绿色生活方式的，但在节能方面做得不够好。

问题五：现在党和国家都在强调改革的目的是提高人民群众的获得感，那么您认为什么是获得感呢？

答：就是自己获得了一些东西，我希望环境和交通条件能更好。

问题六：就您个人和家庭而言，您认为获得感应该包括哪些内容？

答：就个人而言，希望环境和交通条件更好；家庭方面，虽然感觉家庭已达到小康水平，但是爸妈总是因为金钱问题争吵，给了我生活不富裕的感觉，希望政府能给予相关支持，提升家庭经济水平，增强获得感。

问题七：就您个人和家庭而言，最为迫切和重要的获得感是什么？

答：个人和家庭满足现状。

问题八：哪些因素是制约您获得感提升的关键因素？

答：对现状较满足，不存在这个问题。

问题九：您的家庭成员有几位？家庭结构是什么情况？家庭年收入大概多少？

答：家里有5口人，我、我的丈夫和孩子以及孩子的爷爷奶奶，家庭收入为20万元。

质性访谈原文	2018-08-03	王先生

问题一：您认为什么是绿色生活方式，在您的日常生活中有哪些具体的表现和例子？

答：低碳节能，如多乘坐公交出行，家里的电器，如电视，热水器不使用时要及时关掉，不应用待机模式，或者将烧热水的时间设定在晚22时至次日5时，这样可以节省省电。

问题二：您认为日常生活中有哪些非绿色的行为？哪些因素制约了您的绿色生活方式转变？

答：浪费水，洗衣服、洗水果时把水龙头开得很大，认为这样洗得更干净。

问题三：如果您认为绿色生活方式是必要的事情，那么您未来想从哪个方面让自己家庭的生活方式更加绿色呢？

答：做饭的时候低油少盐，清理厨余垃圾时少放洗洁精，这样可以减少污染。

问题四：如果让您给您家庭的绿色生活方式进行打分，满分为9分，您会打多少分？

答：最多5分，家里不注意节约，电费水费很多，用电浪费严重，人走开或睡着时电视也会开着。

问题五：现在党和国家都在强调改革的目的是提高人民群众的获得感，那么您认为什么是获得感呢？

答：获取某种利益产生的满足感。

质性访谈原文	2018-08-03	王先生

问题六：就您个人和家庭而言，您认为获得感应该包括哪些内容？

答：收入增加，家里人不用再这么辛苦，希望努力得到等价的回报。

问题七：就您个人和家庭而言，最为迫切和重要的获得感是什么？

答：自己毕业以后找到不错的工作报答父母，母亲工作很辛苦，希望她能获得更多。

问题八：哪些因素是制约您获得感提升的关键因素？

答：主要是物质方面的问题，希望生活能更好。

问题九：您的家庭成员有几位？家庭结构是什么情况？家庭年收入大概多少？

答：5 人，父母、爷爷、奶奶和我，我和我父母的年收入加起来大约有 15 万元。

质性访谈原文	2021-08-04	张同学

问题一：您认为什么是绿色生活方式，在您的日常生活中有哪些具体的表现和例子？

答：减少对车辆的使用，尽量使用自行车，垃圾分类处理。我们家对生活垃圾和可处理的垃圾是分类处理的，不使用电器的时候会关掉其电源，对水进行二次利用，如用洗碗水冲厕所、淘米水浇花。

问题二：您认为日常生活中有哪些非绿色的行为？哪些因素制约了您的绿色生活方式转变？

答：有很多人随地吐痰、乱扔垃圾，我们家没有什么非绿色的行为。我认为非绿色行为反映出道德素养的问题，一个人如果能很好地进行自我管理，就不会有乱吐痰、乱扔垃圾的行为。

问题三：如果您认为绿色生活方式是必要的事情，那么您未来想从哪几个方面让自己家庭的生活方式更加绿色呢？

答：去超市自己带购物袋，减少塑料垃圾，节约用电用水，多乘坐公交车出行，少开车。

问题四：如果让您给您家庭的绿色生活方式进行打分，满分为 9 分，您会打多少分？

答：7 分，可能也有做得不好的地方，但现在还没有发现，我们家在节约用水用电、垃圾分类等方面做得很好。

问题五：现在党和国家都在强调改革的目的是提高人民群众的获得感，那么您认为什么是获得感呢？

答：在一件事上做到利己利他，不让自己亏欠，也为社会做出贡献。

问题六：就您个人和家庭而言，您认为获得感应该包括哪些内容？

答：应该包括利人利己，做更好的自己，管理约束自己，同时帮助他人，让他人也更好，自己获得精神上的满足。

问题七：就您个人和家庭而言，最为迫切和重要的获得感是什么？

答：收入提高，精神生活很重要，但物质也必不可少。

问题八：哪些因素是制约您获得感提升的关键因素？

答：自身因素，应尽可能多地帮助别人，通过利他来提升获得感，自己平时不够胆大，也想帮助别人，但一犹豫就错过了。

问题九：您的家庭成员有几位？家庭结构是什么情况？家庭年收入大概多少？

答：4 人，我、我丈夫和两个孩子，家庭年收入为 6 万元。

质性访谈原文	2021-08-04	李先生

问题一：您认为什么是绿色生活方式，在您的日常生活中有哪些具体的表现和例子？

答：骑自行车或乘坐公交车上班，节约用电，节约粮食，节约用水。

问题二：您认为日常生活中有哪些非绿色的行为？哪些因素制约了您的绿色生活方式转变？

答：垃圾不分类，一张纸还没用完就扔了。绿色生活方式因为有些不方便，所以不能很快放弃从前的习惯做出绿色环保的行为。

质性访谈原文	2021-08-04	李先生

问题三：如果您认为绿色生活方式是必要的事情，那么您未来想从哪几个方面让自己家庭的生活方式更加绿色呢？

答：买车买新能源的，或者自己在家种点菜。

问题四：如果让您给您家庭的绿色生活方式进行打分，满分为9分，您会打多少分？

答：6分，自己出门骑自行车或乘坐公交车，没有打车或者开车，多循环利用塑料袋。

问题五：现在党和国家都在强调改革的目的是提高人民群众的获得感，那么您认为什么是获得感呢？

答：有房住，收入增加，接受优质教育，看得起病，养老有保障。

问题六：就您个人和家庭而言，您认为获得感应该包括哪些内容？

答：家庭方面是有房住，收入增加，接受优质教育，看得起病，养老有保障；个人方面是收入增加。

问题七：就您个人和家庭而言，最为迫切和重要的获得感是什么？

答：能接受优质教育，希望自己的受教育水平得到提高，较看重精神获得感。

问题八：哪些因素是制约您获得感提升的关键因素？

答：收入增加，教育水平。

问题九：您的家庭成员有几位？家庭结构是什么情况？家庭年收入大概多少？

答：家里有两口人，我和我女儿，家庭年收入为17万元。

质性访谈原文	2021-08-04	张先生

问题一：您认为什么是绿色生活方式，在您的日常生活中有哪些具体的表现和例子？

答：勤俭节约，低碳环保，节约资源；不使用一次性物品，一水多用，随手关闭水龙头，垃圾分类。

问题二：您认为日常生活中有哪些非绿色的行为？哪些因素制约了您的绿色生活方式转变？

答：不节约粮食，浪费水电。制约因素主要是生活方式的便利性。

问题三：如果您认为绿色生活方式是必要的事情，那么您未来想从哪几个方面让自己家庭的生活方式更加绿色呢？

答：节约水电，不浪费粮食，尽量骑自行车或乘坐公交车出行。

问题四：如果让您给您家庭的绿色生活方式进行打分，满分为9分，您会打多少分？

答：5分；家里平时做得不是很好，比如浪费粮食，但也没特别浪费。

问题五：现在党和国家都在强调改革的目的是提高人民群众的获得感，那么您认为什么是获得感呢？

答：获得感有三个方面，满足感、成就感和愉悦感。

问题六：就您个人和家庭而言，您认为获得感应该包括哪些内容？

答：稳定就业、收入增加和家庭和睦。

问题七：就您个人和家庭而言，最为迫切和重要的获得感是什么？

答：收入增加，因为家庭经济条件不是很好，收入增加能让家里其他孩子接受更好的教育。

问题八：哪些因素是制约您获得感提升的关键因素？

答：现在竞争太激烈，找工作的压力比较大，就业之后同事之间的竞争也很激烈。

问题九：您的家庭成员有几位？家庭结构是什么情况？家庭年收入大概多少？

答：5人，我、我丈夫和三个孩子，家庭年收入为5.6万元。

附录二 基于计划行为理论的绿色感知
价值形成机制研究问卷

尊敬的先生/女士您好：

我们是浙江财经大学消费者行为的研究人员，感谢您在百忙之中抽出时间完成本问卷的填写，您所提供的资料将会对学术研究产生很大的帮助。

请您在填写问卷时，在每道题目右边的选项中，勾选您认为最为合适的一项。

本次调查采用完全匿名形式进行，本人承诺您所提供的资料只会用于学术研究，并会对您所提供的信息进行严格保密。问卷的答案没有对错之分，全部为单选，大约花费您 5 分钟时间，请您按照实际情况填写。

最后，再次对您的参与和帮助致以由衷的感谢！

第一部分：基本资料

1. 您的性别：

□男   □女

2. 您的年龄：

□18 岁以下   □18～25 岁   □26～30 岁

□31～40 岁   □41～50 岁   □51～60 岁

□60 岁以上

3. 您的婚姻现状：

□未婚   □已婚

4. 您的月收入水平：

□1000 元以下   □1001～2000 元   □2001～3000 元

□3001～4000 元   □4001～5000 元   □5001～6000 元

□6000 元以上

5. 您的学历情况：

□小学及小学以下　□初中、中专　　□高中、职高
□大专　　　　　　□大学本科　　　□硕士
□博士

第二部分：消费者生活方式与绿色消费意愿量表

情景假设：假设您家中现在需要购买一款冰箱，有新产品节能冰箱和普通冰箱两种可以选择，与普通冰箱相比较，新产品节能冰箱的制冷效果一致，但节能效果好于普通冰箱，价格也略高于普通冰箱。

请根据您的实际情况选择最符合的项：1→5 表示非常不同意→非常同意。

编号	题项	非常不同意	不同意	一般	同意	非常同意
EA1	我认为购买节能冰箱是明智的选择	1	2	3	4	5
EA2	购买节能冰箱对大家都有利	1	2	3	4	5
EA3	我对于购买节能冰箱持有积极的态度	1	2	3	4	5
EA4	我觉得应该想办法推广使用节能冰箱	1	2	3	4	5
SN1	我认为节能冰箱更符合我的道德观	1	2	3	4	5
SN2	我认为节能冰箱更符合我家人的愿望	1	2	3	4	5
SN3	我认为节能冰箱更符合社会发展的趋势	1	2	3	4	5
SN4	我认为节能冰箱更符合国家产业政策	1	2	3	4	5
PBC1	我认为节能冰箱并不比普通冰箱贵多少	1	2	3	4	5
PBC2	我认为找到出售节能冰箱的商店并不困难	1	2	3	4	5
PBC3	我认为在购买时非常容易辨别节能冰箱的特征	1	2	3	4	5
PBC4	我认为节能冰箱的运行成本并没有显著增加	1	2	3	4	5
GPV1	节能冰箱的消费帮我给别人留下好印象	1	2	3	4	5
GPV2	节能冰箱的消费使我赢得更多的赞许	1	2	3	4	5
GPV3	节能冰箱的消费帮我树立积极健康的个人形象	1	2	3	4	5
GPV4	节能冰箱的消费可以改善别人对我的看法	1	2	3	4	5
GPV5	节能冰箱的消费让别人觉得我非常有社会责任感	1	2	3	4	5

问卷到此结束，再次感谢您的参与！

附录三　基于绿色感知价值的生活方式
绿色转化过程研究问卷

尊敬的先生/女士您好：

我们是浙江财经大学消费者行为的研究人员，感谢您在百忙之中抽出时间完成本问卷的填写，您所提供的资料将会对学术研究产生很大的帮助。

请您在填写问卷时，在每道题目右边的选项中，勾选您认为最为合适的一项。

本次调查采用完全匿名形式进行，本人承诺您所提供的资料只会用于学术研究，并会对您所提供的信息进行严格保密。问卷的答案没有对错之分，全部为单选，大约花费您 5 分钟时间，请您按照实际情况填写。

最后，再次对您的参与和帮助致以由衷的感谢！

第一部分：基本资料

1. 您的性别：

□男　　　　　　　□女

2. 您的年龄：

□18 岁以下　　　□18~25 岁　　　□26~30 岁

□31~40 岁　　　□41~50 岁　　　□51~60 岁

□60 岁以上

3. 您的婚姻现状：

□未婚　　　　　　□已婚

4. 您的月收入水平：

□1000 元以下　　□1001~2000 元　□2001~3000 元

□3001~4000 元　□4001~5000 元　□5001~6000 元

□6000 元以上

5. 您的学历情况：

☐小学及小学以下　　☐初中、中专　　　☐高中、职高

☐大专　　　　　　　☐大学本科　　　　☐硕士

☐博士

第二部分：消费者生活方式与绿色消费意愿量表

"假如您家中现在需要购买一款灯泡，有 LED 节能灯泡和普通白炽灯泡两种可供选择，LED 节能灯泡与普通白炽灯泡相比较：①照明效果一样；②LED 节能灯泡的节能效果优于白炽灯泡；③LED 节能灯泡的价格略高于白炽灯泡。"

1. 请根据您的实际情况选择最符合的项：1→5 表示非常不同意→非常同意。

编号	题项	非常不同意	不同意	一般	同意	非常同意
EA1	我认为购买 LED 节能灯泡是明智的选择	1	2	3	4	5
EA2	购买 LED 节能灯泡对大家都有利	1	2	3	4	5
EA3	我对于购买 LED 节能灯泡持有积极的态度	1	2	3	4	5
EA4	我觉得应该想办法推广使用 LED 节能灯泡	1	2	3	4	5
SN1	我认为 LED 节能灯泡更符合我的道德观	1	2	3	4	5
SN2	我认为 LED 节能灯泡更符合我家人的愿望	1	2	3	4	5
SN3	我认为 LED 节能灯泡更符合社会发展的趋势	1	2	3	4	5
SN4	我认为 LED 节能灯泡更符合国家产业政策	1	2	3	4	5
PBC1	我认为 LED 节能灯泡并不比普通灯泡贵多少	1	2	3	4	5
PBC2	我认为找到出售 LED 节能灯泡的商店并不困难	1	2	3	4	5
PBC3	我认为在购买时非常容易辨别 LED 节能灯泡的特征	1	2	3	4	5
PBC4	我认为 LED 节能灯泡的运行成本并没有显著增加	1	2	3	4	5
GPV1	LED 节能灯泡的消费帮我给别人留下好印象	1	2	3	4	5
GPV2	LED 节能灯泡的消费使我赢得更多的赞许	1	2	3	4	5
GPV3	LED 节能灯泡的消费帮我树立积极健康的个人形象	1	2	3	4	5
GPV4	LED 节能灯泡的消费可以改善别人对我的看法	1	2	3	4	5
GPV5	LED 节能灯泡的消费让别人觉得我非常有社会责任感	1	2	3	4	5
GPI1	我愿意收集和学习 LED 节能灯泡的更多信息	1	2	3	4	5

编号	题项	非常 不同意	不同意	一般	同意	非常 同意
GPI2	我愿意推荐我的亲戚朋友来购买 LED 节能灯泡	1	2	3	4	5
GPI3	我愿意将 LED 节能灯泡介绍和推荐给我的家人	1	2	3	4	5
SR1	我对阅读有关绿色产品的说明很感兴趣	1	2	3	4	5
SR2	我愿意阅读有关绿色产品的消费者报告	1	2	3	4	5
SR3	我会经常比较不同绿色产品间的产品特性	1	2	3	4	5
SR4	我经常注意与绿色产品相关的广告	1	2	3	4	5
SR5	我经常与他人谈论绿色产品	1	2	3	4	5

2. 请根据您的实际情况选择最符合的项：1→5 表示非常不同意→非常同意。

编号	题项	非常 不同意	不同意	一般	同意	非常 同意
FC1	我总是有一套或几套最新款式的衣服	1	2	3	4	5
FC2	让我在穿着时髦与舒服之间选择，我会选择时髦	1	2	3	4	5
FC3	只要有新的发型，我就去尝试	1	2	3	4	5
FC4	我总是比我的朋友和邻居提前光顾新开业的商场	1	2	3	4	5
FC5	我经常与我的朋友谈论有关新的产品或者品牌的话题	1	2	3	4	5
LC1	我认为，我比大多数人更自信	1	2	3	4	5
LC2	我比大多数人更独立自主	1	2	3	4	5
LC3	我认为，我有相当强的个人能力	1	2	3	4	5
DC1	我不想让我自己像过去一样	1	2	3	4	5
DC2	技术进步将会把我们带向更美好的未来	1	2	3	4	5
DC3	从历史看，人类社会的福利事业一直在稳步改善	1	2	3	4	5
DC4	现代商业的发展将带给我们更美好的明天	1	2	3	4	5

问卷到此结束，再次感谢您的参与！

附录四　基于计划行为理论的生活方式
绿色转化边界研究问卷

尊敬的先生/女士您好：

我们是浙江财经大学消费者行为的研究人员，感谢您在百忙之中抽出时间完成本问卷的填写，您所提供的资料将会对学术研究产生很大的帮助。

请您在填写问卷时，在每道题目右边的选项中，勾选您认为最为合适的一项。

本次调查采用完全匿名形式进行，本人承诺您所提供的资料只会用于学术研究，并会对您所提供的信息进行严格保密。问卷的答案没有对错之分，全部为单选，大约花费您5分钟时间，请您按照实际情况填写。

最后，再次对您的参与和帮助致以由衷的感谢！

第一部分：基本资料

1. 您的性别：

□男　　　　　　　□女

2. 您的年龄：

□18 岁以下　　　□18~25 岁　　　□26~30 岁

□31~40 岁　　　□41~50 岁　　　□51~60 岁

□60 岁以上

3. 您的婚姻现状：

□未婚　　　　　　□已婚

4. 您的月收入水平：

□1000 元以下　　□1001~2000 元　　□2001~3000 元

□3001~4000 元　　□4001~5000 元　　□5001~6000 元

□6000 元以上

5. 您的学历情况：

□小学及小学以下　　□初中、中专　　　□高中、职高

□大专　　　　　　　□大学本科　　　　□硕士

□博士

第二部分：消费者生活方式与绿色消费意愿量表

"假设您需要购买一瓶洗衣液，有环保洗衣液和普通洗衣液两种可以选择，环保洗衣液与普通洗衣液相比较，洗涤效果一样，但是在环保效果上，环保洗衣液要好于普通洗衣液，而在价格上，环保洗衣液要高于普通洗衣液。"

1. 请根据您的实际情况选择最符合的项：1→5 表示非常不同意→非常同意。

编号	题项	非常不同意	不同意	一般	同意	非常同意
SN1	我认为环保洗衣液更符合我的道德观	1	2	3	4	5
SN2	我认为环保洗衣液更符合我家人的愿望	1	2	3	4	5
SN3	我认为环保洗衣液更符合社会发展的趋势	1	2	3	4	5
SN4	我认为环保洗衣液更符合国家产业政策	1	2	3	4	5
PBC1	我认为环保洗衣液并不比普通洗衣液贵多少	1	2	3	4	5
PBC2	我认为找到出售环保洗衣液的商店并不困难	1	2	3	4	5
PBC3	我认为在购买时非常容易辨别环保洗衣液特征	1	2	3	4	5
PBC4	我认为环保洗衣液的运行成本并没有显著增加	1	2	3	4	5
GPI1	我愿意收集和学习环保洗衣液的更多信息	1	2	3	4	5
GPI2	我愿意推荐我的亲戚朋友来购买环保洗衣液	1	2	3	4	5
GPI3	我愿将环保洗衣液介绍和推荐给我的家人	1	2	3	4	5

2. 请根据您的实际情况选择最符合的项：1→5 表示非常不同意→非常同意。

编号	题项	非常不同意	不同意	一般	同意	非常同意
FC1	我总是有一套或几套最新款式的衣服	1	2	3	4	5
FC2	让我在穿着时髦与舒服之间选择，我会选择时髦	1	2	3	4	5
FC3	只要有新的发型，我就经常去尝试	1	2	3	4	5
FC4	我总是比我的朋友和邻居提前光顾新开业的商场	1	2	3	4	5
FC5	我经常与我的朋友谈论有关新的产品或者品牌的话题	1	2	3	4	5

续表

编号	题项	非常不同意	不同意	一般	同意	非常同意
LC1	我认为，我比大多数人更自信	1	2	3	4	5
LC2	我比大多数人更独立自主	1	2	3	4	5
LC3	我认为，我有相当强的个人能力	1	2	3	4	5
DC1	我不想让我自己像过去一样	1	2	3	4	5
DC2	技术进步将会把我们带向更美好的未来	1	2	3	4	5
DC3	从历史看，人类社会的福利事业一直在稳步改善	1	2	3	4	5
DC4	现代商业的发展将带给我们更美好的明天	1	2	3	4	5

问卷到此结束，再次感谢您的参与！

附录五　绿色广告背景下信息框架与环境态度的交互作用对消费者的影响机制研究的实验材料

获得框架

损失框架

附录六　绿色广告背景下信息框架与环境知识的交互作用对消费者的影响机制研究的实验材料

实验一
获得框架

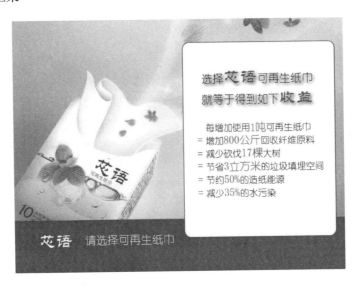

损失框架

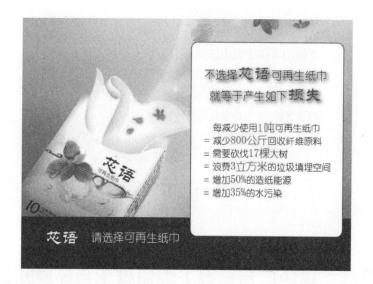

实验二

获得框架

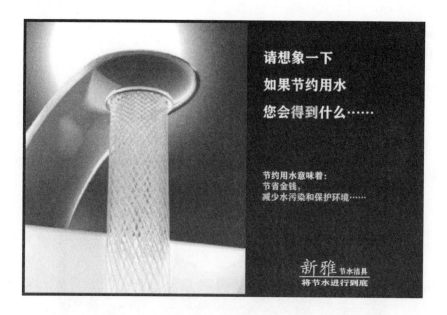

损失框架

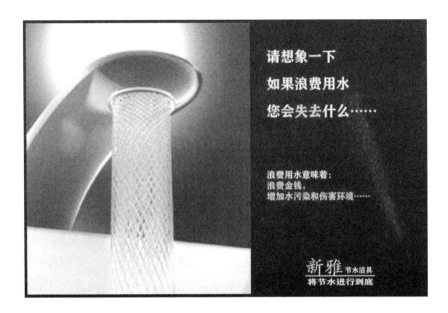

请想象一下
如果浪费用水
您会失去什么……

浪费用水意味着:
浪费金钱,
增加水污染和伤害环境……

新雅 节水洁具
将节水进行到底

后　记

本书是由我主持的国家哲学社会科学基金一般项目“生活方式绿色化促进获得感提升的机制及公共政策创新研究”（18BGL215）的结项成果。对于本书概念的思考承接于我的博士研究论文《生活方式对消费行为的绿色转化》，而对生活方式绿色化这一问题的思考可以追溯到更早的2015年的夏天。那时候我完成了第一篇关于生活方式绿色化的定量研究论文，该论文几经辗转发表在《西安交通大学学报（社会科学版）》上，成了国内较早研究生活方式绿色化的实证文献。一晃这么多年过去了，在生活方式绿色化的研究方面，2017年我完成了我的博士毕业论文，2018年我得到了国家社科基金一般项目的资助，而在2020年我又得到了浙江省自然科学基金一般项目的资助。可以说，生活方式绿色化这七个字贯穿于我的学术生涯的前十年，本书则是对这一段研究工作的记录和总结。

本书的付梓，首先要感谢浙江财经大学工商管理学院对我的培养，感谢董进才教授和王建明教授的关怀，还记得我刚刚开始撰写国家社科基金申报书时，两位教授一字一句地帮我修改，让我入职仅一年便以中级职称得到了国家社科基金一般项目的青睐。王建明教授提出的“G20”标书修改原则，成为我的写作传统延续到现在。

其次，感谢我的博士生导师吉林大学商学与管理学院的盛光华教授，虽然已经离开吉林大学多年，但是导师对我的关怀以电波和文字的形式，一刻也未曾减少。感谢我的好朋友哈尔滨商业大学管理学院副教授魏胜博士，相识十余年，始终支持我，在我苦闷的时候给我力量，在我踟蹰时给我建议，在写这段文字时他正在美国西弗吉尼亚大学访学，祝愿他访学顺利，早日回国。感谢王建国博士、赵江博士、高友江博士和丁军博士，我们彼此鼓励、彼此安慰、互帮互助，祝愿我们友谊长存。特别要感谢浙江财经大学科研处的俞晓老师、工商管理学院的滕清秀老师和郑瑜琦老师，以及经济管理出版社的张莉琼编辑，本书的完成离不开几位老师的帮助。感谢浙江财经大学工商管理学院市场营销系的各位同事们，这个集体让我感受到家一样的温暖。感谢我在美国瓦尔帕莱索大学访学的合作导师金振琥教授；瓦尔帕莱索大学孔子学院的刘建刚院长、彭爱芬老师、赖梅老师；志愿者南京师范大学的肖悦鸣、汤璧菲，中央音乐学院的王力舟以及四川音乐学院的闫煜恒；瓦尔帕莱索大学的留学生李齐、李雨萌和王玮琦同学，他们让我在美国访学的生活格外精彩。感谢我的硕士生张瑞和孙贤达同学，我指导的本科生蒋黎明、商曦月、罗云双和吴浏洋同学等，以及帮助本书出版的所有人，在这里就不一一感谢了。

最后，感谢我的家人，有他们的支持我才能将更多的精力放在学术研究上。我的妻子律杨总是能够很好地规划我们这个家庭的未来，特别是在我出国访学时，她承担了家庭的重任，在这里再说一声谢谢。感谢我的儿子桃小桃，是他带给了我无数的惊喜和快乐。感谢我的爸爸妈妈和岳父岳母，帮助我照顾好这个家，特别是我的岳母在我出国访学的那一年从老家来到浙江帮我照顾桃小桃，小家伙的茁壮成长离不开几位老人的关心和照顾。

哪怕是写到后记，我仍旧难以置信这本书能够顺利完成。因为这三年我经历了太多，发生了太多的事情，我曾一度犯愁如何结项，但好在我坚持了下来，让我真正感受了什么叫"山重水复疑无路，柳暗花明又一村"，最后的最后给自己默默地比个心吧。

高 键

2022 年 6 月 22 日于金沙苑